Hisashi Mochizuki　Nobuo Tanahashi
望月 久　棚橋信雄

PT・OT 臨床につながる物理学

羊土社
YODOSHA

【注意事項】本書の情報について

本書に記載されている内容は，発行時点における最新の情報に基づき，正確を期するよう，執筆者，監修・編者ならびに出版社はそれぞれ最善の努力を払っております．しかし科学・医学・医療の進歩により，定義や概念，技術の操作方法や診療の方針が変更となり，本書をご使用になる時点においては記載された内容が正確かつ完全ではなくなる場合がございます．また，本書に記載されている企業名や商品名，URL等の情報が予告なく変更される場合もございますのでご了承ください．

はじめに

物理学は，自然界で起こるさまざまな現象の背後にある法則性を探求する，自然科学の根幹をなす学問です．その対象は，原子より小さい素粒子から宇宙全体に広がるとともに，化学物理学，生物物理学，医学物理学，社会物理学など，自然科学だけでなく社会科学にも広がっています．そして，物理学は理学療法・作業療法にも深くかかわっています．理学療法・作業療法の基礎となる運動学では，身体の構造と筋によって生み出される力の関係からヒトの運動を理解していきます．物理療法では牽引力，電磁気，超音波，光線，温熱などのさまざまな刺激を生体に与えて，症状や障害の改善を図ります．また，物理学で培われてきた，理論と実験によって法則を実証する科学的方法論は，理学療法・作業療法における評価に基づいて介入を行い，その結果を再評価して介入方法を検討していく臨床過程や新たな技術を開発する方法にも通じます．

物理学を学ぶことは，理学療法・作業療法に必要な物理学の知識を得ることと，科学的方法論に基づく理学療法・作業療法を実践するための思考方法を身につけるという，2つの意味で重要です．本書は，各章の前半を「基礎編」，後半を「臨床編」として，「基礎編」では理学療法・作業療法に必要な基礎的な物理学について，「臨床編」では理学療法・作業療法のなかでの物理学の応用について解説しています．まず各章の「基礎編」を学んだうえで，より深い物理学と理学療法・作業療法に関連する内容を解説した「臨床編」に読み進むとよいでしょう．本書が理学療法士・作業療法士養成課程の学生の方々の物理学の理解，臨床の理学療法士・作業療法士の方々のよりよい理学療法・作業療法の実践につながることを願っています．

2022年6月

著者を代表して
望月　久

PT·OT 臨床につながる物理学

CONTENTS

★：発展

★：発展

第10章 原子の世界 物理学が描く世界とは？ 239

基礎編

臨床編

※単位の表記について

このテキストでは，物理量を表す文字と単位の記号を混同しないように，文字を用いて物理量を表した場合は，単位は〔 〕で囲んで表している．

■正誤表・更新情報

https://www.yodosha.co.jp/textbook/book/6663/index.html

本書発行後に変更，更新，追加された情報や，訂正箇所のある場合は，上記のページ中ほどの「正誤表・更新情報」を随時更新しお知らせします．

■お問い合わせ

https://www.yodosha.co.jp/textbook/inquiry/other.html

本書に関するご意見・ご感想や，弊社の教科書に関するお問い合わせは上記のリンク先からお願いします．

第1章

運動の表し方

運動とは何か？

理学療法や作業療法では，身体運動の障害を対象とすることが多い．私たちの身体も一つの物体であり，自然の法則に従って運動している．物理学は，空間・時間・物体の関係性を探求する学問で，身体運動を考えるときに必要な基本的な法則もすべて物理学の法則に含まれている．つまり，身体運動を理解するためには，運動に関する基礎的な物理学の知識が必要になる．第1章では，運動学のなかで，力を考えないで運動の状態を表現するキネマティクス（kinematics）に関連する物理学と臨床での応用について学習する．

基礎編 では，まず物理学の方法と物理量について学習する．そして物体の運動を表す枠組みとなる直交直線座標，運動状態を表す基本となる位置・変位・速度・加速度について学習する．

臨床編 では基礎編の理解をもとに，前額面・矢状面・水平面などによる身体運動の表し方，身体の変位・速度・加速度の測定と臨床での活用，そして角度を用いた極座標による関節運動の表し方について学習する．関節運動の極座標表現と直交直線座標表現との変換はやや難しいかもしれないが，運動学だけでなく神経系による運動の制御にも関連しているので理解してほしい．

第1章
運動の表し方

基礎編

臨床編 は28ページ

臨床編 は28ページ

学習目標

- 運動とは何かを説明できる
- 位置，変位，速度，加速度について説明できる
- 等速直線運動, 等加速度直線運動について説明できる
- 等速直線運動, 等加速度直線運動の基本的な問題を解くことができる

1 物理量とその表し方

物理学では自然現象を量の関係として理解していく．物理学で用いられる量を**物理量**といい，数値として表せるように明確に定義されている．

memo 物理学と科学的方法論

物理学は実験と理論を両輪とする科学的方法論を用いて発展してきた．観察や実験によって新しい現象が発見されると，その現象の背後にある理論を考える．理論とは，ある物理量と別の物理量，または現象の原因と結果の関係性を説明するモデルである．物理学では数式を使ってモデルを表すことが多い．新しい理論ができると，その理論が正しいかどうかを実験によって確かめる．この実験と理論の積み重ねによって，物理学の法則が確立されていく（memo図1）．

物理学の発展
- 物理法則の確立
- 物理法則の体系化

理論
- 現象を説明する仮説を考える
- 原因と結果の関係を考える

実験（観察）
- 新しい現象を発見する
- 理論を実験によって確認する

memo図1　科学的方法論
物理学では，実験と理論の繰り返しによって物理法則が確立され，物理法則が体系化されることで学問が発展する．

物理量は,「車が速さ20 m/s（メートル毎秒と読む）で走っている」などのように，**数値**「20」と**単位**「m/s」から成り立っている．単位は「どのような物理量」を「どのような基準の大きさ」で表しているか，数値は「基準の大きさの何倍の量があるか」を表している（図1）．物理量には，長さ（単位はメートル〔m〕），質量（単位はキログラム〔kg〕），速度（単位はメートル毎秒〔m/s〕），温度（単位はケルビン〔K〕）など，さまざまなものがあるので，物理量をみるときは「数値」と「単位」の両方を確認する必要がある．比重や摩擦係数など，同じ単位で比を計算した物理量は単位がなくなり，**無次元量**とよばれる．

物理量	⇒	数値	+	単位
速さ：20 m/s		20 （1 m/s の 20 倍）		m/s （1 秒間に 1 m 進む速さ）

図1　物理量は数値と単位から成り立っている

memo　物理量の表しかたと見かた

物理量は，もともとある量ではなく測定によって得られた量である．テキストなどに記載されている数値は，これまでの測定の結果の平均値を表している．専門的なテキストや研究論文では，物理量の数値は「1.022±0.012 kg」のように記載されることが多い．最初の「1.022」は平均値，次の「0.012」は測定値の誤差（ばらつき）の大きさを表している（memo図2）．誤差の大きさを表す数値として標準偏差がよく用いられる．誤差に偏りがないときは，平均値±標準偏差のなかに測定値全体の約$\frac{2}{3}$または約7割（68%）が入る．

1.022 ± **0.012 kg**
平均値　誤差（標準偏差）

memo図2　物理量の記載例（平均値と標準偏差）
測定したデータの68％が1.010〜1.034のなかに入る．

物理学では，質量は〔kg〕，長さは〔m〕，時間は秒〔s〕，電流はアンペア〔A〕で表すことを基本としている．これを**MKSA単位系**という．MKSA単位系に，温度の単位〔K〕（ケルビン），光度の単位〔cd〕（カンデラ），物質量の単位〔mol〕（モル）を加えたものを**国際単位系**（**SI**）という．これらの基本的な単位を**基本単位**といい，密度〔kg/m^3〕や速度〔m/s〕のように基本単位の組み合わせでつくられる単位を**組立単位**という（図2）．

memo　10の累乗（るいじょう）を表す記号

同じ「長さ（または距離）」の単位でも，測る対象の大きさによってナノメートル〔nm〕，マイクロメートル〔μm〕，ミリメートル〔mm〕，キロメートル〔km〕，光年（光が1年かかって進む距離〔ly〕）などの単位が用いられる．物理量の計算をするときは，これらの単位をMKSA単位系に変換する．そのとき，大きな数や小さな数は10 km＝1.0×10^4 mや5.0 μm＝5.0×10^{-6} mのように10の累乗を用いて表す●．

● 10の累乗を示す記号と読み方→p.254付録

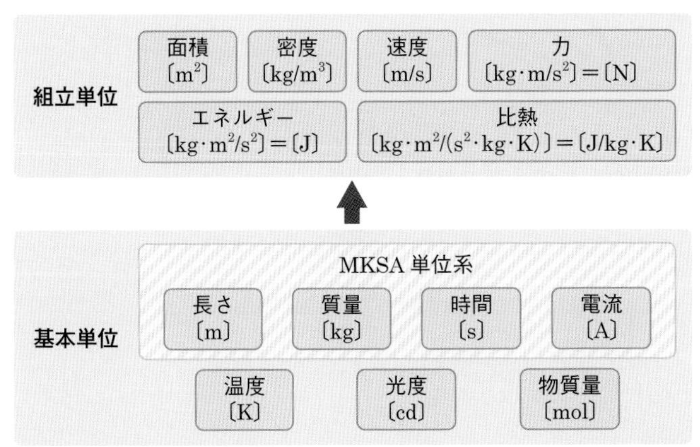

図2　国際単位系（SI）の基本単位と組立単位
組立単位は，基本単位の組み合わせでできている．組立単位をすべて基本単位で表すと長くなるので，力はニュートン〔N〕，エネルギーはジュール〔J〕などの単位で表す．

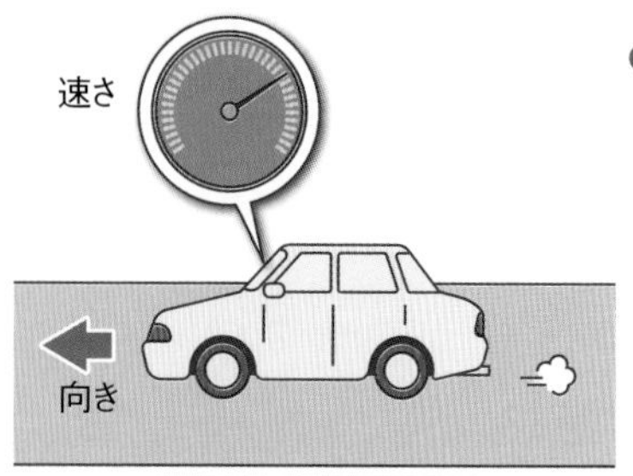

2 スカラー量とベクトル量

物理量には**スカラー量**と**ベクトル量**がある．スカラー量は，質量，距離，温度など，大きさだけをもつ量である．自動車が道を走っているとき，スピードメーターの表示である速さ（速度の大きさ）と自動車が走っている向きを指定しないと，自動車の移動する様子がわからない．自動車の速さと走っている向きの両方をもつ物理量を**速度**という．速度のように大きさと向きがある量を**ベクトル量**とよび，加速度，力，電流などがベクトル量である．ベクトル量の計算にはベクトルの合成の計算●が必要になる．

● ベクトルの合成の計算→本ページ column

3 運動とは？

物体の位置が時間によって変化することを**運動**という．物体の運動は，空間と時間と物体の関係を扱う物理学の基本として重要である．

column

ベクトルの表し方と合成の計算

ベクトルは矢印のついた線分で表す．線分の矢印がない側の端をベクトルの始点，矢印の先をベクトルの終点という．線分の長さはベクトルの大きさ，線分の方向がベクトルの方向，矢印がベクトルの向きを表している（column 図1左）．ベクトルの合成を表す方法には，図による方法とベクトルの成分による方法がある（column 図1右）．

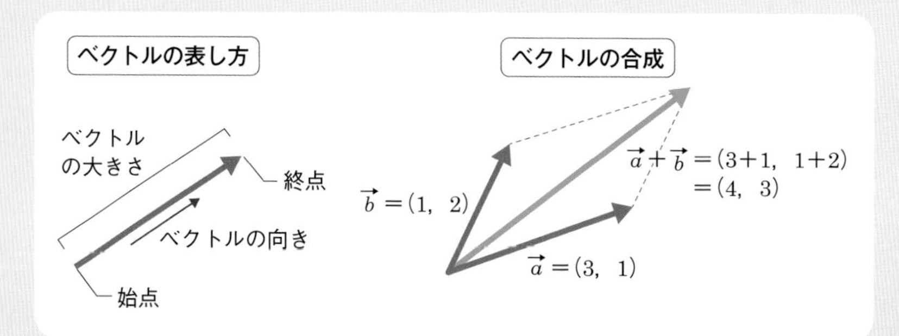

column 図1　**ベクトルの表し方とベクトルの合成の計算**

［ベクトルの合成の計算］
- 図による方法：合成する2つのベクトルの始点を合わせて，2つのベクトルを2辺とする平行四辺形をつくる．始点からの対角線が合成したベクトルになる．
- ベクトルの成分（x, y）による方法：x成分，y成分，それぞれの和が合成したベクトルのx成分とy成分になる．
- 合成したベクトルの大きさは，合成したベクトルのx成分とy成分について三平方の定理を用いて求めることができ，$|\vec{a}+\vec{b}|=\sqrt{4^2+3^2}=\sqrt{25}=5$となる．

図3　一次元，二次元，三次元の座標と位置の表し方
物体の位置は座標の目盛りで表す．赤い矢印は位置ベクトルを示している．垂直に交わる直線でつくられる座標を直交直線座標系という．

物体の位置と座標

物体の**位置**の変化が運動なので，運動について考えるときは物体の位置を数値として表す必要がある．空間の中の物体の位置を表すものが**座標**である．直線上の運動では，直線上に原点を定め，一定間隔の目盛りをつけた一次元の座標（x座標）を用いる．物体の位置は，x軸上の目盛りで表す．平面上の運動では，水平軸（x軸）の目盛り（x座標）とそれに垂直な目盛りのついた直線（y軸）の目盛り（y座標）からなる二次元の座標で物体の位置を表す．空間の運動では，x軸とy軸がつくる平面に垂直な軸（z軸）の目盛り（z座標）を加えた，三次元の座標で物体の位置を表す（図3）．このような垂直に交わる直線上の目盛りの組み合わせで位置を表すものを**直交直線座標系**という．物体の位置は原点に対して距離と向きをもつのでベクトル量である．位置を表すベクトルを**位置ベクトル**という．位置の単位はメートル〔m〕で表す．

変位と速度

変位は物体の位置の変化量（位置の差，位置間の距離）を表す．変化量を表すときに Δ（デルタ）という記号を用いる．変位も大きさ（距離）と向きをもつのでベクトル量である．時刻 t_1 における物体の位置ベクトルを $\vec{r}_1$，時刻 t_2 における位置ベクトル $\vec{r}_2$ とすると，変位 $\Delta\vec{r}$ は次の式で定義される（図4左）．

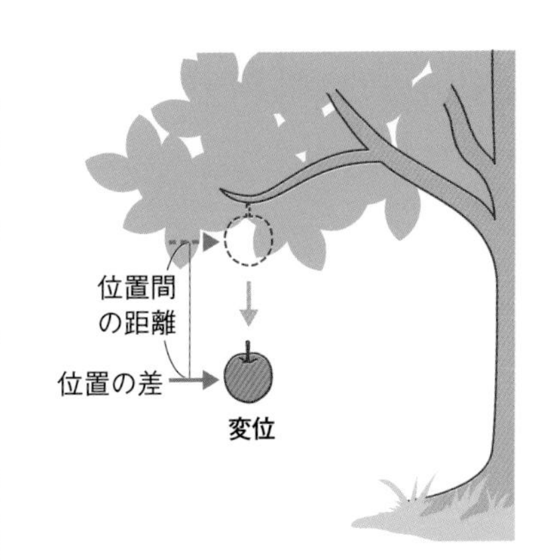

変位

$$\Delta\vec{r} = \vec{r}_2 - \vec{r}_1$$

ベクトルの変位〔m〕 ＝ 2つのベクトルの差

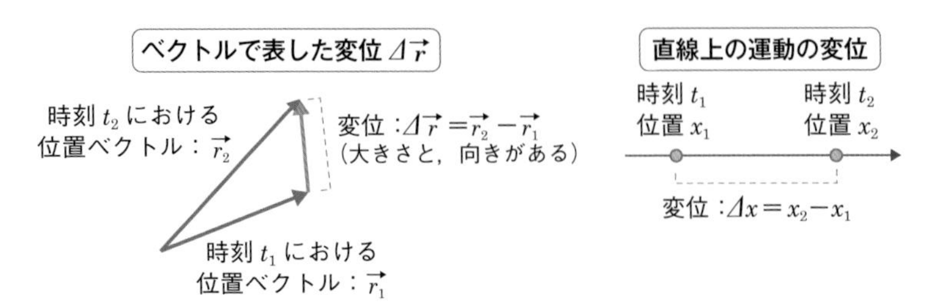

図4　ベクトルで表した変位と直線上の運動の変位

直線上の運動では，物体の最初の位置を x_1，時間が経ったときの位置を x_2 とすると，変位 Δx は，$\Delta x = x_2 - x_1$ になる．変位の単位も位置と同じメートル〔m〕である（図4右）．

直線上の運動の変位

$$\Delta x = x_2 - x_1$$

変位〔m〕 ＝ 2点間の差

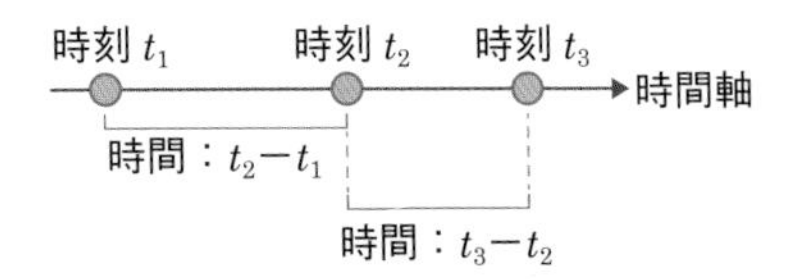

memo 図3　**時刻と時間**

memo　時刻と時間

時間の流れを直線（時間軸）で表してみよう（memo 図3）．時刻と時間を時間軸上で区別すると，時刻は時間軸上の1点，時間は2つの時刻の間の時間軸の長さを表す．しかし，時間については，時間軸上の1点を表すときにも使用することがあるので，文脈から判断する必要がある．

ここからは，直線上の運動だけを考える．単位時間あたり※1の変位（単位時間あたりの位置の変化量）を**速度**という．時刻 t_1〔s〕のときの位置を x_1〔m〕，時刻 t_2〔s〕のときの位置を x_2〔m〕，$t_2 - t_1 = \Delta t$ とすると，**平均の速度** $\bar{v}$※2は次式で表される．速度の単位は〔m/s〕（メートル毎秒）である．

平均の速度

$$\bar{v} = \frac{\Delta x}{\Delta t} = \frac{x_2 - x_1}{t_2 - t_1}$$

平均の速度〔m/s〕 ＝ $\dfrac{\text{2点間の変位〔m〕}}{\text{経過時間〔s〕}}$

上の式で時間間隔 Δt を短くしていって0に近づけると，それは時刻 t_1 での**瞬間の速度**になる．

※1　**単位時間あたりとは？**：物理学では，「単位時間あたりの変化」という言い方をよくする．単位時間は「1秒」のことを指すことが多いので，「1秒あたりの変化＝1秒間にどのくらい変化するか」と置き換えるとよい．物理量の単位をみると，速度は〔m/s〕なので1 s（1秒）あたりの位置の変化量（変位〔m〕）を表していることがわかる．場合によって，1分あたり〔m/min〕，1時間あたり〔m/h〕なども用いられる．単位をしっかりみることが大切である．

※2　文字の上の横棒はその値の平均値を表す．

■ 瞬間の速度

$$v=\lim_{\Delta t\to 0}\frac{\Delta x}{\Delta t}=\lim_{t_2\to t_1}\frac{x_2-x_1}{t_2-t_1}$$

＊ $\lim_{\Delta t\to 0}$ は，Δt を0に近づけることを表す記号
$\lim_{t_2\to t_1}$ は，t_2 を t_1 に近づけることを表す記号

例　題

時刻0秒に位置2.0 mにあった物体が，2.0秒後に位置8.0 mに移動した．この物体の平均の速度を求めなさい．

解答例　最初，位置2.0 mにあった物体が，2.0秒後に位置8.0 mに移動したので，

$$\text{平均の速度}=\frac{8.0-2.0}{2.0-0}=\frac{6.0}{2.0}=3.0$$

答　3.0 m/s

加速度

電車が駅を出発すると徐々に速度が増していく．単位時間あたりの速度の変化量を**加速度**という．加速度の単位はメートル毎秒毎秒〔$\mathrm{m/s^2}$〕である．時刻 t_1〔s〕のときの速度を v_1〔m/s〕，時刻 t_2〔s〕のときの位置を v_2〔m/s〕，$t_2-t_1=\Delta t$〔s〕とすると，**平均の加速度**，**瞬間の加速度**は次式で表される．

■ 平均の加速度

$$\bar{a}=\frac{\Delta v}{\Delta t}=\frac{v_2-v_1}{t_2-t_1}$$

$$\text{平均の加速度〔m/s}^2\text{〕}=\frac{\text{速度の変化量〔m/s〕}}{\text{経過時間〔s〕}}$$

■ 瞬間の加速度

$$a=\lim_{\Delta t\to 0}\frac{\Delta v}{\Delta t}=\lim_{t_2\to t_1}\frac{v_2-v_1}{t_2-t_1}$$

速度はベクトル量なので，物体が同じ速さで運動していても，運動の向きが変わるときは加速度がはたらく（**図5**）．

変位，平均の速度，平均の加速度の関係をまとめると**図6**のようになる．

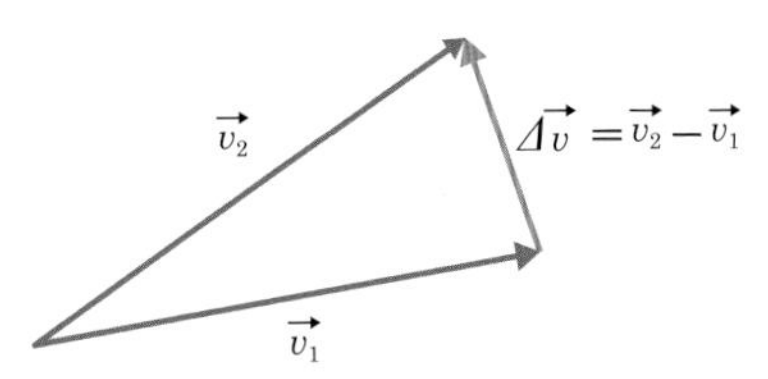

速度の向きが変わるときは，速さが同じでも加速度がはたらく

加速度 $\vec{a}=\dfrac{\Delta\vec{v}}{\Delta t}$

図5　ベクトルで表した速度と加速度の関係

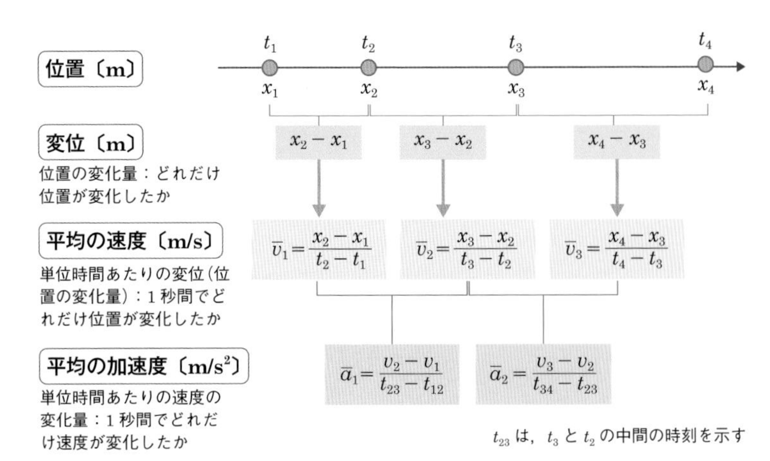

図6　位置，変位，平均の速度，平均の加速度のまとめの図

4 さまざまな運動

　自動車が道を走っているとき，自動車は道路の道筋に沿って曲がったり，信号によって停止したり，発進したりして，速度が絶え間なく変わっている．このような複雑な運動を扱うのは難しいので，ここでは基本的な運動である等速直線運動，等加速度直線運動と，等加速度直線運動の代表である重力加速度がかかる運動についてみていく．

等速直線運動

　物体が直線上を同じ速度で移動する運動を**等速直線運動**という．一定の速度をv_0〔m/s〕，最初の位置をx_0〔m〕，時間をt〔s〕とすると，等速直線運動の速度vと位置xは次の式で表される．

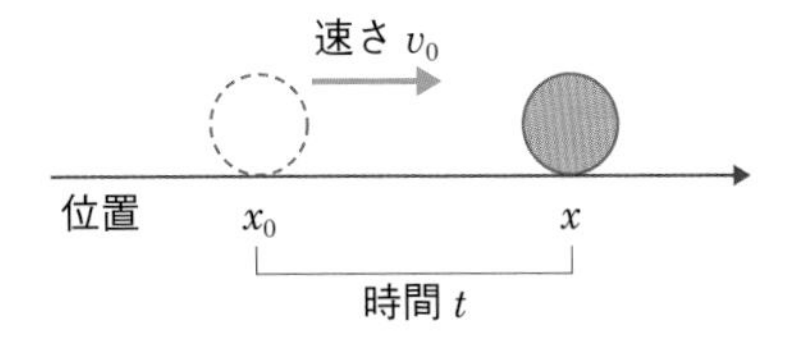

■ 等速直線運動

$$v=v_0=一定$$

速度〔m/s〕 ＝ 一定の速度〔m/s〕

$$x=x_0+v_0t$$ ※1

位置〔m〕 ＝ 最初の位置〔m〕 ＋ 一定の速度〔m/s〕 × 時間〔s〕

※1　$x_0=0$のときは，$x=v_0t$

　等速直線運動の速度vと時間t，位置xと時間tの関係をグラフで表すと図7のようになる．速度vと時間tの関係を表すグラフをv-tグラフ，位置xと時間tの関係を表すグラフをx-tグラフという．等速直線運動では速度$v=v_0$で一定なので，v-tグラフは水平な直線になる．v-tグラフで，時間の軸t（$v=0$）と速度を表す直線（$v=v_0$），そして時刻0秒からt秒で囲まれた長方形の面積は，物体の変位（移動した距離）になる．物体は1秒ごとに同じ距離v_0〔m〕進むので，x-tグラフは最

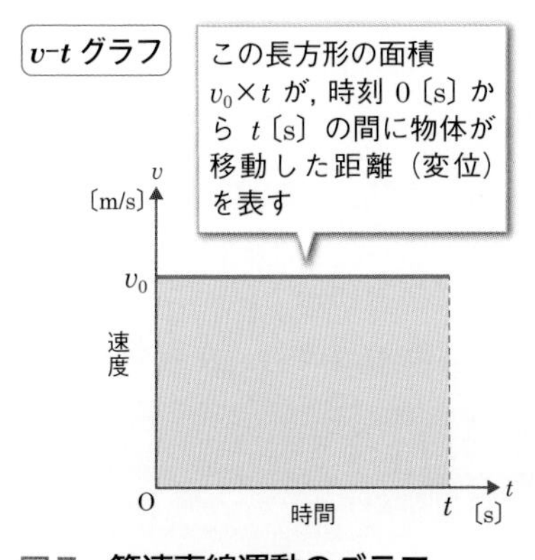

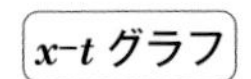

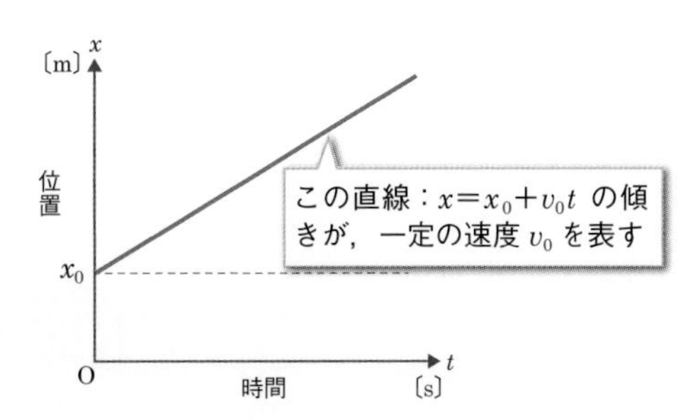

図7　等速直線運動のグラフ

初の位置 x_0 から始まり，時間に比例する直線になる．この直線の傾きは1秒ごとに進む距離なので速度 v_0〔m/s〕になる．

例　題

直線上を一定の速度 **2 m/s** で物体が運動する．最初の位置を **2 m** とするとき，次の❶，❷に答えなさい．

❶ **2** 秒後の物体の位置を求めなさい．

❷物体が **10 m** の位置に達するには何秒後か求めなさい．

解答例

❶等速直線運動なので，物体の最初の位置を x_0，一定の速度を v_0 とすると，

2秒後の位置 $x=x_0+v_0t=2+2\times2=6$

答 6 m

❷ t 秒後に 10 m の位置に達するとすると，$2+2t=10$

よって，$2t=10-2=8$ より，$t=4$

答 4秒後

等加速度直線運動

物体が直線上を一定の加速度で移動する運動を**等加速度直線運動**という．一定の加速度を a_0〔m/s^2〕，初速度（時刻 $t=0$〔s〕のときの速度）を v_0〔m/s〕，最初の位置を x_0〔m〕とすると，等加速度直線運動の加速度 a，速度 v，位置 x の時間 t による変化は次の式で表される．

※2　$v_0=0$のときは，
$v=a_0t$

※3　$x_0=0$のときは，
$x=v_0t+\frac{1}{2}a_0t^2$
$x_0=0$，$v_0=0$のときは，
$x=\frac{1}{2}a_0t^2$

等加速度直線運動

$$a=a_0=\text{一定}$$

加速度〔m/s²〕 = 一定の加速度〔m/s²〕 = 一定

$$v=v_0+a_0t \text{※2}$$

速度〔m/s〕 = 初速度〔m/s〕 + 加速度〔m/s²〕 × 時間〔s〕

$$x=x_0+v_0t+\frac{1}{2}a_0t^2 \text{※3}$$

位置〔m〕 = 最初の位置〔m〕 + 初速度〔m/s〕 × 時間〔s〕
+ $\frac{1}{2}$ × 加速度〔m/s²〕 × （時間〔s〕）²

等速直線運動は加速度aが0 m/s²の等加速度直線運動である．等加速度直線運動の加速度a，速度v，位置xの関係をグラフで表すと図8のようになる．加速度aと時間tの関係を表すグラフをa-tグラフという．等加速度直線運動では加速度$a=a_0$で一定なので，a-tグラフは水平な直線になる．a-tグラフで時間の軸t（$a=0$）と加速度を表す直線（$a=a_0$），そして時刻0秒からt秒で囲まれた長方形の面積は，物体の速度の変化量になる．v-tグラフは，1秒ごとに同じ速度a〔m/s〕ずつ速度が増すので，初速度v_0から始まり時間に比例する直線になる．この直線の傾きは1秒ごとの速度の変化量なので加速度a_0〔m/s²〕である．

等加速度直線運動のx-tグラフは，時間とともに速度が増加するので二次曲線となる．この曲線の接線の傾きは，時刻tにおける速度になる．

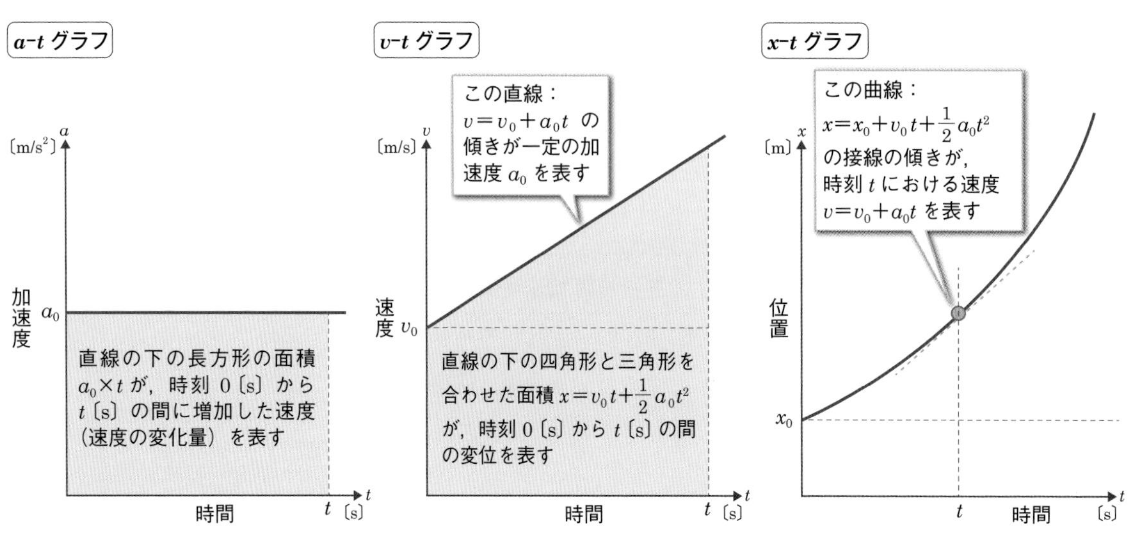

図8　等加速度直線運動のグラフ

重力の下での物体の運動

等加速度直線運動の最も身近な例として，重力の下での物体の運動がある.

自由落下

自由落下は，高さh〔m〕から物体を静かに離した後の運動である．重力があると物体は鉛直下向きの重力加速度$g = 9.8\ \mathrm{m/s^2}$で等加速度直線運動をする．鉛直方向※4に上向きを正としてy軸をとると，時間t〔s〕による速度v〔m/s〕と位置y〔m〕の関係は次の式で表される.

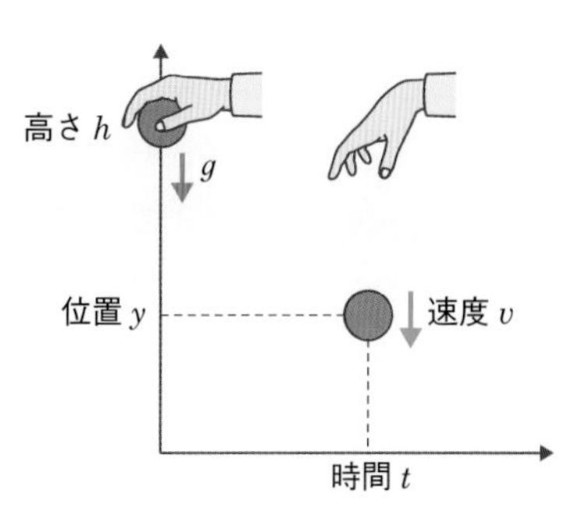

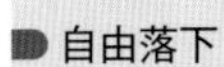
自由落下

$$v = -gt$$

速度〔m/s〕 = −重力加速度〔m/s²〕 × 時間〔s〕

$$y = h - \frac{1}{2}gt^2$$

位置〔m〕 = 高さ〔m〕 − $\frac{1}{2}$ × 重力加速度〔m/s²〕 × (時間〔s〕)²

※4　**垂直方向と鉛直方向**：物体の運動は座標を決めないと運動を数的に扱うことができないので．座標の決め方は重要である．座標は問題が解きやすいように決めてよい．しかし，一般的には重力のある地球上の運動を考えることが多いので，平面上の運動では水平方向にx軸，それに垂直な方向では重力と平行にy軸をとることが多い．垂直方向と鉛直方向は似ているが異なる．垂直方向はある直線に対して垂直（直角）な方向を表し，鉛直方向は重力加速度の方向を表すので，必ず一致するわけではない.

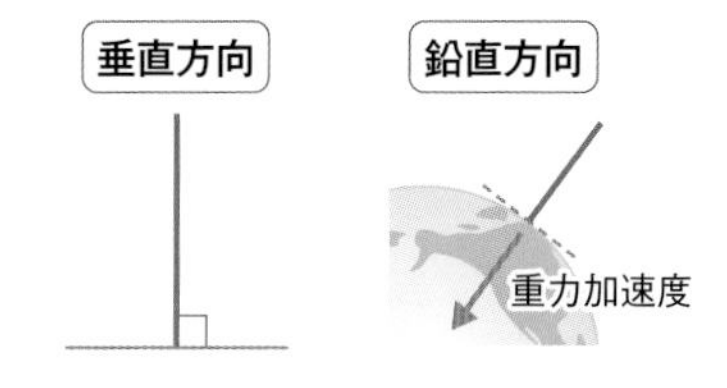

例　題

高さ**19.6 m**の位置から物体を静かに離し，自由落下させた．重力加速度を$g = 9.8\ \mathrm{m/s^2}$とするとき，**1.0**秒後と**2.0**秒後の物体の速度と位置を求めなさい.

解答例　鉛直上向きにy軸をとると，

1.0秒後の速度v_1は，$v_1 = -gt = -9.8 \times 1.0 = -9.8$

答　1.0秒後の速度：鉛直下向きに9.8 m/s

2.0秒後の速度v_2は，$v_2 = -gt = -9.8 \times 2.0 = -19.6$

答　2.0秒後の速度：鉛直下向きに19.6 m/s

1.0秒後の位置y_1は，$y_1 = h - \frac{1}{2}gt^2 = 19.6 - 0.5 \times 9.8 \times 1.0^2 = 14.7$

答　1.0秒後の位置：14.7 m

2.0秒後の位置y_2は，$y_2 = h - \frac{1}{2}gt^2 = 19.6 - 0.5 \times 9.8 \times 2.0^2 = 0$

答　2.0秒後の位置：0 m

鉛直投げ上げ

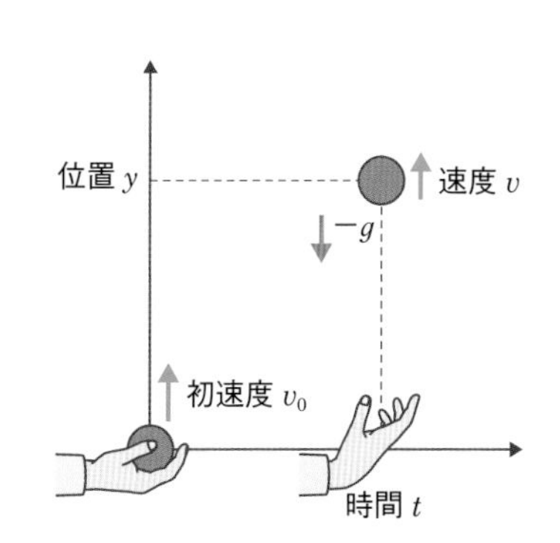

鉛直投げ上げは，基準の位置から重力と逆向きの鉛直上向きに，初

速度v_0で物体を投げ上げる運動である．鉛直方向に上向きを正としてy軸をとり，基準の位置を0 mとすると，鉛直投げ上げは初速度v_0，重力加速度$g = 9.8$ m/s^{2}の等加速度直線運動をする．時間t〔s〕による速度v〔m/s〕と位置y〔m〕の関係は次の式で表される．

■ 鉛直投げ上げ

$$v = v_0 - gt$$

速度〔m/s〕 ＝ 初速度〔m/s〕 − 重力加速度〔m/s^2〕 × 時間〔s〕

$$y = v_0 t - \frac{1}{2} g t^2$$

位置〔m〕 ＝ 初速度〔m/s〕 × 時間〔s〕 − $\frac{1}{2}$ × 重力加速度〔m/s^2〕 × (時間〔s〕)^2

例　題

高さ0 mの位置から初速度19.6 m/sで鉛直上向きに物体を投げ上げた．物体が最高点に達する時刻と最高点の高さを求めなさい．ただし，重力加速度$g = 9.8$ m/s^{2}とする．

解答例　鉛直上向きにy軸をとると，最高点では速度$v = 0$ m/sとなるので，

$$v = v_0 - gt = 19.6 - 9.8t = 0 \quad よって，t = \frac{19.6}{9.8} = 2.0$$

答 時刻：2.0秒後

最高点の高さは2.0秒後の位置になるので，

$$y = v_0 t - \frac{1}{2} g t^2 = 19.6 \times 2.0 - 0.5 \times 9.8 \times 2.0^2 = 19.6$$

答 高さ：19.6 m

水平投射（平面上の運動）

水平投射は高さh〔m〕の位置から，物体を初速度v_0〔m/s〕で水平方向に投げる運動である．これまでの運動と違い，水平投射は平面上の運動になり，水平方向のx軸と鉛直方向のy軸の2つの目盛りで物体の位置や運動を表す．平面上の運動や空間上の運動を扱うときは，それぞれの座標軸方向の運動に分けて考えることができる．

水平投射では，物体を水平に投げる方向にx軸，鉛直上向きにy軸をとり，水平に投げる高さをh〔m〕とする．そうすると，x軸方向の物体の運動は加速度がはたらかないので等速直線運動，y軸方向の運動は重力加速度が下向きにかかるので等加速度直線運動になる（図9）．

水平方向の運動 ：重力による加速度がないので等速直線運動

鉛直方向の運動 ：重力による加速度があるので等加速度直線運動

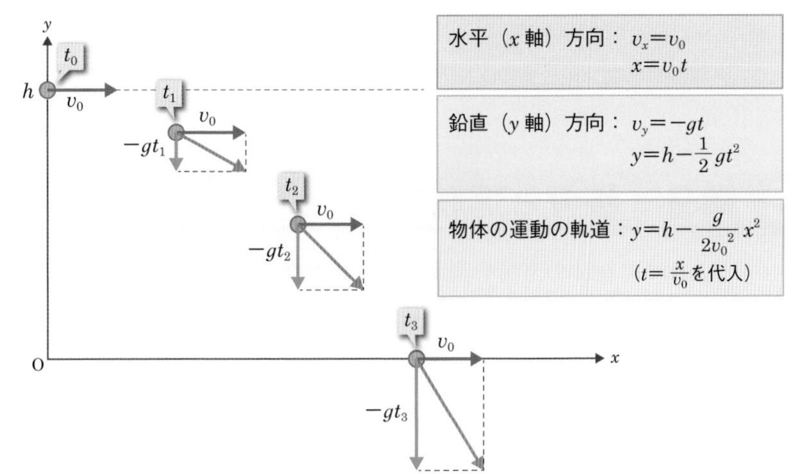

図9　水平投射

平面上の運動では，物体の運動を水平方向（x軸）と鉛直方向（y軸）に分けて考えることが重要．➡はx軸方向の速度成分v_x，➡はy軸方向の速度成分v_yを示す．

物体の水平方向の位置をx〔m〕，速度をv_x〔m/s〕，初速度をv_0〔m/s〕，鉛直方向の位置をy〔m〕，速度をv_y〔m/s〕，加速度をa〔m/s^2〕，重力加速度をg〔m/s^2〕とすると，時間t〔s〕による位置，速度，加速度は次の式で表される．

水平投射：x軸方向（水平方向）

$$v_x=v_0=一定$$

速度〔m/s〕 ＝ 初速度〔m/s〕 ＝ 一定

$$x=v_0t$$

位置〔m〕 ＝ 初速度〔m/s〕 × 時間〔s〕

水平投射：y軸方向（鉛直方向）

$$a=-g=一定$$

加速度〔m/s^2〕 ＝ －重力加速度〔m/s^2〕 ＝ 一定

$$v_y=-gt$$

速度〔m/s〕 ＝ －重力加速度〔m/s^2〕 × 時間〔s〕

$$y=h-\frac{1}{2}gt^2$$

位置〔m〕 ＝ 高さ〔m〕 － $\frac{1}{2}$ × 重力加速度〔m/s^2〕 × （時間〔s〕）^{2}

この式から時間tを消去すると，水平面上の物体の運動の軌道が次の式で表される（図9）．

■ 水平投射における物体の運動の軌道

$$y = h - \frac{g}{2{v_0}^2}x^2$$

鉛直方向の位置〔m〕＝高さ〔m〕－ $\frac{\text{重力加速度〔m/s}^2\text{〕}}{2\times(\text{初速度〔m/s〕})^2}$ ×(水平方向の位置〔m〕)^2

5 微分・積分と運動★

★ 発展

ここまで，物体の運動を表すときに必要な，位置，変位，速度，加速度について，それらの定義と計算方法についてグラフを加えて説明した．そのなかで，瞬間の速度，瞬間の加速度についても計算式を示したが，これは数学の微分の計算になる．また，位置・速度・加速度の関係をグラフの面積で説明したが，これは数学の積分の計算になる．微分と積分を用いると位置・速度・加速度の関係が明確になるので，微分と積分の基礎的な考え方を示して，もう一度，位置・速度・加速度の関係を整理しよう．

memo 微分と積分のイメージ

微分と積分の考え方自体は難しいものではない．水道の蛇口を開けて浴槽に水をためるところをイメージしてほしい．このとき，微分はある時刻（瞬間）に水道から流れ出る単位時間あたりの水の量に相当し，積分は水道を開いてから浴槽にたまった水の総量に相当する（memo図4）．水道から一定の量の水が出るときは，微分や積分を用いないでも計算ができるが，水道から出る水の量が変化するときは微分や積分を用いないと正確な計算ができない．微分や積分を用いるとより広い範囲の複雑な現象を数的に扱うことができる．

memo図4　**微分と積分のイメージ**

微分の考え方と計算

微分は，わずかな時間が経つ間に，ある物理量がどのくらい変化するか，その変化の極限（無限小といい，限りなく0に近い変化のことをいう）の割合を表している．物体が直線上を運動することを考え，今の時刻をt，わずかな時間Δtが経った後の時刻を$t+\Delta t$とする．物体の位置をxとすると，xは時間tによって変化するので，xは時間tの関数$x(t)$となる．Δtの間のxの変化量をΔxとすると，$\Delta x = x(t+\Delta t) - x(t)$となる．このとき，$\Delta t$間に$\Delta x$がどれくらい変化したかの割合$\frac{\Delta x}{\Delta t}$を，$\Delta t$を0に近づけて計算するのが微分である．

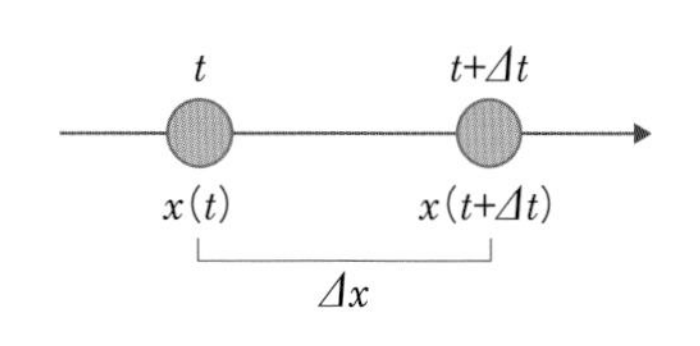

Δtを時間の無限小の変化dt，Δxを位置の無限小の変化dxとすると，$\frac{dx}{dt}$はxを時間tで微分することを表し，瞬間の速度v $\left(v = \frac{dx}{dt}\right)$になる．

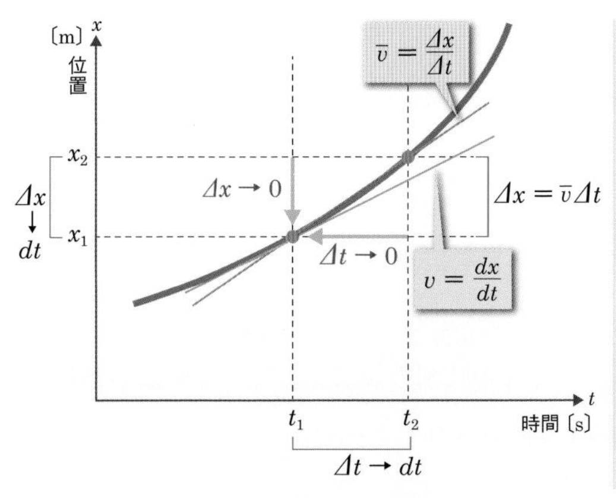

微分の考え方

時刻 t_1 において，次の時刻 t_2 に位置 x がどのように変化するかを知りたい

▼

時刻 t_1 における変化の程度を知りたいので，Δt と Δx を 0 に近づける．
$\Delta t \to dt$, $\Delta x \to dx$ とすると，$v = \frac{dx}{dt}$ は，時刻 t_1 における瞬間的な速度になる．時刻の無限小の変化 dt に対して位置は，$dx = vdt$ だけ変化する

▼

$v = \frac{dx}{dt}$ は，x–t グラフの時刻 t における接線の傾きになる

図10　*x-t*グラフでの速度と時間の関係と位置の変化との関係

書き方を変えると $dx = vdt$ になるので，時間が少し経つと位置はどのくらい変化するか，その変化する割合を決めているのが速度になる（図10）．

■ 微分で表した瞬間の速度

$$\boldsymbol{v = \frac{dx}{dt} = \lim_{\Delta t \to 0} \frac{x(t+\Delta t) - x(t)}{\Delta t}}$$

例　$x = x(t) = t^2 + 2$ という式が成り立つとき，速度 v は

$$\begin{aligned} v = \frac{dx}{dt} &= \lim_{\Delta t \to 0} \frac{x(t+\Delta t) - x(t)}{\Delta t} \\ &= \lim_{\Delta t \to 0} \frac{\{(t+\Delta t)^2 + 2\}^{※1} - (t^2+2)}{\Delta t} \\ &= \lim_{\Delta t \to 0} \frac{2t\Delta t + (\Delta t)^2}{\Delta t} \\ &= \lim_{\Delta t \to 0} (2t + \Delta t) = 2t^{※2} \end{aligned}$$

※1　$x(t) = t^2 + 2$ のとき，$x(t+\Delta t) = (t+\Delta t)^2 + 2$ になる．

※2　Δt を 0 に近づけるので 0 とみなす．

瞬間の加速度 a〔m/s^2〕も速度 v と同じように，加速度 v を時間の関数 $v(t)$ として微分を用いて計算することができる．

■ 微分で表した瞬間の加速度

$$\boldsymbol{a = \frac{dv}{dt} = \lim_{\Delta t \to 0} \frac{v(t+\Delta t) - v(t)}{\Delta t}}$$

例　$v = v(t) = 2t$ という式が成り立つとき，加速度 a は

$$\begin{aligned} a = \frac{dv}{dt} &= \lim_{\Delta t \to 0} \frac{v(t+\Delta t) - v(t)}{\Delta t} \\ &= \lim_{\Delta t \to 0} \frac{2(t+\Delta t)^{※3} - 2t}{\Delta t} \\ &= \lim_{\Delta t \to 0} \frac{2\Delta t}{\Delta t} \end{aligned}$$

※3　$v(t) = 2t$ のとき，$v(t+\Delta t) = 2(t+\Delta t)$ になる．

※4　時間tが含まれず，2は定数なので加速度が一定のことを表す．

$$= 2$$ ※4

また，$v=\dfrac{dx}{dt}$なので，$a=\dfrac{dv}{dt}=\dfrac{d}{dt}\left(\dfrac{dx}{dt}\right)=\dfrac{d^2x}{dt^2}$と表す．

積分の考え方と計算

※5　瞬間の速度$v=\dfrac{dx}{dt}$（前ページ）より．

積分は，ある時刻と次の時刻の間の時間に，全体としてどれだけ量が変化するかを表している．短い時間Δtの間の位置の変化量Δx（無限小の変化はdx）は，その時刻の速度vと短い時間Δt（無限小の変化はdt）の積$dx=vdt$で計算される※5ので，これを時刻と時刻の間の時間すべてについて足し合わせれば，全体の位置の変化量（変位）が計算できる（図11）．この計算が積分で，積分では時間間隔Δtを無限小にすることで，位置が複雑な変化をしても正しい値が計算できるようになっている．時刻t_1から時刻t_2までの全体の位置の変化量xは，$x=\int_{t_1}^{t_2}dx=\int_{t_1}^{t_2}vdt$で計算される．

※6　瞬間の加速度の式（p.17）より
$a=\lim_{\Delta t\to 0}\dfrac{\Delta v}{\Delta t}=\dfrac{dv}{dt}$から
$dv=adt$
となる．

速度vについても，短い時間Δtの間の速度の変化量Δv（無限小の変化はdv）は，その時刻の加速度aと短い時間Δt（無限小の変化はdt）の積$dv=adt$になる※6ので，時刻t_1から時刻t_2までの全体の速度の変化量vは$v=\int_{t_1}^{t_2}dv=\int_{t_1}^{t_2}adt$で計算される．

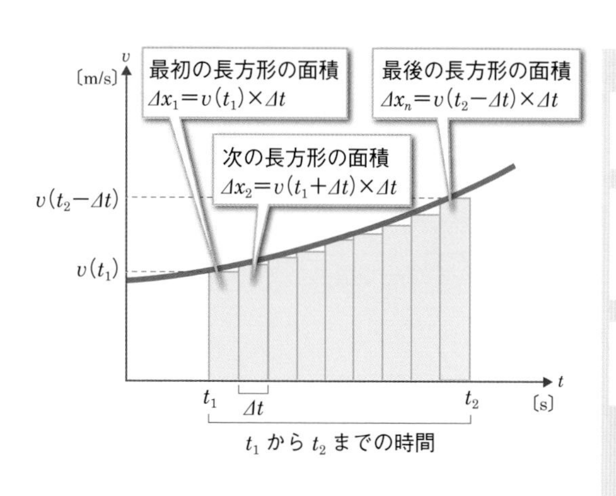

積分の計算の考え方

速度vの曲線，$v=0$（時間軸），t_1，t_2で囲まれる面積を求める計算が積分

▼

t_1とt_2の間をΔtごとに分け，Δtを横の長さ，その時刻のvの値を縦の長さとする細長い長方形を考えると，それぞれの長方形の面積（$\Delta x=v\times\Delta t$）の和が，求める面積とほぼ等しくなる

▼

Δtの幅を小さくしていく（時間の無限小の変化）と，長方形の面積（$dx=vdt$）の和が求める面積と等しくなる

t_1からt_2までの位置の変化量（変位）をxとすると，xは次の式で計算される

$$x=\int_{t_1}^{t_2}dx=\int_{t_1}^{t_2}vdt$$

図11　v-tグラフでの速度と時間の関係と位置の変化との関係

column

微分の表し方

速度や加速度は，変位や速度を時間で微分することで得られる物理量である．時間で微分をするとき，$v=\frac{dx}{dt}$や$a=\frac{dv}{dt}$で表すが，$v=x'$，$a=v'=x''$や$v=\dot{x}$，$a=\dot{v}=\ddot{x}$などの表し方もある． 運動耐容能の指標である最大酸素摂取量は，$\dot{V}O_2max$（ブイ・ドット・オーツーマックスと読む）と表すが， このときの「˙」も単位時間（1分間）あたりの最大の酸素摂取量を意味している．

微分と積分の関係

微分と積分は逆の計算になる．ある数式を微分した数式を積分するともとの数式に戻り，ある数式を積分した数式を微分するともとの数式に戻る．等加速度直線運動の公式，

位置　$x=x_0+v_0t+\frac{1}{2}a_0t^2$　……①

速度　$v=v_0+a_0t$　……②

加速度　$a=a_0$（一定）　……③

で，①式を時間tで微分すると②式，②式を時間tで微分すると③式になる．反対に③式を時間tで積分すると②式，②式を時間tで積分すると①式になる（column図2）．積分の計算では，最初の位置や初速度の情報がないと，変化量はわかるが，位置や速度の値が決定できない．

column図2　**位置・速度・加速度と微分・積分の関係**

第1章
運動の表し方

臨床編

学習内容

- 臨床における位置・変位・速度・加速度の測定
- 関節の運動と極座標による運動の表し方

基礎編 は12ページ

1 身体運動における位置・変位・速度・加速度の測定

臨床における身体の位置や運動の表し方

身体の位置や運動も座標を用いて表す．身体は大きさをもっており，頭部，頸部，体幹，上肢，下肢などの身体部位（体節）に分けられる．身体の運動を表すときは，身体の特定の点[※1]を決め，その特定の点が空間座標の中でどのように運動するかという視点と，身体部位の相対的な位置関係が時間とともにどのように変化していくかという2つの視点がある．

※1　身体全体の位置を代表する点として，身体の重心に近い腰の位置，頭部の位置などがある．

身体部位の運動は，**前額面**，**矢状面**，**水平面**の互いに垂直に交わる3つの平面の運動に分けて表すことが多い．前額面は鉛直方向に身体を前後に分ける面で，前または後から身体を観察する．矢状面は鉛直

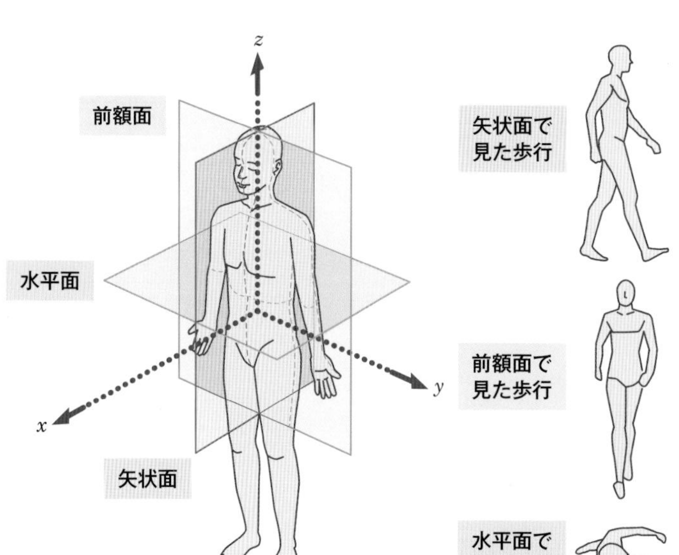

図12　身体運動を表す3つの基本面
（『PT・OTゼロからの物理学』（望月 久，棚橋信雄/編著　谷 浩明，古田常人/編集協力），羊土社，2015より引用）（イラスト：Y. M. design）

方向に身体を左右に分ける面で，横方向から身体を観察する．水平面は鉛直方向と垂直に身体を上下に分ける面で，上方向から身体を観察する（図12）．

臨床における変位の測定

臨床における変位の測定例として，立位姿勢のアライメント，ファンクショナルリーチテスト，歩行時の歩幅や歩隔，6分間歩行テストなどがある．

立位姿勢アライメントの測定では，鉛直線を基準として，前額面では後頭隆起・椎骨棘突起・殿裂・両膝関節の内側の中点・両内果間の中点との距離，矢状面では耳垂・肩峰・大転子・膝関節中心のやや前方・外果の前方との距離を測定する（図13）．

ファンクショナルリーチテストは，肩幅の立位姿勢で上肢を肘関節伸展位で水平に保った姿勢から，なるべく前方に手を伸ばし，その移動距離を測定する（図14）．バランス能力をみる検査として，臨床では多く用いられている．

歩行に関連する測定値として，1歩分の距離である**歩幅**（ステップ長），2歩分の距離である**重複歩距離**，左右の踵の中央間の距離である**歩隔**などがある（図15）．高齢になると歩幅は短くなり，運動失調症ではワイドベース歩行という歩隔の広い歩行がみられる．**6分間歩行テスト**は運動耐容能のテストで，6分間に何m歩行できるかを測定す

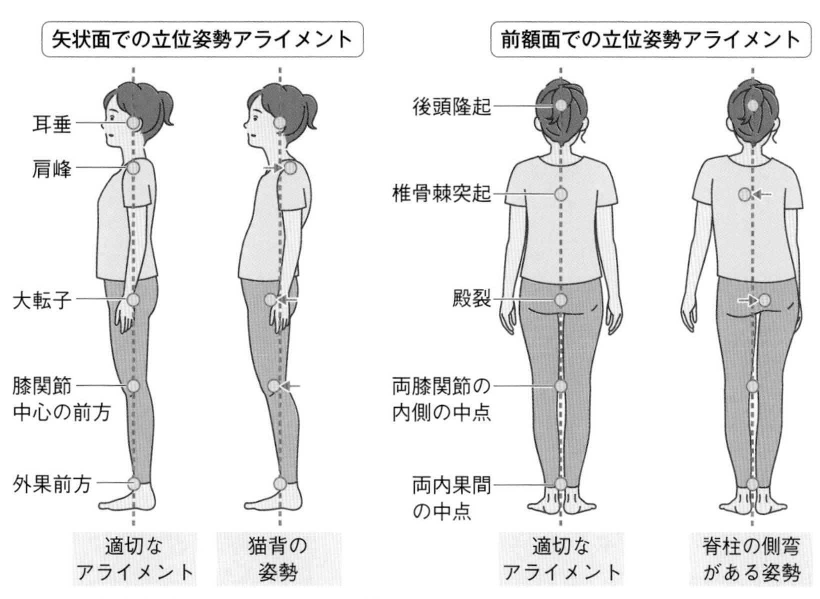

図13　立位姿勢アライメントの測定

図14　ファンクショナルリーチテスト

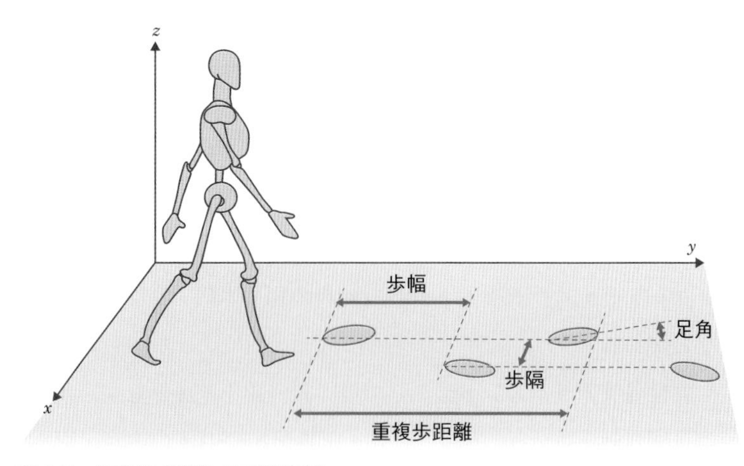

図15　歩行に関連する測定値

る．このように，距離（変位）の測定を通して，その変位が表す身体機能について評価することができる．

臨床における速度・加速度の測定

速度に関して，臨床において最も頻繁に用いられるのは**歩行速度**の測定である．**10 m歩行テスト**がその代表である．10 m歩行テストは，10 mの直線路とその前後に3 mずつの加速と減速用のスペースを設け，中央の10 mを歩行するのに要する時間を測定する．時間を測るのと同時に，最初に10 mの開始ラインを超えたときを1歩として，終了ラインを超えるまでに何歩を要したかも測定する（図16）．歩行速度は，10 mを10 m歩行に要した時間（秒）で割って計算する．10 mを10秒で歩くと歩行速度は1 m/s[※2]となり，健常ではゆっくりとした歩行速度になる．歩幅は10 mを歩数で割って計算する．また，歩数を時間（分または秒）で割ると，単位時間あたりの歩数である**歩行率**（**ケイデンス**）が計算できる．

※2　時速にすると3.6 km/h.

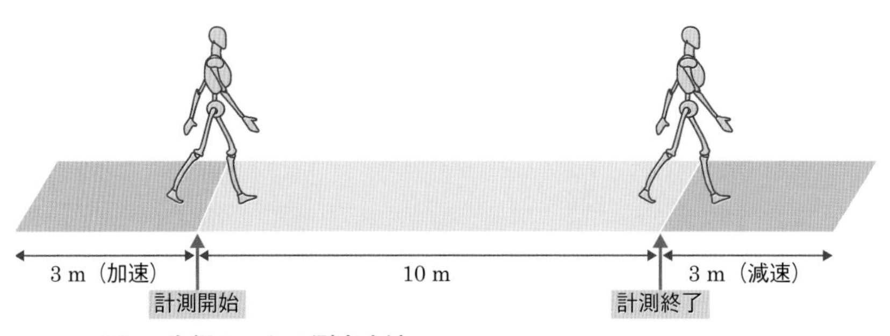

図16　10 m歩行テストの測定方法

3 mの加速と減速のスペース間の10 mを歩行するのに要する時間と歩数を測定する．

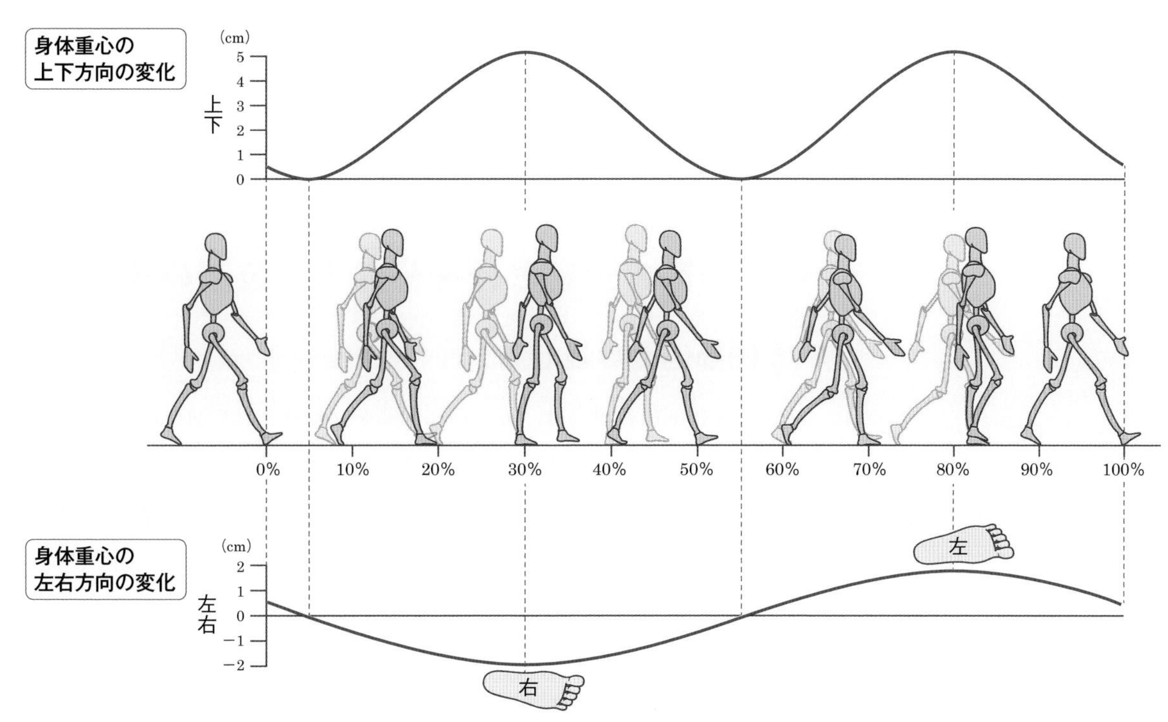

図17　歩行中の身体重心の上下方向と左右方向の変化
(『運動学（PT・OTビジュアルテキスト専門基礎）』(山﨑 敦/著), 羊土社, 2019より引用；「身体重心の上下方向の変化」「身体重心の左右方向の変化」は著者追記)

歩行中，身体の重心は上下，左右に移動する．身体重心は立脚中期で一番高い位置にあり，左右への変位も大きい．そして，踵が接地する立脚初期で身体重心が一番低くなり，身体重心は左右のほぼ中央に位置する（図17）．

身体運動の加速度は，三次元動作解析装置や加速度計などを用いて測定する．加速度の情報は身体にかかる力との関係で重要である．

例　題

10 m歩行テストの結果，10 m歩行するのに16.0秒を要し，歩数は25歩だった．このときの，歩行速度，歩幅，歩行率を求めなさい．

解答例

歩行速度は，$\frac{\text{歩行距離〔m〕}}{\text{歩行に要した時間〔s〕}}=\frac{10}{16.0}=0.625$

答 歩行速度：0.625 m/s

歩幅は，$\frac{\text{歩行距離〔m〕}}{\text{歩数}}=\frac{10}{25}=0.40$

答 歩幅：0.40 m

歩行率は，$\dfrac{歩数〔歩〕}{歩行に要した時間〔s〕}=\dfrac{25}{16}=1.5625$

答 歩行率：1.56 歩/s

2 関節の運動と極座標による位置の表し方

関節運動の表し方

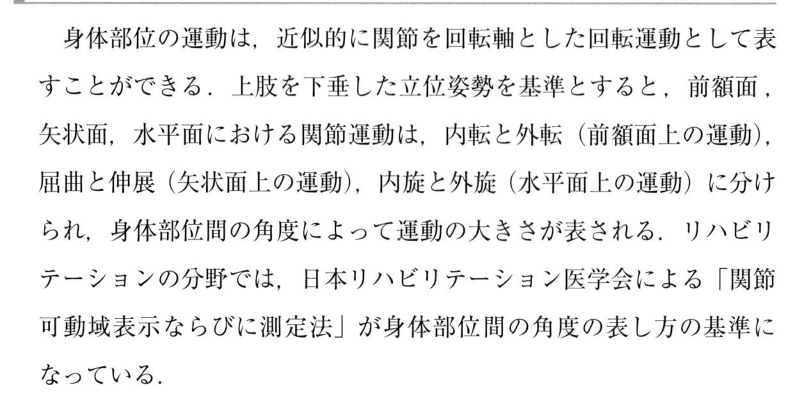

身体部位の運動は，近似的に関節を回転軸とした回転運動として表すことができる．上肢を下垂した立位姿勢を基準とすると，前額面，矢状面，水平面における関節運動は，内転と外転（前額面上の運動），屈曲と伸展（矢状面上の運動），内旋と外旋（水平面上の運動）に分けられ，身体部位間の角度によって運動の大きさが表される．リハビリテーションの分野では，日本リハビリテーション医学会による「関節可動域表示ならびに測定法」が身体部位間の角度の表し方の基準になっている．

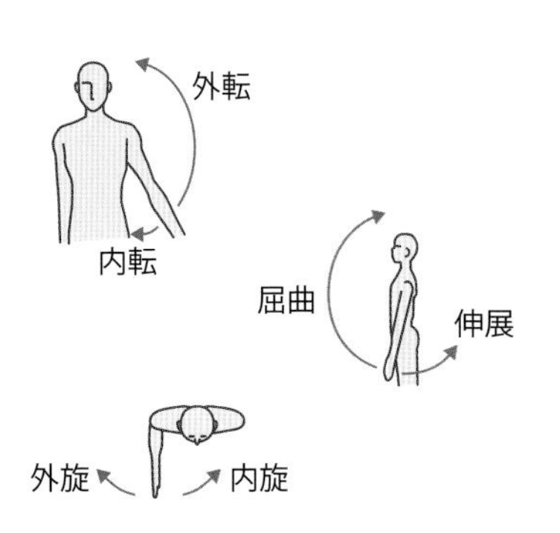

極座標による運動の表し方

● 直行直線座標系→p.15 第1章 基礎編

身体運動は三次元の空間の中で行われ，**直交直線座標系**●で身体の位置を表すことができる．しかし，身体部位の運動は関節を軸とした回転運動として近似され，運動は角度で表示されるので，角度を用いて身体部位の位置を表したほうが運動を分析しやすい．角度と原点からの距離によって位置を表す方法は**極座標**とよばれる．ここでは，平面（二次元）の極座標と直交直線座標の関係を取り上げる．

直交直線座標では，x 軸上の目盛りの値 x と y 軸上の値 y の2つの数値で位置（x，y）を表す．極座標では，原点から点までの距離である動径座標 r と，基準軸と動径 r の間の角度である角度座標 θ の2つの数値（r，θ）で位置を表す．このとき，直交直線座標（x，y）と極座標（r，θ）間には次の関係が成り立つ（図18）．

column

躍度

加速度の微分を躍度（やくど）という．躍度が小さいことは加速度の変化が少ないことを表すので，運動が滑らかに行われると躍度が小さくなる．電車の加速と減速の際に躍度が小さいと乗り心地がよい．理学療法や作業療法では，上肢や下肢の運動の協調性の指標として躍度が用いられることがある．

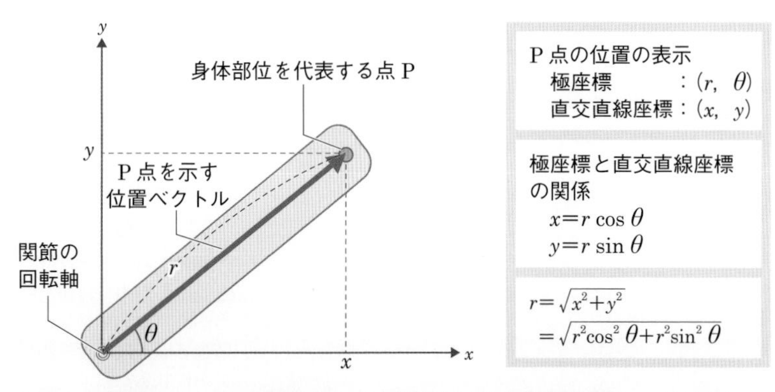

図18 位置ベクトルの極座標による表示と直交直線座標による表示

関節の回転軸を原点，身体部位の代表の点をPとするときの，P点を表す位置ベクトルの極座標と直交直線座標の関係は，$x=r\cos\theta$，$y=r\sin\theta$となる．

■直行直線座標（x, y）と極座標（r, θ）の関係

$$x=r\cos\theta \qquad y=r\sin\theta$$

■動径rの長さの求め方

$$r=\sqrt{x^2+y^2}=\sqrt{r^2\cos^2\theta+r^2\sin^2\theta}$$

極座標で関節運動を表すと，身体部分の長さは一定なので，関節運動は関節の回転軸を中心とする円運動とみなすことができる．このとき，単位時間あたりの角度座標の変化（角度の変化率）を**角速度**ω（オメガ）とよび，単位は度数法[※1]では〔deg/s〕，弧度法[※1]では〔rad/s〕となる．また，単位時間あたりの角速度の変化を**角加速度**とよび，$\dot{\omega}$（オメガ・ドット）または$\ddot{\theta}$（シータ・ツー・ドット）で表す．角加速度の単位は度数法では〔deg/s²〕，弧度法では〔rad/s²〕となる．半径r〔m〕の円運動のとき，円運動をする物体の速度v〔m/s〕の大きさは次の式で表される．速度の向きは円の接線方向（半径と垂直な方向）になる．

※1　**度数法と弧度法**：角度を表す単位として度数法による単位〔°〕または〔deg〕と，弧度法による単位〔rad〕（ラジアン）がある．度数法は円の1周分の角度を360°とする単位である．弧度法は弧の長さが半径の何倍になるかで角度を表す単位で，円周率をπとして半径をrとすると円周の長さは$2\pi r$になるので，円の1周分の角度は2π〔rad〕になる．$1\,\mathrm{rad}=\frac{360}{2\pi}=57.3°$である．習慣的に弧度法の単位radは省略されることが多い．

■円運動をしている物体の速度vの大きさ

$$v=r\omega$$

速度〔m/s〕 = 半径〔m〕 × 角速度

位置と速度

速度 $v = r\omega = r\frac{d\theta}{dt}$

位置（r, θ）

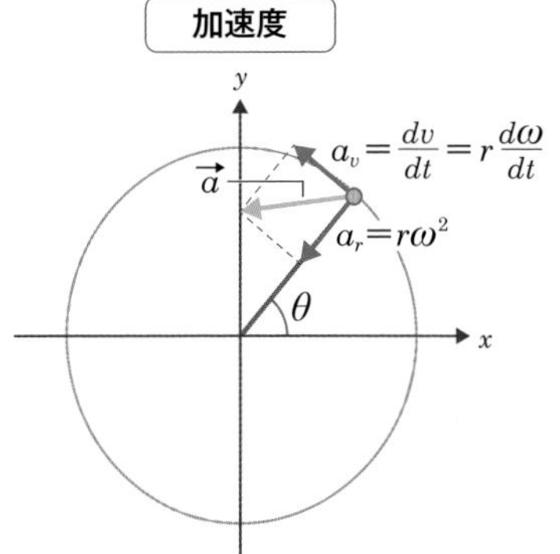

図19　円運動における位置，速度，加速度の関係

円運動における速度は接線方向に向かい，加速度は速度の方向（接線方向：a_v）と円の中心に向かう向き（向心加速度：a_r）に分けられる．等速円運動では速度の大きさが一定なので，向心加速度のみになる．

加速度a〔m/s²〕は，円の中心へ向かう向心加速度a_rと，速度と同じ向きをもつ加速度a_vのベクトルを合成した向きになる．等速円運動のときは，後者が0になるので，向心加速度だけになる（図19）．

■ 円運動をしている物体の円の中心に向かう加速度（向心加速度）a_rの大きさ

$$a_r = r\omega^2$$

向心加速度〔m/s²〕＝ 半径〔m〕×（角速度）²

■ 円運動をしている物体の円の接線方向（速度方向）の加速度a_vの大きさ

$$a_v = r\frac{d\omega}{dt} = r\dot{\omega} = r\ddot{\theta}$$

加速度〔m/s²〕＝ 半径〔m〕× $\frac{\text{経過角速度}}{\text{経過時間}}$ ＝ 半径〔m〕× 角加速度

第2章

身体運動と力

力によって運動はどのように変化するか？

第2章では，力と運動の関係について学習する．

基礎編 では，物理学における力の定義を述べ，身体を含むあらゆる物体の運動の基礎となる慣性の法則，運動方程式，作用反作用の法則（ニュートンの運動の3法則）について解説する．そして，重力，張力，弾性力，摩擦，慣性力など，自然界に存在し，物体にはたらくさまざまな力について学習する．

臨床編 では，さまざまな力と身体運動の関係を，歩行や垂直跳びを例にみていく．また，骨格筋の構造と収縮特性の関係，腱や骨の力学的な性質，骨格筋と腱を含めた筋腱複合体などを例に，身体の力学的性質や運動を研究する生体力学の基礎的な考え方についても学習する．身体の構造をもとにモデルをつくり，ニュートンの運動の3法則を用いて身体運動に関する特性を量的に理解できることを知ってほしい．

第2章
身体運動と力

基礎編

学習目標

- 力とは何かについて説明できる
- 力の合力，つり合いを説明できる
- 運動の３法則について説明できる
- さまざまな力をあげ，それらの特徴を説明できる

臨床編 は57ページ

1 力とは

力の定義

テーブルの上に物体が静止しているとき，人が手で物体を押したりしなければ物体は動かない．物体は手で押されることで何らかの作用を受けて動くと考え，この作用のことを**力**という．私たちが重い物体を動かすときは，筋肉を強くはたらかせるための努力感が伴う．この努力感が，私たちがもつ力のイメージであろう．物理学では物体の速度を変化させたり，物体を変形させたりする作用のことを**力**と定義する．速度が変化するときは加速度が生じているので，力は物体に加速度を生じさせる作用になる．逆に，物体の運動の向きや速さが変化したときは，物体に何らかの力がはたらいたことになる（図1）．

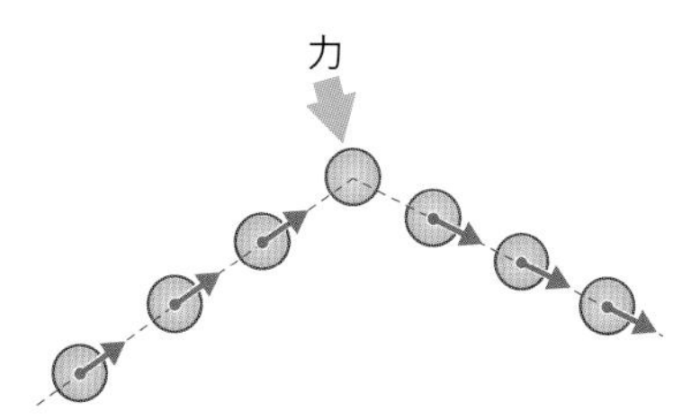

図1　**物体の運動と力の関係**
力は物体の運動の状態を変化させる作用である．このことから，物体の運動状態が変化したときは，何らかの力が物体にはたらいたことが予測される．力がはたらいたときの物体の運動を計算（理論）によって予測できるのと同時に，観察（実験）によって物体の運動の変化を調べることで力の種類，向きや強さを推測することができる．

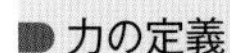
力の定義

力とは物体の運動状態を変化させたり，物体の形を変化させたりする作用

サッカーでボールを蹴るとき，ボールを蹴る向きやボールを蹴る力の大きさによって，ボールが飛ぶ向きや速さが変化するので，力は大きさと向きをもつベクトル量である．力の単位は**ニュートン**〔N〕で，1 Nは質量1 kgの物体に1 m/s^2の加速度を生じさせる力と定義される．

力の単位ニュートン〔N〕の定義

1 Nは質量1 kgの物体に1 m/s^2の加速度を生じさせる力

●サッカー

力の３要素

力が物体に及ぼす作用を正確に知るためには，①**力の大きさ**，②**力**

の向き，③**力の作用点**の３つが必要になる．これらを**力の３要素**という（図2）．力はベクトル量なので，その作用を知るためには大きさと向きが必要なことは理解できると思う．力の作用点によって物体の運動が変化することは，テーブルの上に本を載せ，本を押す位置（作用点）を変えて，同じ大きさで同じ向きの力で本を押すと，本の運動の様子が変わることから確認できる（図3上）．

力の作用点を通り，力の向きに平行な直線を**作用線**という．作用線上で力の作用点を移動させても，力が物体に及ぼす作用は変わらない．これを**作用線の定理**という．作用線の定理も，テーブルの上に載せた本を作用線上で力の作用点を移動して押しても，同じ大きさで同じ向きなら本の動きが変わらないことから確認できる（図3下）．

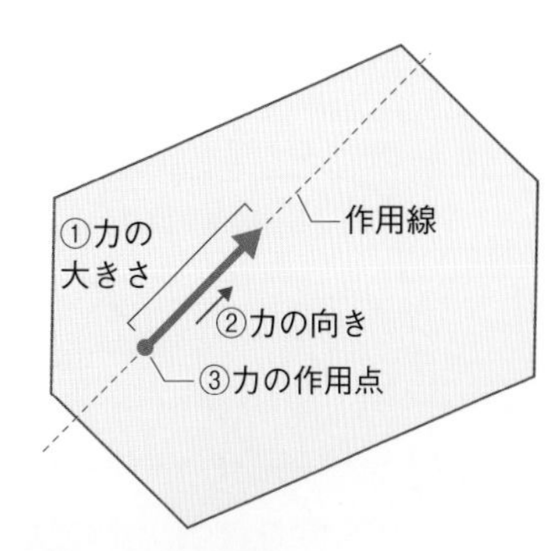

図2　力の3要素
①力の大きさ，②力の向き，③力の作用点を力の３要素とよび，この３つによって物体にはたらく力の作用が決まる．

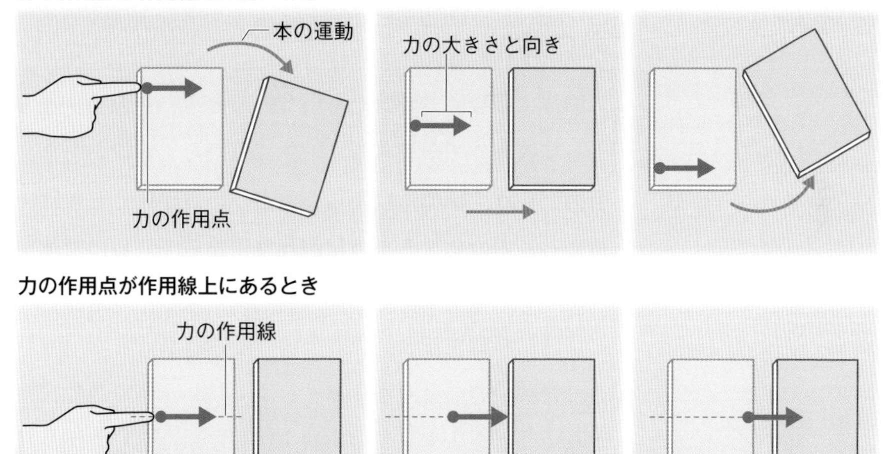

図3　作用線の定理を確認する実験
テーブルの上に本を置き，本を指で押してテーブル上で動かす．指で本に加える力の大きさと向きは同じとする．上の図のように，力の作用線上にない位置を力の作用点として本を動かすと，作用点の位置によって本の運動が異なる．しかし，下の図のように力の作用線上では，力の作用点を移動させても本の運動は同じになる．

memo **作用線の定理**

作用線の定理は，物体にはたらく力の作用を知るためにとても役に立つ定理である．作用線上で力を移動させて力の作用を見やすくできるので，ヒトの運動を扱うときもよく用いられる．memo図で，作用線上で物体にはたらく力の位置をA，B，Cのように移動させても，物体に及ぼす力の作用は変わらない．

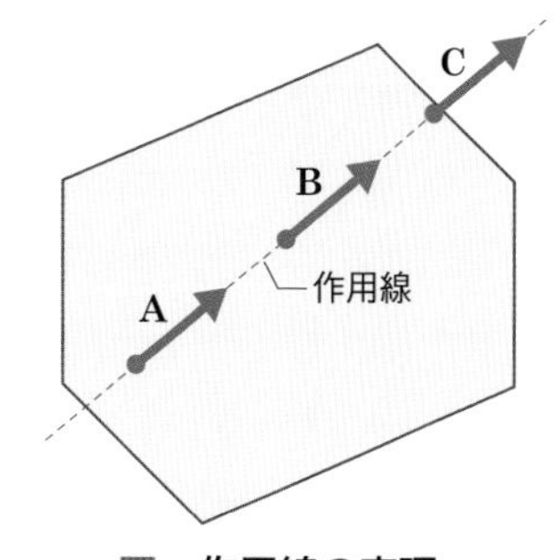

memo図　作用線の定理

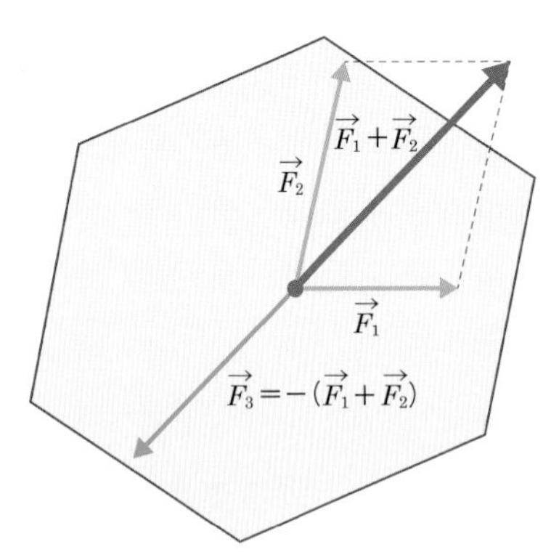

図4　合力と力のつりあい

物体内の同じ位置を作用点として，2つの力$\vec{F_1}$と$\vec{F_2}$がはたらいているとき，2つの力の合力は$\vec{F_1}$と$\vec{F_2}$のベクトルの和，$\vec{F_1}+\vec{F_2}$になる．同じ作用点から，$\vec{F_1}+\vec{F_2}$と同じ大きさで逆向きの力$\vec{F_3}=-(\vec{F_1}+\vec{F_2})$がはたらくと，2つの力はつりあった状態となり，物体を動かす作用は0になる．

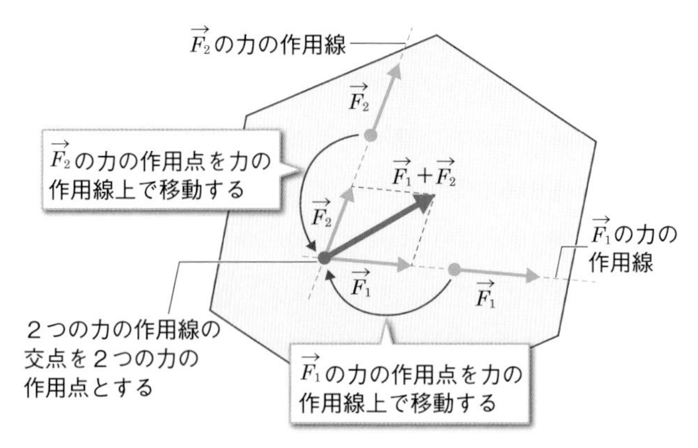

図5　力の作用点が一致しない場合の合力の求め方

2つの力の作用点が一致しないときは，作用線の定理から「力が物体に及ぼす作用は，力の作用点を作用線上で移動させても変わらない」ので，それぞれの力の作用線を延長し，2つの作用線の交点を2つの力の作用点として力の合力を求めることができる．

力の合成

物体に複数の力がはたらいているとき，それらをまとめて1つの力として扱うことができる．物体にはたらく複数の力を合わせたものを**合力**（ごうりょく）という．物体にはたらく力の作用点が同じときは，その作用点にはたらく力のベクトルの和が合力になる（図4）．物体にはたらく力の作用点が異なるときは，作用線の定理を用いて複数の力の作用点を同じ位置に移動すると，合力を求めることができる（図5）．物体にはたらく複数の力の合力が0のときは，物体全体の運動状態を変える作用がないことを表す．この状態を物体にはたらく力がつりあっているという．

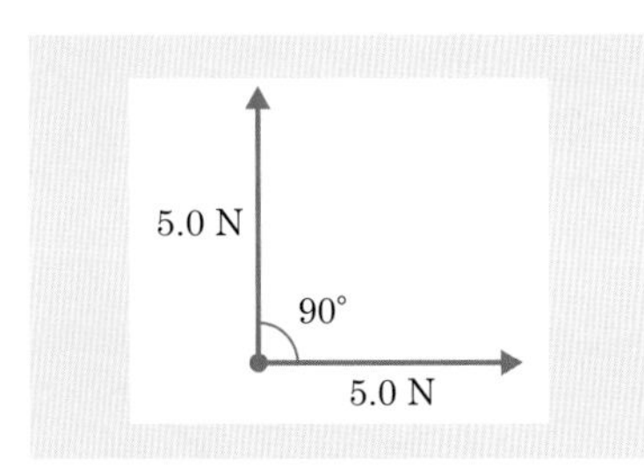

例　題

図のように物体に2つの力がはたらいているときの合力の大きさを求めなさい．ただし，$\sqrt{2}=1.4$とする．

解答例　2つの力が90°の向きではたらいているので，合力は2つの力でつくられる正方形の対角線の長さになる．三平方の定理※1を用いると

$$\sqrt{5.0^2+5.0^2}=\sqrt{25+25}=\sqrt{50}=5\sqrt{2}$$

$\sqrt{2}=1.4$とすると，$5\sqrt{2}=5\times1.4=7.0$

答　$5\sqrt{2}$ N（または7.0 N）

※1　三平方の定理：

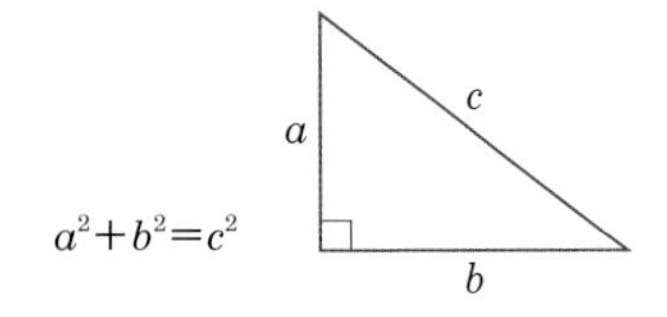

2 運動の３法則

力は物体の運動の状態を変化させる作用をもつので，物理学では力と物体の運動の関係を理解することが重要になる．力と運動の関係はニュートンによって3つの法則としてまとめられ，これを**運動の３法則**または**ニュートンの運動の法則**とよぶ．この3つの法則によって，私たちのまわりの物体の運動から宇宙の星々の運動までを統一的に説明することができる．

●星空

慣性の法則（ニュートンの第1法則）

慣性の法則は,「物体に力がはたらかないか，物体にはたらく力がつりあっているときは，物体は静止したままか，等速直線運動を続ける」というもので，物体はそのときの運動の状態を維持する性質である**慣性**をもつことを表している．

自転車に乗っているとき，急ブレーキをかけると身体が前のめりになる．この現象は慣性の法則によって,「ブレーキをかけたことによって自転車は止まろうとするのに対して，身体は慣性によってこれまでの運動を維持しようとするので，前のめりになる」と説明することができる．座位バランスの悪い患者を乗せて車椅子を押すときも，車椅子を急に止めようとすると，慣性のために患者は前に転がり落ちる危険性があるので注意が必要である．

運動方程式（ニュートンの第2法則）

運動方程式は，質量 m〔kg〕の物体に F〔N〕の力がはたらいたときの加速度 a〔m/s²〕の間に次の関係が成り立つことを表している．

■力

$$F = ma$$

力〔N〕＝質量〔kg〕×加速度〔m/s²〕

または

$$ma = F$$

■加速度

$$a = \frac{F}{m}$$

$$\text{加速度〔m/s}^2\text{〕} = \frac{\text{力〔N〕}}{\text{質量〔kg〕}}$$

運動方程式は，物体に力がはたらいたときに物体に生じる加速度は力に比例し，質量に反比例することを示している．第1章で学習したように●，物体の最初の位置と速度がわかっていれば，加速度から速度が計算でき，加速度と速度から位置が計算できるので，物体の運動の様子を完全に表すことができる．そして，物体の質量と物体にはたらく力がわかれば，運動方程式によって加速度が計算できる．加速度がわかれば，速度と位置も計算できるので物体の運動が決まる．その意味で運動方程式は，まさに「運動の方程式」である．

● 等加速度直線運動
→p.19〜p.20 第1章 基礎編

運動方程式から，質量が大きいと同じ力がはたらいても生じる加速度は小さくなることがわかる．これは，質量は物体の動きにくさの程度を表す物理量であることを意味している．重い物体ほど動かしにくいことは経験的に理解できるが，その動かしにくさを量的に表したものが質量である．このように，物理学では自然現象を量の関係として理解していくという特徴をもっている．

●大きな岩
大きな岩は流されないが小さな岩は流されやすい．

例　題

時刻0秒のとき，質量1.0 kgの物体が位置0 m，速度0 m/sの状態にあるとする．この物体に同じ向きで一定の力$F=2.0$ Nがはたらき続けるとき，2.0秒後の物体の速度と位置を求めなさい．

解答例　2.0 Nの力によってこの物体に生じる加速度aは，質量をm，物体にはたらく力をFとすると，

$$a=\frac{F}{m}=\frac{2.0}{1.0}=2.0\ \text{m/s}^2$$

力の向きと大きさは一定なので，物体の運動は等加速度直線運動●になる．時刻tにおける速度をvとすると初速度＝0 m/sなので

● 等加速度直線運動→p.20 第1章 基礎編

$$v=0+at=2.0\times2.0=4.0$$

答 速度：4.0 m/s

時刻tにおける位置をxとすると，最初の位置＝0 m，初速度＝0 m/sなので

$$x=0+0\times t+\frac{1}{2}at^2=0.5\times2.0\times2.0^2=4.0$$

答 位置：4.0 m

作用反作用の法則（ニュートンの第3法則）

作用反作用の法則は，「物体に力を及ぼすと，その物体から同じ大きさで逆向きの力を受ける」ことを表している．これは，力は常に同じ

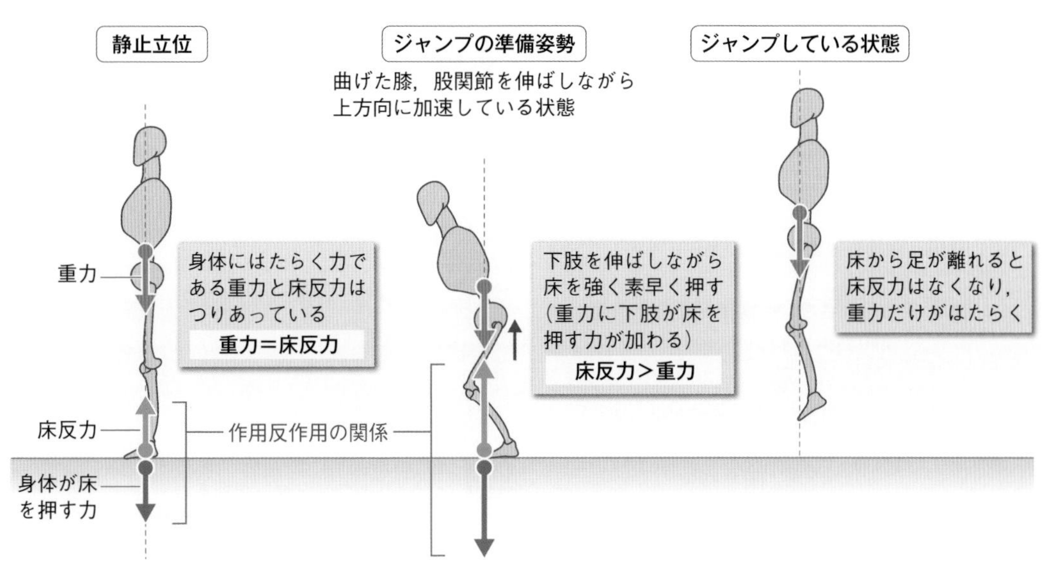

図6　ヒトが静止して立っている状態から，一度下肢を曲げた後に下肢を伸ばしジャンプするまでの重力と床反力の様子

大きさで，逆向きの一対の作用として現れることを示している．ヒトが床の上で静かに立っているとき，ヒトは床に力を及ぼしているが，ヒトも床から力（床反力（ゆかはんりょく））を受けていて，この2つの力がつりあうことでヒトは静止立位を保っている．そして，両方の下肢を曲げた姿勢から勢いよく下肢を伸ばすと，勢いよく下肢を伸ばした力が床をさらに押すことで体重以上の力が床にかかり，その反作用（床反力）が体重を上回ると身体が上向きに加速度をもち，床から浮き，ジャンプすることになる（図6）．

3 さまざまな力

自然界にはさまざまな力があり，それらの影響を受けたり，利用したりしながら私たちは生活している．ここでは，私たちのまわりにあるさまざまな力について学習していく※1．

※1　物体には，さまざまな力がはたらく．このテキストではそれらの力を図示するとき，力のベクトルが重ならないように作用線を少しずらしたり，力がはたらく物体を明確にするために作用点の位置を少しずらして描いている．

重力

地上で，指でつまんでいる物体を静かに離すと，物体は一定の加速度（重力加速度$g = 9.8$ m/s^2）で落下する．重力加速度によって速度が増えていくので，物体には力がはたらいている．この物体に重力加速度を生じさせる力を**重力**という．重力W〔N〕は，質量m〔kg〕と重力加速度g〔m/s^2〕の掛け算で表される．

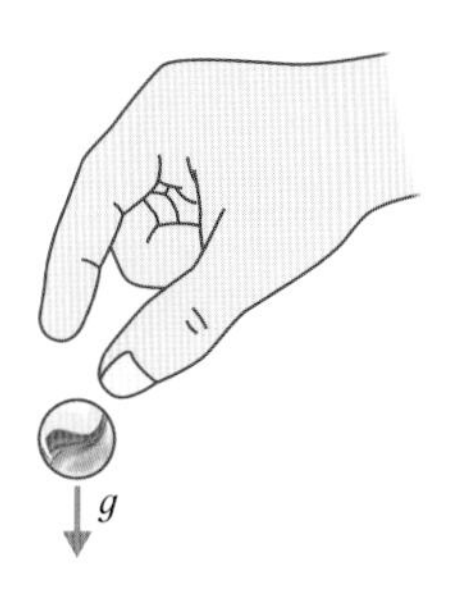

ヘルスメーターの目盛り

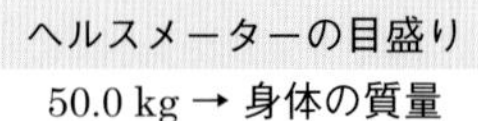

体重は身体にかかる重力の大きさを表し，
ヘルスメーターを押す力になる

体重(重力の大きさ) ＝ 質量 × 重力加速度

50.0 kg×9.8 m/s^2＝490 N

質量と体重(重量)は異なる概念なので
重量の単位は〔kg 重〕や〔kgw〕,〔kgf〕で表す

50.0 kg 重・50.0 kgw

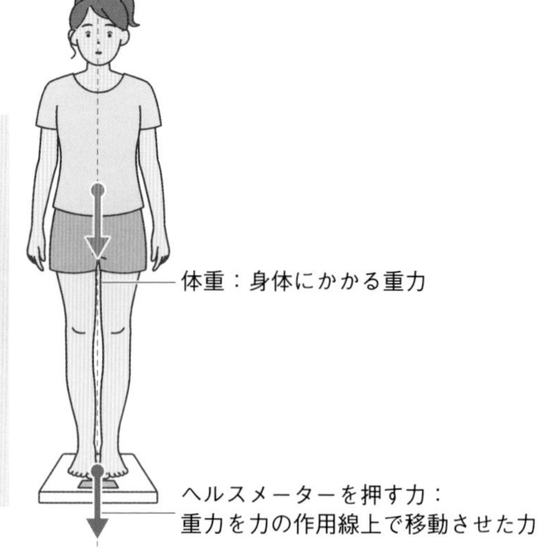

図7　体重とヘルスメーターの目盛りの関係

体重はヒトがヘルスメーターを押している力に相当し，その大きさはヒトの質量に重力加速度をかけた値（50.0 kg×9.8 m/s^2＝490 N）になる．質量と体重（物体の場合は，質量と重量）を区別するために，重量の単位にはキログラム重〔kg重〕，重量キログラム〔kgw〕などが用いられる．

重力

$$W = mg$$

重力〔N〕 ＝ 質量〔kg〕 × 重力加速度〔m/s^2〕

ヒトがヘルスメーターの上に載って体重を測ると，ヘルスメーターに「50.0 kg」などと表示される．このときのヘルスメーターの表示はヒトの質量が50.0 kgであることを表すが，体重はヒトがヘルスメーターを押している力に相当するので，体重の大きさはヒトの質量に重力加速度を掛けた値（50.0 kg×9.8 m/s^2＝490 N）になる（図7）．このように質量と体重は厳密には異なるため，質量と体重（物体の場合は，質量と重量）を区別するために，重量の単位にはキログラム重〔kg重〕，重量キログラム〔kgw〕，キログラム力(りょく)〔kgf〕などが用いられる．ヘルスメーターの目盛りの単位も，正しくは〔kg重〕を表している．

質量は物体に固有の物理量で，物体が分かれたりくっついたりしなければ一定の値をもつ．これに対して重量は重力の作用によって変化し，例えば月で体重を測ると体重は$\frac{1}{6}$の値になるし，宇宙空間のような無重力の環境では，体重は0 kg重になる．重力がはたらくところでは，重力の大きさ（力）を重力加速度で割ることで質量が計算できる※2．

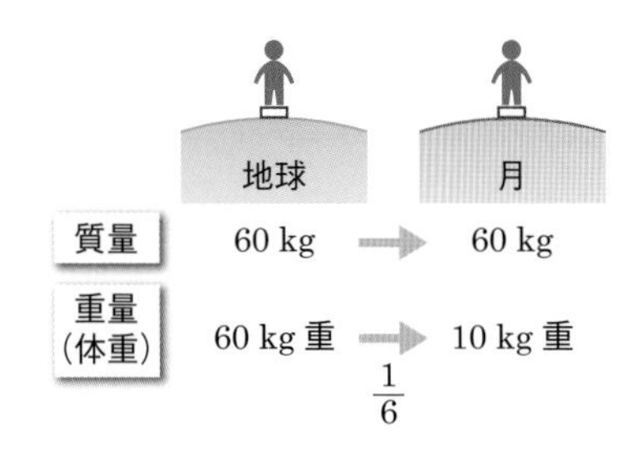

※2　宇宙空間では物体の重量は0になるので，質量が計算できない．宇宙空間で質量mを求めるには，物体に力Fを加えたときの加速度aを測定して，運動方程式（$m=\frac{F}{a}$）から計算する．

例　題

質量 **100 g** のリンゴが上皿はかりの上に載っているとき，リンゴは何 **N** の力で上皿はかりを押しているか計算しなさい．ただし，重力加速度 $g = 9.8\ \mathrm{m/s^2}$ とする．

解答例　100 g は 0.100 kg になるので，リンゴが上皿はかりを押す力は

column

近接作用と遠隔作用

物体を手で押すと物体が動く．力が物体に直接はたらくので，このような力を**近接作用**という．一方，重力は地上にあるどんな物体にも鉛直下向きにはたらき，直接物体に接していないのに力がはたらく不思議な力である．重力のように物体に接していなくてもはたらく力を**遠隔作用**という．遠隔作用には重力の他に，静電気力や磁気力などがある．

重力は，2つの物体間にはたらく万有引力によって現れる力である．万有引力 F_G は，2つの物体の質量を m_1〔kg〕，m_2〔kg〕，2つの物体間の距離を r〔m〕，万有引力定数を G〔$\mathrm{N \cdot m^2/kg^2}$〕とすると，次の式で表される（ただし，地表から物体までの距離は地球の半径に比べてきわめて小さいので無視する）．

万有引力：$F_G = \dfrac{G(m_1 m_2)}{r^2}$

$G = 6.67 \times 10^{-11}\ \mathrm{N \cdot m^2/kg^2}$

重力 W〔N〕は地球と物体間の万有引力である．物体の質量を m〔kg〕，重力加速度を g〔$\mathrm{m/s^2}$〕とすると，$W = mg = F_G$ となるので，地球の質量を M〔kg〕，半径を R〔m〕とすると，$g = G\dfrac{M}{R^2}$ となる（column 図1）．この式に，万有引力定数 $G = 6.67 \times 10^{-11}\ \mathrm{N \cdot m^2/kg^2}$，地球の質量 $M = 6.0 \times 10^{24}$ kg，地球の半径 $R = 6.4 \times 10^6$ m を代入して計算すると，$g = 9.8\ \mathrm{m/s^2}$ の値が得られる．

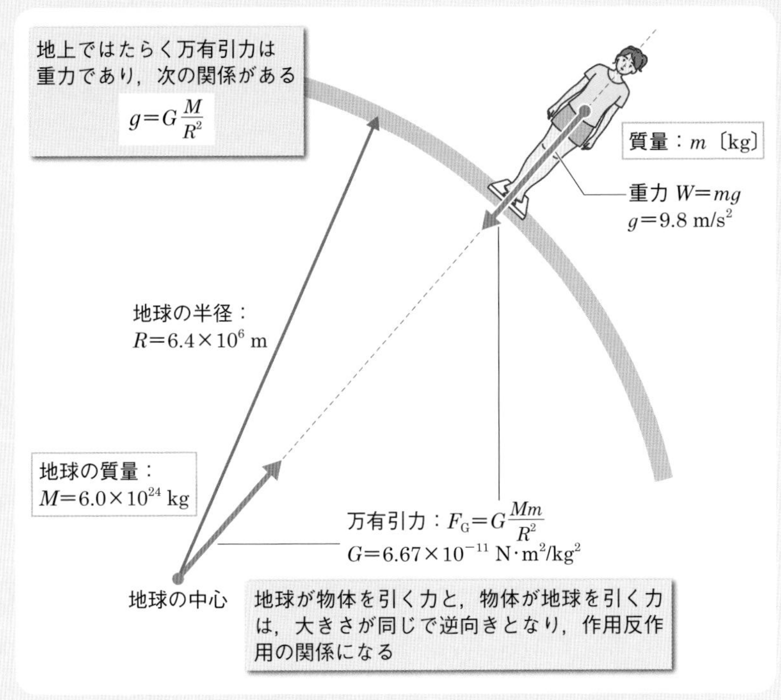

column 図1　**重力と万有引力の関係**

$0.100 \times 9.8 = 0.98$

答 0.98 N

おおよそ1Nの力に相当する.

垂直抗力

テーブルの上にリンゴが載っているとき，このリンゴは上皿はかりに載せたリンゴと同じように重力によってテーブルを押している．このとき，リンゴもテーブルからテーブルの平面に対して垂直の向きに力を受けており，この力を**垂直抗力**という．リンゴにはたらく重力と垂直抗力は，大きさが同じで向きが逆なので合力は0となり，2つの力はつりあっている．垂直抗力は，物体が接している面から，面と垂直の向きに物体にはたらく力で，常に重力と逆向きになるわけではない（図8）．

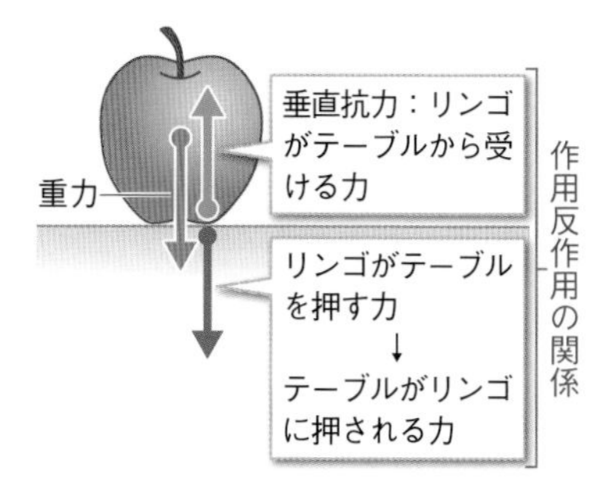

図8　垂直抗力

重力，リンゴがテーブルを押す力（テーブルがリンゴに押される力），垂直抗力は同じ力の作用線上ではたらくが，見やすいように少しずらして描いている．また，力の作用点も力が作用する物体がわかりやすいように，物体の内部に描いている．重力と垂直抗力がつりあってリンゴはテーブルの上に静止している．このとき，重力と垂直抗力は作用反作用の関係ではないことに注意してほしい．作用反作用の法則は，異なる物体にはたらく力について成り立つ法則である．

張力

物体にひもを取り付けてひもを引っ張ると，物体に力がはたらく．この物体を引っ張る力を**張力**とよぶ．物体にひもを取り付け，ひもの反対側の端を天井に取り付けて静置したとき，物体にはひもから張力がはたらく．このとき，物体にはたらく重力とひもから物体にはたらく張力はつりあっている（図9）．ヒトの運動においては，骨格筋が収縮することによって発生する力が張力として骨にはたらくことで関節運動が起こる．骨格筋は身体運動の力源として重要な役割を担っている．

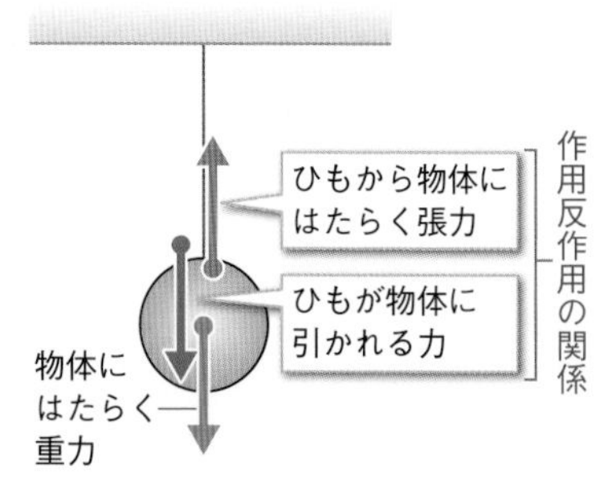

図9　物体にはたらく重力と張力の関係

天井から物体がつるされている様子を表す．物体には重力とひもからの張力がはたらき，つりあっている．ひもから物体にはたらく張力とひもが物体に引かれる力が作用反作用の関係にある．3つの力は同じ力の作用線上で作用しているが，矢印が重なるためずらして描いている．

摩擦力

床の上に置いてある物体を押して動かそうとして徐々に力を加えていくと，最初，物体は動かず，途中から動き始める．また，水平な床の上で勢いよくボールを転がすと，ボールはずっと転がらないでどこかで静止する．これらの現象は物体の運動を妨げようとする力がはたらくために生じる．この運動を妨げる力を**摩擦力**とよぶ．摩擦力は物体と物体が接している面との間にはたらき，物体の運動の向きと逆向きにはたらく力である（図10）．

物体に力を加えても物体が静止しているときの摩擦力を**静止摩擦力**とよぶ．静止摩擦力は物体に加えた力と同じ大きさになり，物体が動き出す直前に最大になる．このときの摩擦力を**最大静止摩擦力** F〔N〕

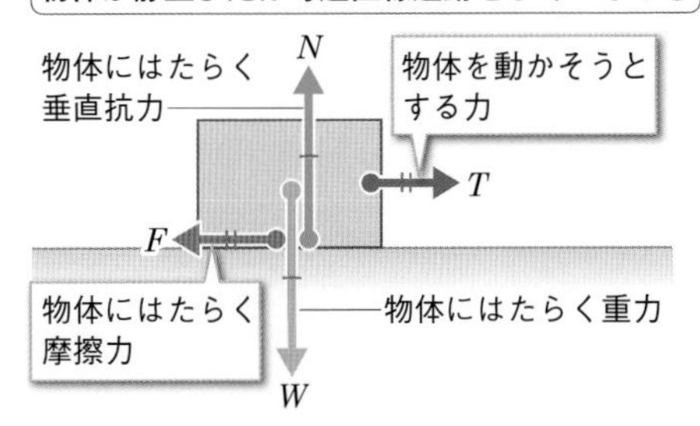

図10　物体にはたらく摩擦力
摩擦力は，物体を動かそうとする力に対して逆向きに，物体が接している面に平行にはたらき，物体の運動を制止する作用をもつ．物体が静止または等速直線運動をしているときは，物体を動かそうとする力と摩擦力の大きさは等しい．

という．最大静止摩擦力は垂直抗力 N〔N〕に比例し，この比例定数を**静止摩擦係数** μ（ミュー）という．

最大静止摩擦力

$$F=\mu N$$

最大静止摩擦力〔N〕 ＝ 静止摩擦係数 × 垂直抗力〔N〕

最大静止摩擦力も垂直抗力も力なので，単位はニュートン〔N〕と

column

粘性

摩擦と同じように，気体や液体などの流体の中を物体が運動するときに運動を静止させる向きにはたらく力として，**粘性**がある．粘性は物体が運動する向きと逆向きに，物体の速度に比例して生じる力である．雨粒が落下するときも，重力によって落下速度が増加すると，空気の粘性が雨粒にはたらいて雨粒の落下する速度は一定になる（column図2）．雨粒の落下速度は雨粒の大きさによって異なり，直径1 mm程度の雨粒では6 m/s程度である．

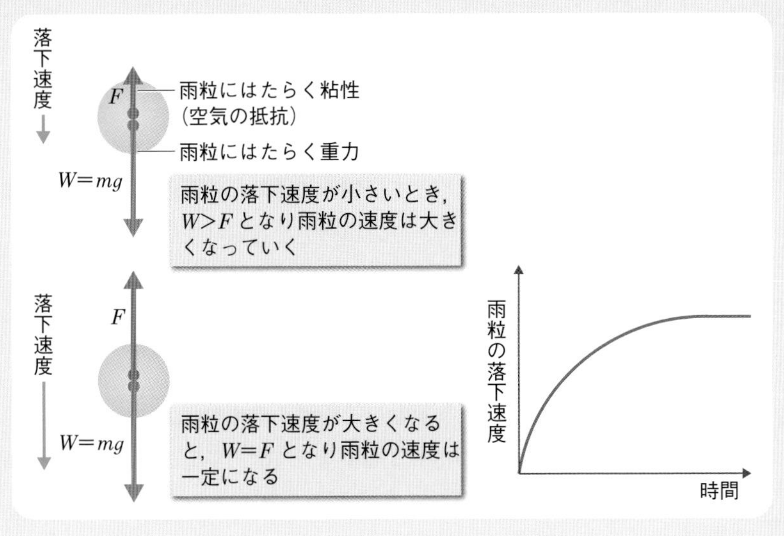

column図2　粘性

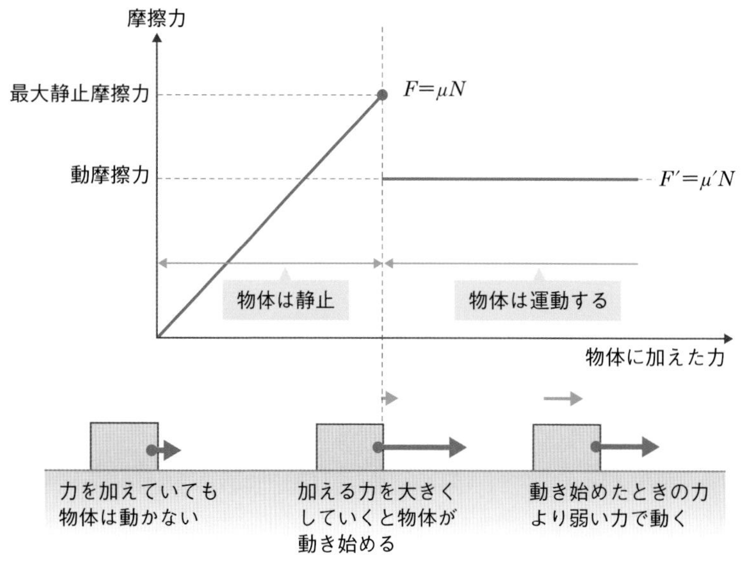

図11　摩擦力

摩擦がはたらくとき，物体に力を加えていってもある大きさ以上の力を加えないと物体は動かない．物体が動き出す直前の摩擦力を最大静止摩擦力という．物体が動き出すと最大静止摩擦力より小さな力で物体を動かすことができる．このときの摩擦力を動摩擦力という．

● 無次元量→p.12 第1章 基礎編

なり，それらの比である静止摩擦係数の単位は無次元量●になる．

　力を徐々に加えていって物体が動き出すと，最大静止摩擦力より小さな力で，一定の速度で物体を動かすことができる．このときの摩擦力を**動摩擦力** F' とよび，その摩擦係数を**動摩擦係数** μ' という（図11）．

動摩擦力

$$F' = \mu' N$$

動摩擦力〔N〕 ＝ 動摩擦係数 × 垂直抗力〔N〕

例　題

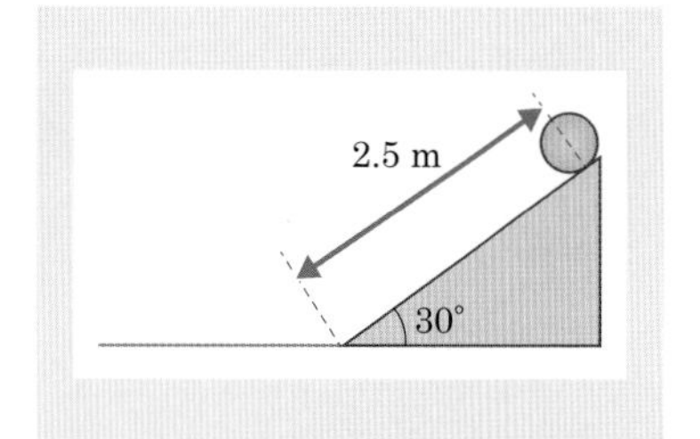

摩擦のない斜面とそれに続く摩擦のある水平な面がある．斜面の端から斜面上で 2.5 m の位置に質量 4.0 kg の物体を静かに置いたところ，物体は斜面を滑り出して，水平面上をしばらく運動した後，静止した．このとき，次の❶〜❺に答えなさい．

❶斜面を滑っているときに物体にはたらく垂直抗力を求めなさい．

❷斜面を滑っているときの物体の加速度を求めなさい．

❸水平な面に移ったときの物体の速度を求めなさい．

❹水平な面を運動しているときに物体にはたらく垂直抗力と動摩擦力を求めなさい．

❺物体が水平面上を運動した距離を求めなさい．

ただし，斜面の水平に対する角度は 30°，平面の動摩擦係数は 0.10，重力加速度は 10 m/s^2，sin 30°＝0.50，cos 30°＝0.87 とする．

解答例

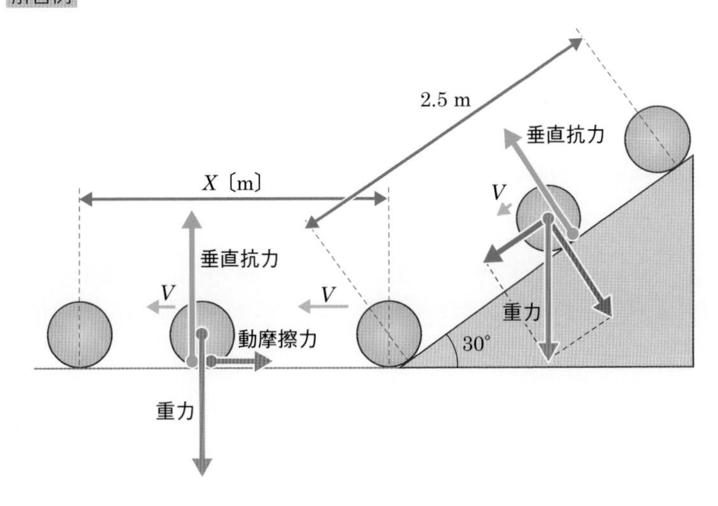

❶上の図より，斜面に垂直な向きの重力の成分（➡）と垂直抗力 N がつりあっている．重力 W●は $W=mg$ より求められ，三角比を使って斜面に垂直な向きの重力の成分＝垂直抗力 N を求めると，

垂直抗力 $N=W\cos 30^\circ=4.0\times10\times0.87=34.8$

答 垂直抗力：34.8 N（有効数字を考慮すると 35N）

● 重力→p.42

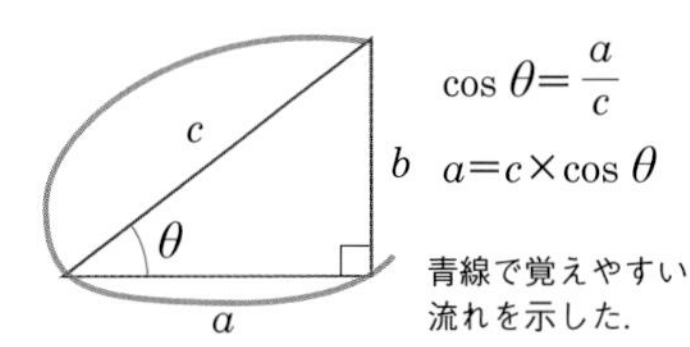

❷上の図より，物体を斜面上で滑らせる力 F は重力の斜面に平行な成分（➡）になるので，運動方程式● $F=ma$ から求められる．三角比を使うと $F=ma=W\sin 30^\circ$，$W=mg$ なので

加速度 $a=\dfrac{W\sin 30^\circ}{m}=\dfrac{4.0\times10\times0.50}{4.0}=5.0$

答 加速度：5.0 m/s²

● 運動方程式→p.39

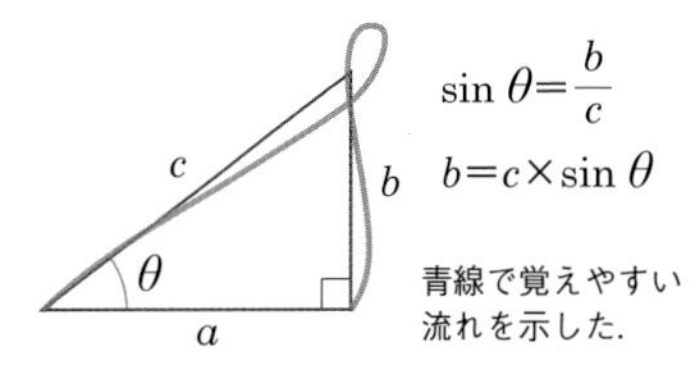

❸物体は斜面上で等加速度直線運動●をするので，

t 秒後の速度 $v=at=5.0\times t$ ……①

t 秒間に運動する距離 $x=\dfrac{1}{2}at^2$ ……②

②より，$2.5=0.5\times5.0\times t^2$ となり，$t^2=\dfrac{2.5}{2.5}=1.0$

よって $t=1.0$ ……③

③を①に代入して，$v=5.0\times1.0=5.0$

答 速度：5.0 m/s

● 等加速度直線運動→p.20 第1章 基礎編

❹上の図より，重力と垂直抗力がつりあっているので，

$N=W=mg=4.0\times10=40$

答 垂直抵抗：40 N

● 動摩擦力→ p.46

動摩擦力● $F' = \mu' N = 0.10 \times 40 = 4.0$

答 動摩擦力：4.0 N

❺水平方向には動摩擦力だけがはたらくので，水平な面上の物体の運動方程式は $F' = ma'$ となり，

加速度 $a' = \dfrac{F'}{m} = \dfrac{4.0}{4.0} = 1.0\ \mathrm{m/s^2}$

になる．よって，物体が水平面上を運動した距離は，動摩擦力が運動と逆向きにはたらくので初速度 5.0 m/s，加速度 $-1.0\ \mathrm{m/s^2}$ の等加速度直線運動と等しくなる．

物体が静止すると速度が 0 m/s になるので，物体が止まるまでの時間を t' とすると等加速度直線運動の式から $v = v_0 + a't$，すなわち

$v = 5.0 - 1.0t' = 0$ より $t' = 5.0$

となり，物体は 5.0 秒後に静止する．

よって運動した距離は等加速度直線運動の式から

$$x' = v_0 t' + \frac{1}{2} a t'^2 = 5.0 \times 5.0 + 0.5 \times (-1.0) \times 5.0^2 = 25.0 - 12.5 = 12.5$$

答 距離：12.5 m（有効数字を考慮すると 13 m）

●アイススケート

摩擦は運動を妨げる作用をもつが，摩擦がないと，氷の上を歩くときのように足が滑って歩きにくい．身体が安定に円滑に運動するためには，適度な摩擦力が必要である．

弾性力

ばねを伸ばそうとするとばねが縮む向きに力が生じ，ばねを縮めようとするとばねが伸びる向きに力が生じる．このように，ばねの長さを変化させたとき，もとの長さに戻ろうとする向き（変位と逆向き）に生じる力を**弾性力**という（図12）．弾性力 F〔N〕とばねの長さの変化量である変位 x〔m〕には比例関係があり，その比例定数をばね定数 k〔N/m〕とよぶ．ばね定数が大きなばねは，ばねを伸ばすために大きな力が必要になるので，伸びにくいばねになる．この弾性力と変位との関係を**フックの法則**※3 という．

※3 変位の向きと弾性力の向きが逆になるので，次のように表すこともある．
$F = -kx$

■ 弾性力

$$F = kx$$

弾性力〔N〕＝ ばね定数〔N/m〕× 変位〔m〕

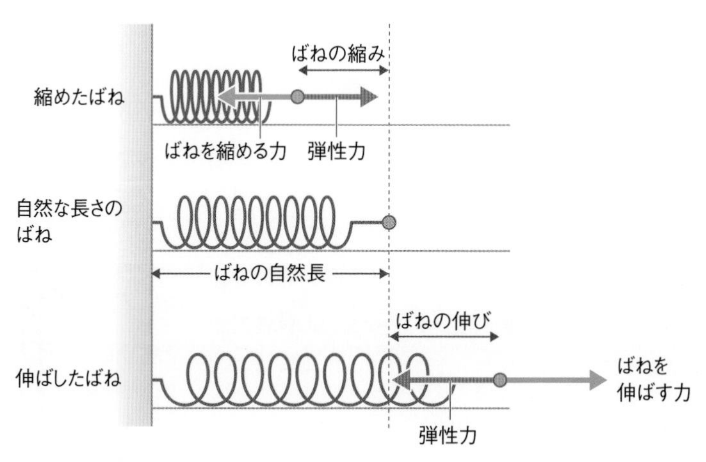

図12　弾性力

弾性力は物体がもとの長さに戻ろうとする力で，長さの変化量（変位）に比例する．

例　題

ばね定数 $k=2.0\times10^3$〔N/m〕のばねがある．重力加速度を $10\ \mathrm{m/s^2}$ とする．ただし，ばねの重さは考えないものとする．

❶このばねに質量 10 kg のおもりをつるしたとき，ばねは何 m 伸びるか．

❷ 2 つのばねを直列につなげ，質量 10 kg のおもりをつるした．直列につなげた 2 つのばね全体では何 m 伸びるか．

❸ 2 つのばねを並列にして質量 10 kg のおもりをつるしたとき，並列につなげた 2 つのばね全体では何 m 伸びるか求めなさい．

解答例

❶：

物体には重力●が鉛直下向き，弾性力が鉛直上向きにはたらき，この 2 つの力がつりあっている．ばね定数を k，ばねの伸びを x，物体の質量を m，重力加速度を g とすると，フックの法則より，

$$F=kx=mg$$

よって，ばねの伸び x は，

$$x=\frac{mg}{k}=\frac{10\times10}{2.0\times10^3}=5.0\times10^{-2}$$

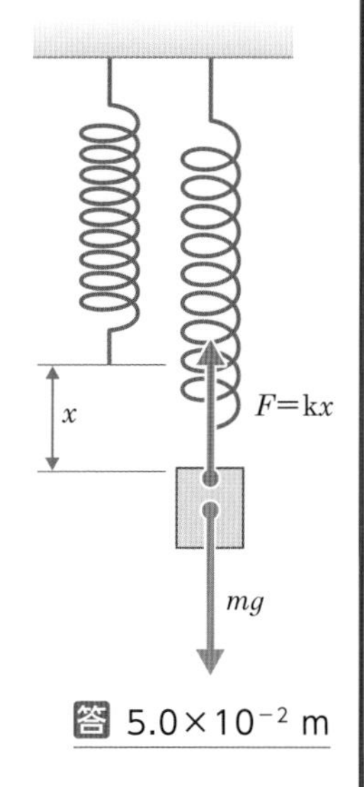

答 5.0×10^{-2} m

● 重力→p.42

❷：

下側のばねの伸びをx_1とすると，❶と同じように重力と弾性力がつりあっているので，

$$x_1 = 5.0 \times 10^{-2}\ \mathrm{m}$$

上側のばねについても，A点での力のつりあいを考えると下向きの力は物体にかかる重力のみである．したがって，❶と同じように重力と弾性力がつりあっているので，

$$x_2 = 5.0 \times 10^{-2}\ \mathrm{m}$$

よって，全体のばねの伸びは，

$$x_1 + x_2 = 5.0 \times 10^{-2} + 5.0 \times 10^{-2} = 1.0 \times 10^{-1}$$

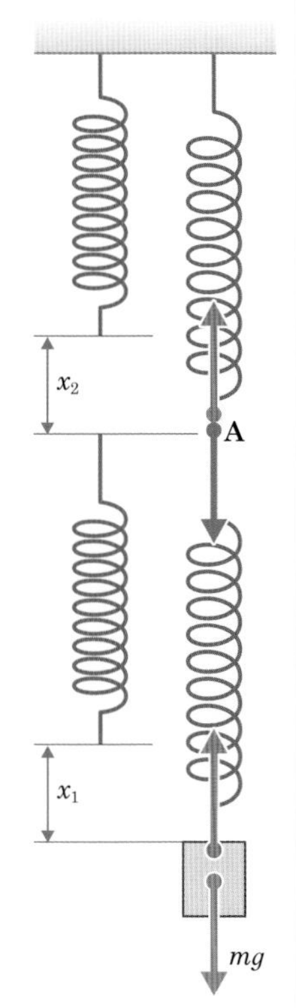

答 1.0×10^{-1} m（または0.10 m）

❸：

ばねの伸びをxとすると，2つのばねが並列にあるので，2つのばねを合わせた弾性力が物体にかかる重力とつりあっていることになる．つまり，

$$kx + kx = mg$$

$$2kx = mg$$

よって，$x = \dfrac{mg}{2k} = \dfrac{10 \times 10}{2 \times 2.0 \times 10^3}$

$$= 2.5 \times 10^{-2}$$

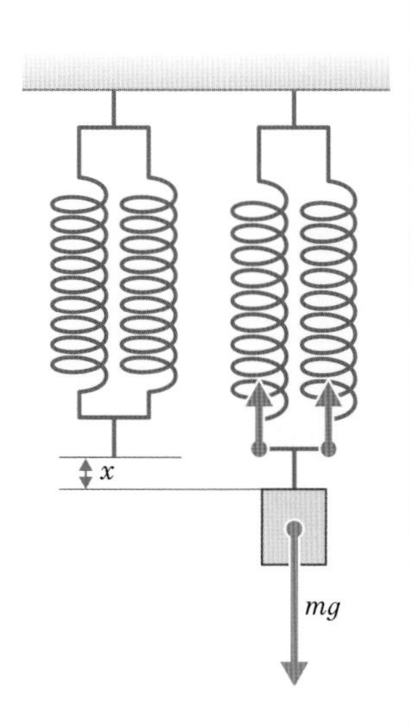

答 2.5×10^{-2} m

❶❷❸から，2つのばねを直列につなぐとばねの伸びは2倍，並列につなぐと$\frac{1}{2}$になることがわかる．ばね全体のばね定数では，2つのばねを直列につなぐとばね定数は$\frac{1}{2}$，並列につなぐとばね定数は2倍になる．

圧力

圧力

単位面積（1 m^2）あたりにはたらく力を**圧力**という．圧力Pの単位は1 m^2あたりにかかる力なので〔N/m^2〕になるが，これを**パスカル**〔Pa〕で表す．物体にはたらく力をF〔N〕，力がはたらく物体の断面積をS〔m^2〕とすると，物体にかかる圧力P〔Pa〕は次の式で表される．

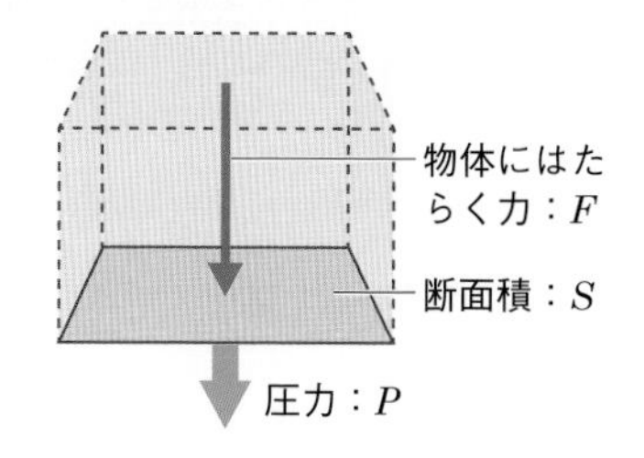

■圧力

$$P=\frac{F}{S}$$

$$\text{圧力〔Pa〕}=\frac{\text{力〔N〕}}{\text{断面積〔m}^2\text{〕}}$$

物体に同じ大きさの力を加えても，力のかかる面積によって物体が受ける作用が異なることを表しているのが圧力である．圧力が大きいほど，物体が単位面積あたりに受ける作用は大きくなる．画びょうで紙を板にとり付けるとき，指で画びょうを押す部分の面積に比べて，画びょうの先の板に刺さる部分の面積はとても小さいので，板には画びょうの先から大きな圧力がかかり，画びょうが板に食い込んでいく（図13）．

大気圧

地球は大気圏という空気の層に覆われている．空気にも質量があるので重力がはたらき，地表には空気の圧力がかかる．これを**大気圧**という．地表における標準的な大気圧を1気圧〔atm（アトム）〕とよび，1気圧は1.013×10^5 Paである．高い山に登ると，山の高さのぶんだけ空気の

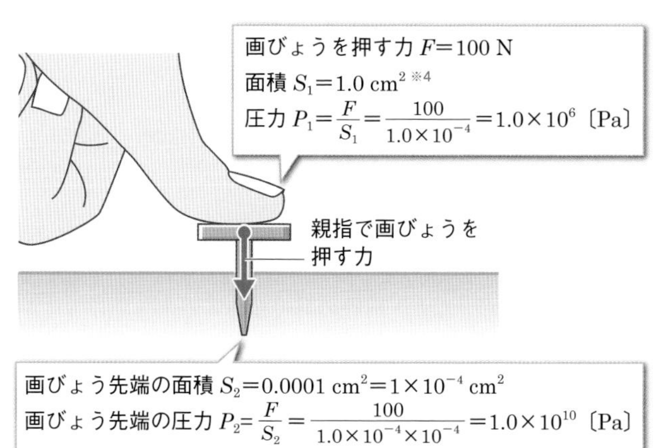

※4　1 cm＝1×10^{-2} m
　　1 cm^2＝1×10^{-4} m^2

図13　画びょうの指で押す面と先端の面積の差による圧力の変化

画びょうを指で押す面積と先端の面積の比が10000：1のとき，先端の圧力は10000倍になる．画びょうの先端には大きな圧力がかかり，先端を板などに食い込ませることができる．

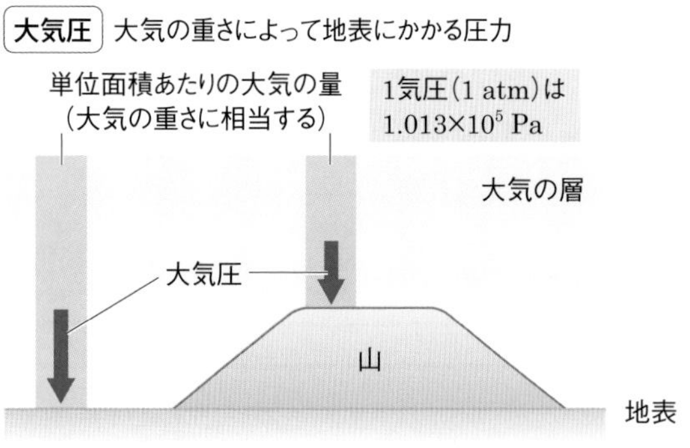

大気圧　大気の重さによって地表にかかる圧力

単位面積あたりの大気の量
(大気の重さに相当する)

1気圧(1 atm)は
1.013×10^5 Pa

大気の層

大気圧

山

地表

図14　大気圧

大気圧は大気（空気）の重さによって地表にかかる圧力で，大気圧は単位面積あたりの大気の重さに等しい．山の上では，山の高さのぶんだけ大気の層の高さが低くなるので，大気圧は下がる．

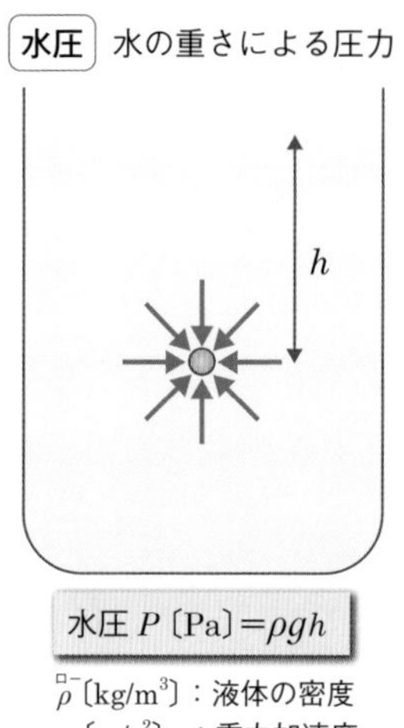

水圧 P〔Pa〕$=\rho g h$

ρ（ロー）〔kg/m³〕：液体の密度
g〔m/s²〕：重力加速度
h〔m〕：深さ

図15　水圧

水圧は水の重さによる圧力で，水中の1点にはあらゆる方向から同じ大きさの水圧がはたらく．

厚さが減るので大気圧も小さくなる（**図14**）．

ジェット機が飛ぶ高度10 km付近までを対流圏とよぶが，高度10 kmでの気圧は0.2〜0.3 atm程度となる．飛行機内の気圧は0.8 atm程度に調整されているが，急な気圧の変化が生じたときに耳管を通って空気が出入りできないと，鼓膜の内と外で気圧の差が生じ，強い耳の痛みを生じることがある．

水圧

水中に潜ると周囲の水から圧迫される感じを覚える．物体が水中に置かれたときに物体にかかるこのような圧力を**水圧**という．水中の1点について，あらゆる向きから同じ大きさの水圧がかかる（**図15**）．水圧 P〔Pa〕は，水面からの深さ h〔m〕，液体の密度 ρ（ロー）〔kg/m³〕※5（水の場合は $\rho=1.0\times10^3$ kg/m³），重力加速度 g〔m/s²〕から，次の式で表される※6．

※5　**密度**：密度は単位体積（1 m³）あたりの質量を表し，物体の質量を m〔kg〕，体積を V〔m³〕とすると，密度 ρ〔kg/m³〕$=\dfrac{m\text{〔kg〕}}{V\text{〔m}^3\text{〕}}$ で計算される．物体の密度は，物体を構成する物質の種類や温度，圧力などによって変化する．

※6　水の水面には大気圧がかかるので水中にある物体には水圧に大気圧も加わるが，ここでは水圧のみを考えている．

column

医療現場で用いられる圧力の単位

血圧や，動脈血中の酸素分圧（PaO_2），二酸化炭素分圧（$PaCO_2$）は水銀柱ミリメートル〔mmHg〕またはトル〔Torr〕，脳圧や脳脊髄液圧は水柱ミリメートル〔mmH_2O〕，気道内圧は水柱センチメートル〔cmH_2O〕など，医療の場ではさまざまな圧力の単位が用いられる．これらの量の意味を理解するためには，正常範囲の数値と単位の両方に注意する必要がある．

■水圧

$$P = \rho g h$$

水圧〔Pa〕 ＝ 密度〔kg/m²〕 × 重力加速度〔m/s²〕 × 深さ〔m〕

例　題

水深500 mに生息している魚[※7]**が受ける水圧を計算しなさい．ただし，水の密度は 1.0×10^3 kg/m³，重力加速度は9.8 m/s²とする．**

解答例

水圧 $P = \rho gh$ より，

$$1.0 \times 10^3 \times 9.8 \times 500 = 4.9 \times 10^6$$

答　4.9×10^6 Pa

この水圧は，1 cm²あたり490 N（50 kg重）になる．深海魚を釣り上げたとき，魚の目や内臓が飛び出ていることがあるが，これは深海と海面との水圧の変化がとても大きいことによる．

※7　水深200 mより深いところに住む魚を一般的に深海魚とよんでいる．

浮力

プールや海でビーチボールを水中に沈めようとすると，大きな力でビーチボールを押さないとなかなか沈まない．これは，ビーチボールに**浮力**がはたらくために起こる現象である．浮力 F〔N〕は，物体にはたらく鉛直下向きの水圧と鉛直上向きの水圧の差によって生じる力で，液体や気体の密度を ρ〔kg/m³〕，重力加速度を g〔m/s²〕，液体や気体に沈んでいる部分の物体の体積を V〔m³〕とすると，次の式で計算される．

下向きの水圧による力：b
上向きの水圧による力：a
浮力：$F = a - b$

浮力

$$F = \rho V g$$

浮力〔N〕 ＝ 密度〔kg/m³〕 × 体積〔m³〕 × 重力加速度〔m/s²〕

例　題

質量5.0 kgの物体が，水中に静止した状態で天井から細い糸で結ばれている．このときの物体にはたらく力のつりあいの様子を図に描き，糸の張力を求めなさい．ただし，物体の体積は 1.0×10^{-3} m³，水の密度は 1.0×10^3 kg/m³，重力加速度は9.8 m/s²とする．

解答例　物体にはたらく力のつりあいは次ページ左側の図のようになる．

図より，張力 $T = W - F$ となり，$W = mg$，$F = \rho Vg$ なので

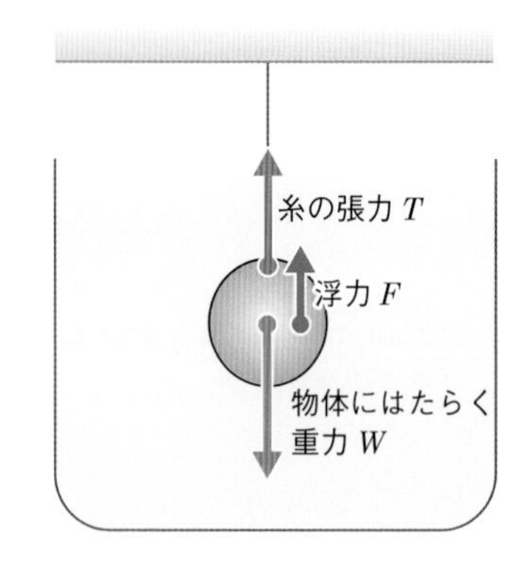

$$T = 5.0 \times 9.8 - 1.0 \times 10^3 \times 1.0 \times 10^{-3} \times 9.8$$
$$= 49.0 - 9.8$$
$$= 39.2$$

答 39.2 N（有効数字を考慮すると 39 N）

慣性力

慣性力

電車の床の上に，摩擦のない車輪のついた物体が置いてある．電車が走り出したとき，電車の中にいるヒトから見ると，物体は電車の動き出した向きと逆向きに床の上で動き出す．同じ物体を駅のプラットホームに立っているヒトから見ると，電車は動くが物体は静止している．電車の中で立っているヒトには，物体は静止した状態から動き出す（速度が変化する）ので，力がはたらいて，その力によって物体が

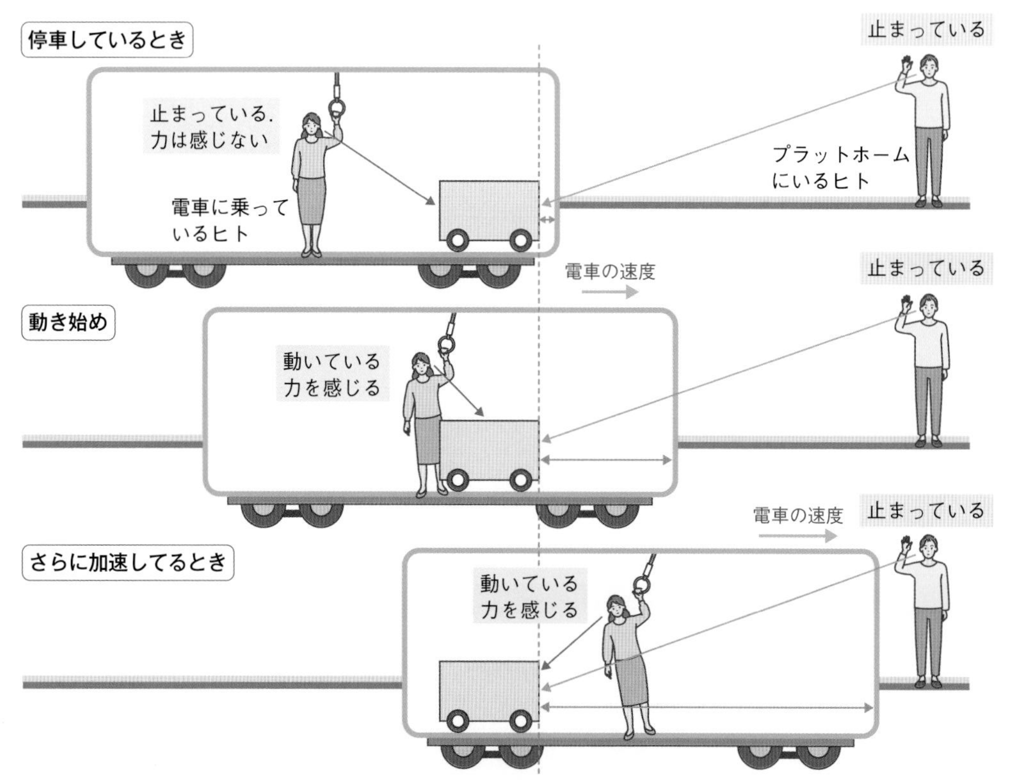

図16　慣性力
慣性力は速度が変化するときに感じる見かけの力である．電車の中に摩擦のない車輪のついた物体があるとする．電車が発車したとき，プラットホームにいるヒトから見ると物体の位置は変わらないので，物体には力がはたらいていない．しかし，電車の中にいるヒトから見ると，物体は電車の加速する向きと逆向きに運動している．静止していた物体が動き始めるので，電車の中では物体に力がはたらいたことになる．この見かけの力を慣性力という．

動いたように見える．また，電車の中で立っているヒトは，電車の動く向きと逆向きに身体が動かされる力を感じる．しかし，プラットホームで立っているヒトは力も感じないし，物体も静止しているので物体には力がはたらいていないように見える（図16）．このような，速度が変化する（加速度がある）電車の中にある物体にはたらくようにみえる力や，速度が変化する電車の中にいるヒトが感じる力を**慣性力**とよぶ[※8]．

エレベーターに乗って上の階に行くとき，昇り始めに身体が重くなる感じがして，停止するときに身体が軽くなるような感じがするのも慣性力がはたらくためである．

※8　慣性は，物体が現在の運動状態を維持しようとする性質（動かしにくさ）を表す．慣性力は，物体の運動状態が変わるとき，慣性によってもとの運動状態に戻る向きにはたらく「見かけの力」である．質量は慣性の大きさを表すので，同じ運動の変化があったときの慣性力は質量が大きいほど大きくなる．質量 m〔kg〕の物体が加速度 a〔m/s^2〕で加速しているとき，物体にはたらく慣性力は大きさが ma〔N〕で，向きは物体が加速する向きと逆向きになる．

遠心力

物体が一定の速度で円周上を回る運動を**等速円運動**という．ハンマー投げのように，おもりをつけたひもを持ってくるくる回して，ひもから手を離すとひものついたおもりは勢いよく飛んでいく．おもりを回し続けるためには，ひもを絶えず引っ張っている必要があり，この力を**向心力**という．このとき等速円運動をする物体には，向心力と逆向きに，物体を円の中心から遠ざけようとする力である**遠心力**がはたらく．遠心力も慣性力の一つで，物体の質量を m〔kg〕，円の半径を r〔m〕，速度を v〔m/s〕とすると，遠心力 F〔N〕は次式で表される（図17）．

■遠心力

$$F = m\frac{v^2}{r}$$

$$遠心力〔N〕 = 質量〔kg〕 \times \frac{(速度〔m/s〕)^2}{円の半径〔m〕}$$

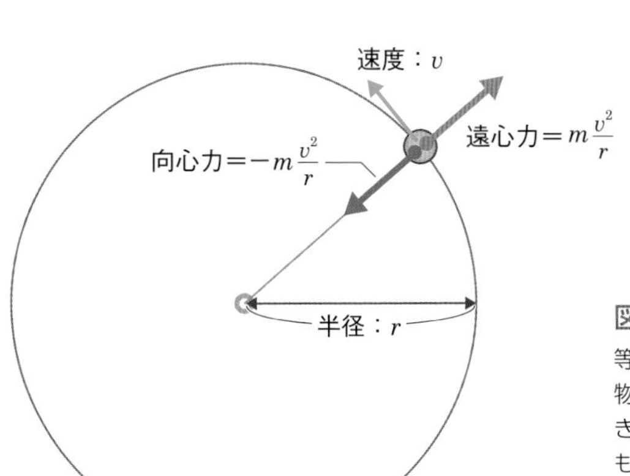

図17　遠心力
等速円運動をしている物体には，物体を円の中心から遠ざける向きに遠心力がはたらく．遠心力も慣性力で，等速円運動をしている物体だけにはたらくようにみえる見かけの力である．

円の半径が小さいほど，物体の速度が大きいほど，大きな遠心力がはたらくので，急カーブでは自動車の速度を落とさないと危険なことがわかる．

基礎編 は36ページ

学習内容

- 身体運動にはたらく種々の力
- 骨格筋の筋張力特性
- 腱，骨の力学的特性
- 筋腱複合体

1 身体運動にはたらく種々の力

私たちの身体には，地上で生活しているかぎり常に重力がはたらいている．そのため，姿勢を保ったり運動したりしようとすると，身体の重量に抗するだけの力を発揮させる必要がある．身体においてこの力を生み出しているのが骨格筋である．特に下腿（かたい）三頭筋，大腿四頭筋，大殿筋，脊柱起立筋など，抗重力筋とよばれる筋群は姿勢を保ったり，運動したりする際に常に活動している（図18）．

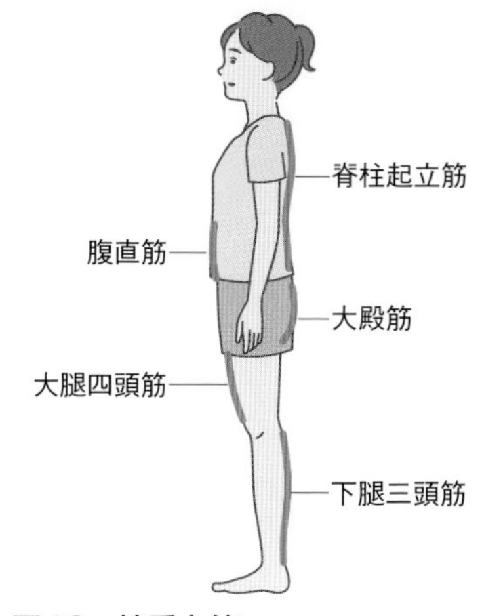

図18　抗重力筋

垂直跳び時にはたらく力

基礎編の作用反作用の法則で説明した垂直跳び●について，力と垂直跳びの最高点との関係をみていこう．ヒトの質量をm〔kg〕，重力加速度をg〔m/s^2〕，垂直跳びの際に下肢が床を押す力（その反作用が床反力）の大きさを一定の値F〔N〕（実際は床反力の大きさは変化するが一定の値としている）とする．下肢を伸ばしていく間，ヒトは鉛直上向きに$F-mg$の一定の力を受け，足部が床から離れると$-mg$の一定の力を受ける．

● ヒトが静止して立っている状態から，一度下肢を曲げた後に下肢を伸ばしジャンプするまでの重力と床反力の様子→p.41 第2章 基礎編 図6

最初の下肢を曲げた姿勢における身体の重心位置の地面からの高さを0 mとし，足部が床から離れ，身体が床反力を受けなくなる瞬間の身体の重心位置の高さをb〔m〕，bから最高点の重心位置の高さをh〔m〕とする（図19）．このときのhを式で表してみよう．

鉛直上向きにy軸をとり，足部が床から離れるまでのヒトの加速度をa〔m/s^2〕とすると，次の運動方程式●が成り立ち，加速度が計算できる．

● 運動方程式→p.39 第2章 基礎編

$$ma = F - mg \quad \cdots\cdots①$$

$$a = \frac{F - mg}{m} \quad \cdots\cdots②$$

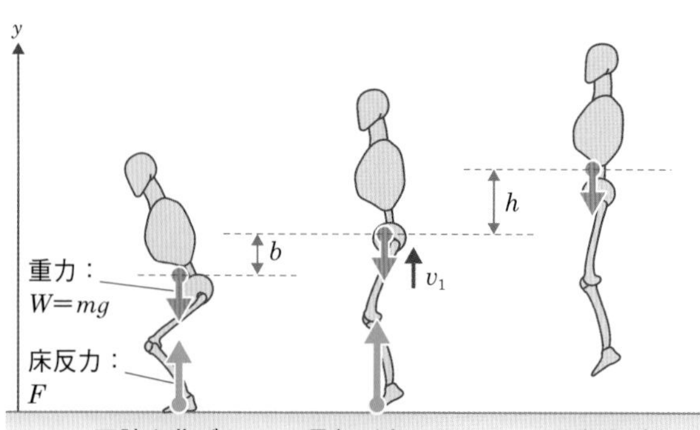

図19　ヒトが下肢を曲げて静止している姿勢から下肢を伸ばしジャンプするまでの重力と床反力の様子

現象を適切に単純化することで，運動方程式を用いて身体運動の様子を予測することができる．

足部が床から離れた後のヒトの運動は初速度v_1，加速度$-g$の等加速度直線運動●になるので，最高点の高さhを求めるためには，足部が床から離れた瞬間の速度v_1の値が必要になる．最初の姿勢から足部が床から離れるまでの運動も等加速度直線運動と考える．足部が床から離れるまでの時間をt，速度をvとすると，初速度$v_0=0$なので$v=at$，$b=\frac{1}{2}at^2$となり，①，②より次の式が成り立つ．

● 等加速度直線運動→p.20 第1章 基礎編

$$v=\frac{F-mg}{m}t \quad \cdots\cdots ③$$

$$b=\frac{1}{2}\left(\frac{F-mg}{m}\right)t^2 \quad \cdots\cdots ④$$

④より，

$$t^2=2b\left(\frac{m}{F-mg}\right)$$

$$t=\sqrt{2b\left(\frac{m}{F-mg}\right)} \quad \cdots\cdots ⑤$$

⑤を③に代入すると，高さb〔m〕のときの速さ，すなわちv_1として次の値が得られる．

$$v_1=\frac{F-mg}{m}t=\sqrt{2b\left(\frac{F-mg}{m}\right)}^{※1} \quad \cdots\cdots ⑥$$

⑤，⑥より，hでは速度が0となるので※2，

$$0=v_1-gt=\sqrt{2b\left(\frac{F-mg}{m}\right)}-gt \quad \cdots\cdots ⑦$$

$$h=v_1t-\frac{1}{2}gt^2=\sqrt{2b\left(\frac{F-mg}{m}\right)}t-\frac{1}{2}gt^2 \quad \cdots\cdots ⑧$$

⑦より，$t=\frac{1}{g}\sqrt{2b\left(\frac{F-mg}{m}\right)}$となり，⑧に代入すると，次の式で垂直跳びの最高点$h$を計算することができる．

$$h=\frac{2b}{g}\left(\frac{F-mg}{m}\right)-\frac{b}{g}\left(\frac{F-mg}{m}\right)=\frac{b}{g}\left(\frac{F-mg}{m}\right)$$

※1　$\frac{F-mg}{m}=\sqrt{\frac{(F-mg)^2}{m^2}}$

※2　足部が床から離れた後のヒトの運動：
$v=v_1-gt$
$h=v_1t-\frac{1}{2}gt^2$
（初速度：v_1，加速度：$-g$）

このように，足部が床を離れるまでの加速度は一定とするなどの単純化が必要だが，運動方程式を身体運動に当てはめて運動の様子を推測することができる※3.

※3 この式から，垂直跳びの高さhを大きくするためには，bを大きくする（深くしゃがむ），Fを大きくする（下肢で強く床を押す，下肢の伸展筋力の強化）が必要なことが推測できる．$b=0.50$ m，$F=2mg$（体重の2倍）とすると，$h=\frac{b}{g}\left(\frac{F-mg}{m}\right)=\frac{0.50}{g}\times\left(\frac{2mg-mg}{m}\right)=0.50$ m となり，垂直跳びの高さhは0.50 mと推測される．また，hとbを測定できれば，下肢の伸展力を推測することもできる．

歩行時にはたらく力

身体運動をするときに身体にはたらく力としては，重力と筋が発揮する**筋張力**が基本であるが，摩擦力，床反力，慣性力なども重要な役割を担っている．歩行中の立脚期の初期にあたる踵(かかと)接地を例にとると，身体には重力が鉛直下向きに，床反力の鉛直方向の成分である垂直抗力が鉛直上向きに，床反力の水平方向の成分である摩擦力が進行方向と逆向きに，そして踵が床に着くことで減速されるので慣性力が進行方向にはたらいている（図20）．これらの力が適切にコントロールされることで，安定で円滑な運動が実現されている．

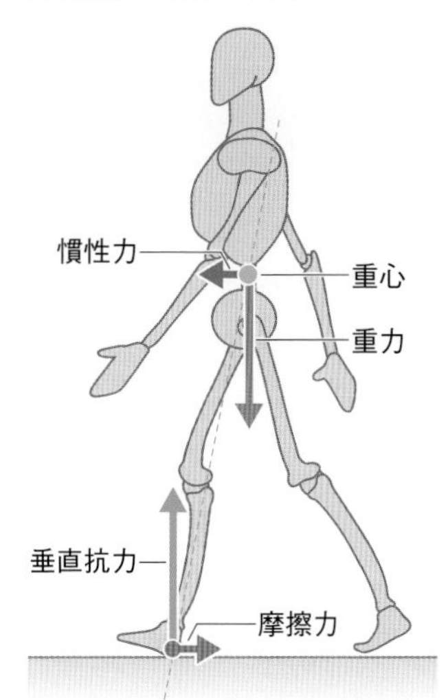

図20 歩行の踵接地期に身体にかかる種々の力

2 骨格筋の筋張力特性

骨格筋の構造

身体運動の力源である筋張力の特性について，筋の構造や筋線維の配列から考えてみよう．骨格筋の内部には筋線維が多数配列しており（図21），筋線維の内部には**筋収縮**の基本的な単位である**サルコメア**（筋節）が縦に連なった**筋原線維**が筋線維の方向に配列している．1本の筋線維の直径は10～100 μmで，筋原線維の直径は1 μm程度なので，1本の筋線維には10^2～10^4本程度の筋原線維が詰まっている．サルコメアは，Z帯（Z線）で仕切られた円柱状の区画を指し，その長さは静止長で2～4 μm程度（標準長：2.5 μm）である（図22左）．10 cmの筋線維全体に筋線維が走っているとき，サルコメアの静止長を2.5 μmとすると，1本の筋線維には約4万個のサルコメアが連なっていることになる．

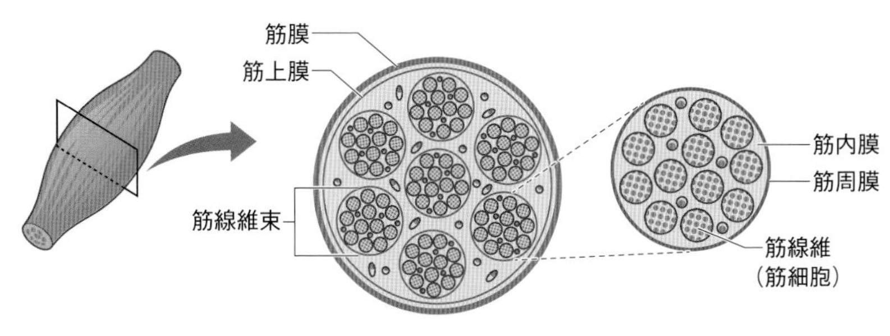

図21 骨格筋の構造（筋全体から筋線維へ）
（『運動学（PT・OTビジュアルテキスト専門基礎）』（山﨑 敦/著），羊土社，2019より引用）

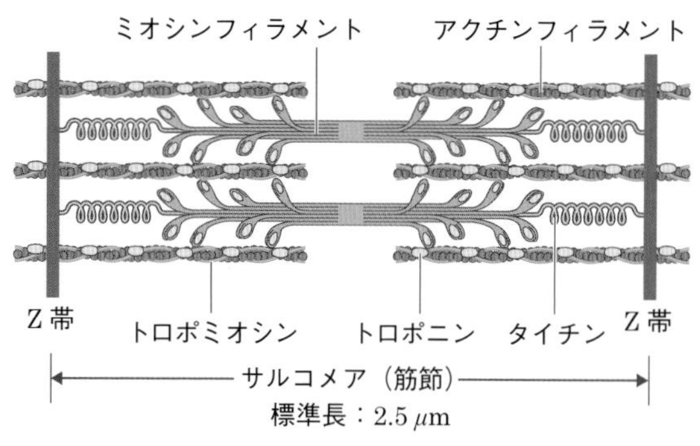

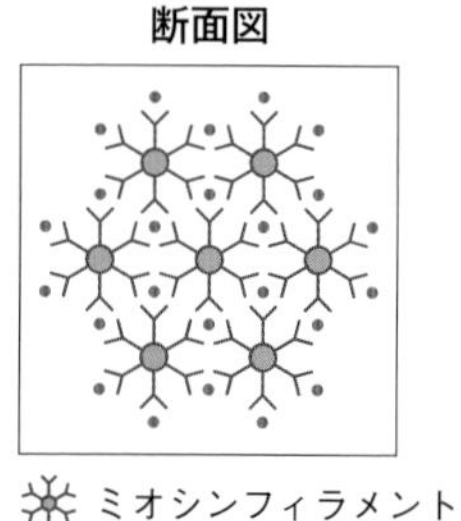

図22　骨格筋の微細構造

サルコメア，ミオシンフィラメントとアクチンフィラメントの配列.
(『運動学（PT・OTビジュアルテキスト専門基礎）』（山﨑　敦/著），羊土社，2019より引用；「サルコメア（筋節）」「標準長：2.5 μm」は著者追記）

サルコメアの内部には**ミオシンフィラメント**と**アクチンフィラメント**があり，横断面でみると，1つのミオシンフィラメントを中心に，正六角形の頂点にアクチンフィラメントが整然と配列している（図22右）．ミオシンフィラメントは，ミオシンというゴルフのクラブに似た形の細長いタンパク質が2本らせん状により合わさり，それがさらに300本くらい束になった構造をしている．ゴルフのクラブのヘッドに相当するミオシンの頭部がアクチンフィラメントと結合し，首振り運動を行うことでミオシンフィラメントとアクチンフィラメントが滑り合い，Z帯とZ帯が引き寄せられてサルコメアが短縮して筋線維が収縮する．ミオシンフィラメントの頭部がある部分とアクチンフィラメントの重なりが大きいほど，大きな力が発揮できる．これを，サルコメアにおける**長さ－張力関係**という．

1つのミオシンの頭部とアクチンが結合し，首振り運動をすることで生じる力はpN（ピコ）（10^{-12} N）のオーダー程度である．また，負荷がない状態でのアクチンフィラメントとミオシンフィラメントが滑り合う速さは，10 μm/s程度とされる．

サルコメアを機能単位（ユニット）とした骨格筋のモデル

	最大筋力	収縮速度
1つのサルコメア	1.0 μN	10 μm/s
筋A	?	?
筋B	?	?

例　題

骨格筋はサルコメアが収縮単位として配列したものとして，モデル化することができる．1つのサルコメアが発揮できる最大の力を**1.0 μN**（**10^{-6} N**），1つのサルコメアの収縮速度を**10 μm/s**とする．このとき，**5**つのサルコメアが直列につながった筋**A**と**5**つのサルコメアが並列につながった筋**B**を仮定する．筋**A**，筋**B**の最大筋力と収縮速度を求めなさい．

解答例

筋Aはサルコメアが直列につながっているので，一つひとつが同じ張力を発揮してつりあうため，筋Aの最大筋力は1つのサルコメアの最大筋力と同じになる．筋Bは並列につながっているので，1つのサルコメアの5倍の筋力が発揮できるため，5×1.0＝5.0 μN

答 最大筋力：筋A＝1.0 μN，筋B＝5.0 μN

筋Aの収縮速度は，サルコメアが直列につながっているので1秒間に5つ分のサルコメアが収縮するため，収縮速度は10×5＝50 μm/s．筋Bは並列につながっているので筋全体の収縮速度と1つのサルコメアの収縮速度は等しくなるので，収縮速度は10×1＝10 μm/s

答 収縮速度：筋A＝50 μm/s，筋B＝10 μm/s

これらのことから，太い筋は発揮される力が大きく，長い筋は発揮される力は小さいが素早く収縮できることがわかる．

骨格筋の筋線維の配列と筋張力の関係

力の強い人は筋肉が隆々としていて，腕や脚が太い．綱引きのときに，大勢で綱を引いたほうが強い力が発揮できるように，1つの骨格筋が発揮できる筋張力は腱に付着する筋線維の数によって決まる．筋全体の収縮する方向と筋線維の方向が平行な骨格筋を**平行筋**とよぶ（図23上）．平行筋の場合は，骨格筋が収縮する方向に垂直な横断面積

平行筋：筋全体の収縮する方向と筋線維の方向が平行

この図では6本の長い筋線維が腱に付着している

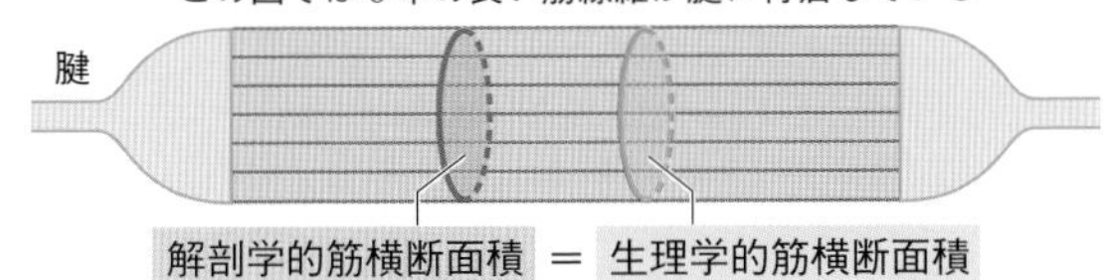

羽状筋：筋全体の収縮する方向と筋線維の方向に角度がある

この図では18本の短い筋線維が腱に付着している

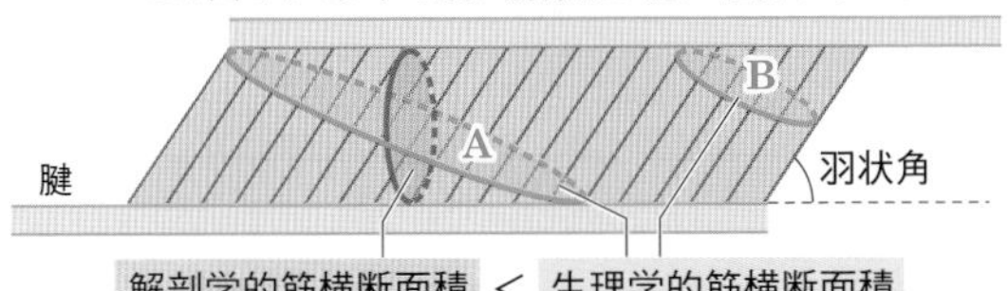

図23　平行筋と羽状筋

平行筋は筋全体の収縮する方向と筋線維の方向が平行で，羽状筋は筋全体の収縮する方向と筋線維の方向に角度がある．羽状筋のほうが腱に多数の筋線維が付着するので，大きな筋張力を発揮できる．

※1　羽状角の大きなヒラメ筋（静止時羽状角30°程度）でも，cos 30°は0.87なので羽状角の影響は比較的小さい．

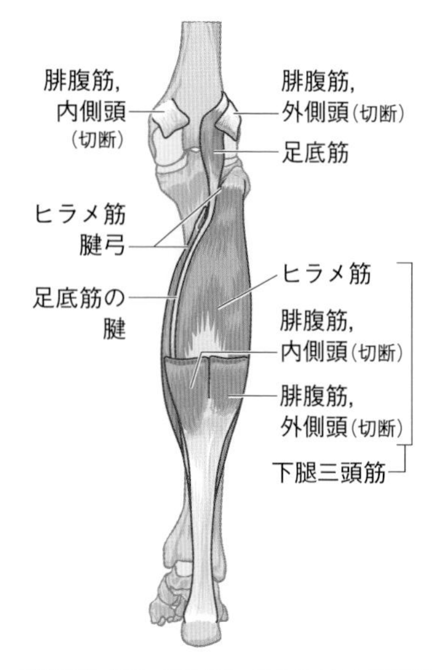

（『運動学（PT・OTビジュアルテキスト専門基礎）』（山﨑 敦/著），羊土社，2019より引用）

（これを**解剖学的筋横断面積**という）と筋張力が比例する．骨格筋の横断面積1 cm²あたりに発揮できる最大の筋張力を**固有筋力**とよび，その大きさは2〜10 kg重/cm²とされる．

実際の骨格筋は骨格筋全体の収縮方向と筋線維の方向が平行でなく，斜めになっていることが多い．このような骨格筋を**羽状筋**（うじょうきん）とよび，骨格筋全体の収縮方向と筋線維の方向のなす角度を**羽状角**という（図23下）．羽状筋の場合の筋張力は，筋線維に垂直な横断面積（これを**生理学的筋横断面積**という）に比例する．平行筋では解剖学的筋横断面積と生理学的筋横断面積は等しくなる．羽状筋は同じ骨格筋の体積で比べると平行筋より腱に付着する筋線維の数が多く，大きな張力を発揮できる．ただし羽状角があるため，筋全体が収縮する方向の筋張力は，羽状角をθとすると$\cos\theta$に比例して低下する※1．

一般的に羽状筋は大きな張力を発揮できる特徴があり，平行筋は張力は小さいが収縮速度は速いという性質をもつ．このように，筋線維の配列様式を知ることによって，骨格筋の収縮特性を推測することができる．

例　題

ボディビルダーでは，骨格筋が肥大して羽状角が非常に大きくなることがある．羽状角が60°のとき，生理学的筋横断面積が10 cm²，固有筋力が4.0 kg重の骨格筋が発揮できる，骨格筋全体の収縮方向の筋張力は何Nか求めなさい．ただし，重力加速度は9.8 m/s²とする．

解答例

生理学的筋横断面積10 cm²，固有筋力4.0 kg重の骨格筋が発揮できる最大筋張力は，

$$10 \times 4.0 \times 9.8 = 392\ \mathrm{N}$$

骨格筋全体が収縮する方向の筋張力は羽状角が60°なので，

$$392 \times \cos 60^\circ = 392 \times 0.5 = 196$$

答 196 N（有効数字を考慮すると2.0×10^2 N）

羽状角が60°になると，骨格筋全体が収縮する方向の筋張力は50％になってしまう．

3 腱や骨の力学的特性

筋張力を骨に伝える腱や，身体を支持し腱を介した筋張力によって身体運動のレバーとして運動する骨も，力が加わり変形するともとの形に戻ろうとする**弾性**の性質をもっている．簡単化するために腱や骨の形を円筒形とする．この円筒形の物体を両端から引っ張って伸ばすことを考えてみよう．これは動物から腱を摘出して腱の一端を固定し，もう一方の端を，張力を測りながら徐々に力を加えて引っ張る実験に相当する（図24）．

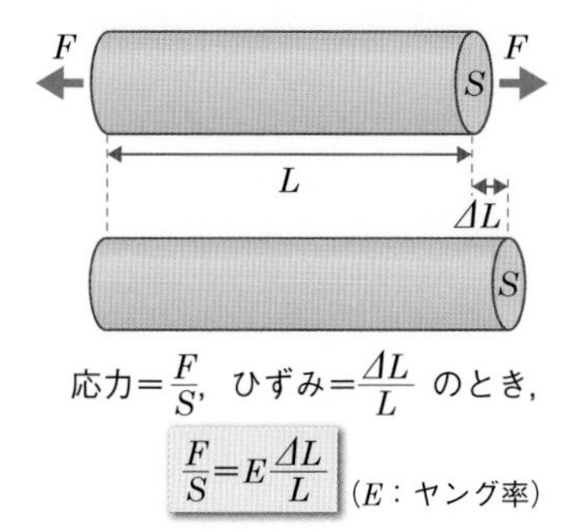

応力$=\frac{F}{S}$，ひずみ$=\frac{\Delta L}{L}$ のとき，

$\frac{F}{S}=E\frac{\Delta L}{L}$ （E：ヤング率）

図24 物体を引き延ばしたときのひずみと応力の関係

円筒形の物体の断面積をS〔$\mathrm{m^2}$〕，長さをL〔m〕，引っ張る力をF〔N〕，引っ張られたことによる物体の伸び（変位）をΔL〔m〕とすると，次の関係が成り立つ．

応力

$$\frac{F}{S}=E\frac{\Delta L}{L}$$

$$\frac{\text{引っ張る力〔N〕}}{\text{断面積〔m}^2\text{〕}} = \text{ヤング率} \times \frac{\text{伸び（変位）〔m〕}}{\text{長さ〔m〕}}$$

力を断面積で割った値$\frac{F}{S}$を**応力**とよび，変位をもとの長さ（力を加える前の長さ）で割った値$\frac{\Delta L}{L}$を**ひずみ**という．Eは**ヤング率**で，物体の伸びにくさを表す物理量である．表に主な組織や物質のヤング率を示した．

物体に力を加えていくと，応力に比例してひずみが増加し，力を加えるのを止めると弾性によってもとの長さに戻る．しかし，ある大きさ以上の力を加えると，力を除いてももとの長さに戻らなくなる．この値を**弾性限界**とよび，もとの長さに戻らなくなる性質を**塑性**（そせい）という．さらに大きな力を加えていくと，物体は破断してしまう．このときの応力を**限界応力**という（図25）．

物体を両端から圧縮したときも同じような現象が現れ，腱も骨も限界応力を超える力が加わると断裂したり，骨折したりする．大腿骨と脛骨（けいこつ）の限界引っ張り応力は$1.2〜1.4\times10^8$ Pa，限界圧縮応力は$1.6〜1.7\times10^8$ Pa程度である．この力は，下肢を伸ばしたまま1 mの高さから両足で着地したときに骨にかかる応力$1〜2\times10^8$ Paと同程度である．高いところからの着地の際は下肢に直接衝撃がかからないように，タイミングよく下肢の関節を屈曲する必要がある．

表 さまざまな組織・物質のヤング率

組織・物質	ヤング率
筋（伸張）	$\sim1\times10^6$ Pa
腱（伸張）	$1\sim2\times10^9$ Pa
骨（長軸）	$1\sim2\times10^{10}$ Pa
靭帯（伸張）	$1\sim5\times10^7$ Pa
軟骨	$0.5\sim1\times10^6$ Pa
ゴム	$1.5\sim5\times10^6$ Pa
アルミニウム	7.0×10^{10} Pa
木材（松）	$\sim1\times10^{10}$ Pa

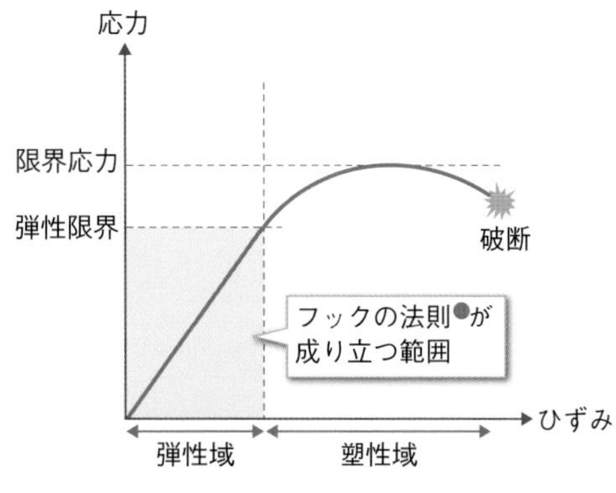

図25　応力とひずみの関係
組織や物質をゆっくりと引っ張ると，はじめはひずみと応力は比例し，引っぱるのを止めるともとの長さに戻る．この領域を弾性域という．さらに引っ張ると，ひずみと応力は比例しなくなり，引っ張るのを止めてももとの長さに戻らなくなる．この領域を塑性域という．さらに引っ張ると組織や物質は破断してしまう．

● フックの法則→p.48 第2章 基礎編

★ 発展

4 筋腱複合体の収縮特性★

骨格筋の長さ－張力関係

生体から摘出した筋の両端を固定して電気刺激を加えると，筋が収縮する．筋の収縮によって発生する張力を**活動張力**（能動的張力）という．固定する両端の距離を変えると，骨格筋の長さ（筋長）を変化させたときの筋張力を測定できる．このとき，腱は無視して筋だけを考えると，発生する最大張力と筋長の関係は図26のような曲線になる．青い曲線部分が活動張力で，一定の長さで張力が最大となる山型の曲線になる．最大の張力が得られる筋長を**至適長**という．この筋の長さと活動張力との関係を**長さ－張力関係**という．活動張力の長さによる変化は，前述したようにサルコメアにおけるミオシンフィラメントとアクチンフィラメントの重なりによる張力の変化に対応している．

骨格筋自体にも弾性があるので，筋を伸ばしていくと受動的な張力が発生する．この張力を**受動張力**とよび，一定の筋長から発生し，筋の伸張とともに増加する（図26の――の曲線部分）．活動張力と受動張力を合わせたものが，筋が発生する**全張力**になる（図26の――の曲線部分）．

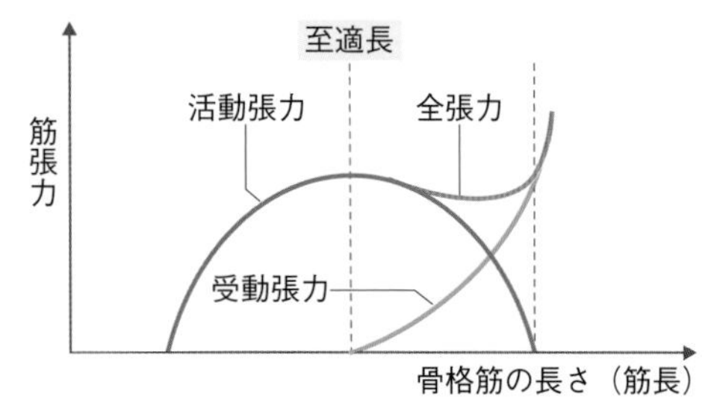

図26　骨格筋の長さ－張力関係
ミオシンフィラメントとアクチンフィラメントの相互作用によって発生する張力を活動張力，骨格筋のもつ弾性力によって生じる張力を受動張力，両者の合計を全張力という．活動張力だけをみると，最大の張力を発揮できる長さ（至適長）があり，筋長が至適長より長くても短くても，活動筋力は低下する．この関係を骨格筋の長さ－張力関係とよび，サルコメアでの長さ－張力関係が筋全体の収縮特性に反映した結果である．

筋腱複合体の張力特性

筋張力は腱を介して骨に伝わるが，腱は伸び縮みしないひもではなく弾性をもっている．そのため，筋張力がはたらくと腱は伸張され弾性力が現れる．ヒトが運動するとき，骨格筋と腱は一体となってはたらくので，両者を合わせて**筋腱複合体**とよぶ．

静的な張力特性

筋腱複合体の収縮特性をみるために，至適長10 cmの平行筋の片側に5 cmの腱がある筋腱複合体を考える．筋腱複合体の両端の長さを変化させながら，筋腱複合体が発揮する等尺性※1の筋張力の様子を，A：筋のみの場合，B：筋の片側に弾性のない（伸び縮みしない）腱が接続している場合，C：弾性のある腱が接続している場合で比べてみよう（図27左）．A，B，Cともに筋の至適長は同じで，筋による受動張力はないとする．腱はばねと異なり，もとの長さより伸張すると弾性力が現れるが，もとの長さより短い距離で腱の端と端を固定すると緩んでしまい，弾性力は現れない．

Aの腱がない場合は，骨格筋の長さ－張力関係の曲線になる．A，B，Cの場合ともに，筋の至適長において発揮する最大の筋張力は同じである．Bの筋の片側に弾性のない腱が接続している場合は，Aと同じ長さ－張力関係を保ちながら，最大の筋張力が得られる筋腱複合

※1　**等尺性収縮**：筋長を固定した際の静的な筋収縮を等尺性収縮という．筋長が短くなりながら筋が収縮する場合は短縮性収縮（または求心性収縮），反対に筋長が長くなりながら収縮する場合は伸張性収縮（または遠心性収縮）という．

A 筋だけの場合（腱がない場合）

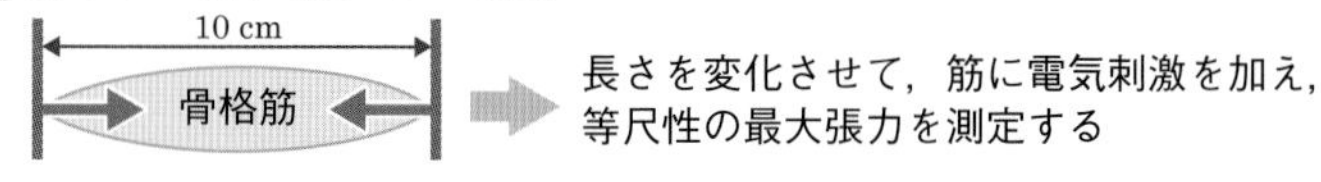

B 弾性のない腱が筋に接続している場合

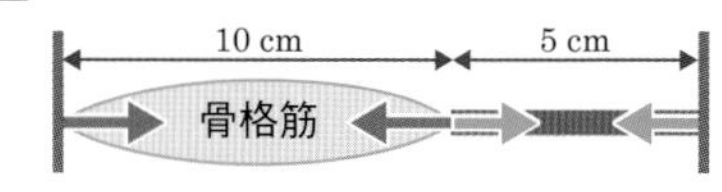

C 弾性のある腱が筋に接続している場合

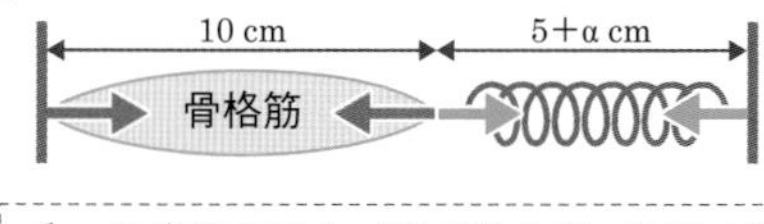

骨格筋の張力（筋が腱を引っ張る力）
腱の張力（腱が筋を引っ張る力）

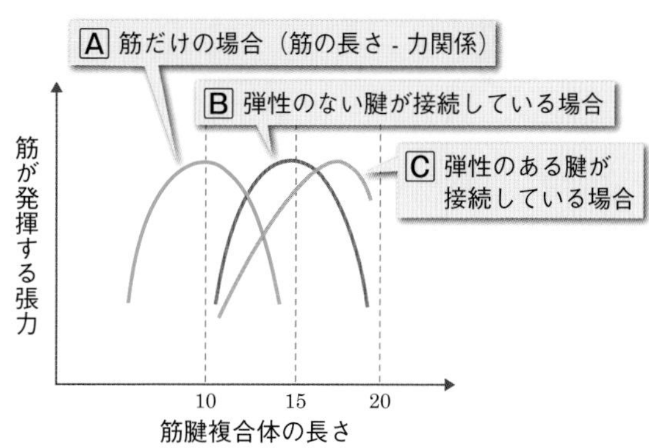

図27　腱の有無，腱の弾性の有無による筋腱複合体の長さ－張力関係

片側を固定した枠に筋腱複合体が接続されている．筋の至適長は10 cmで，Aは筋のみ，Bは片側に弾性にない（伸びない）5 cmの腱，Cは弾性のある5 cmの腱が接続されている．筋腱接合体の長さを変えながら，筋に電気刺激を加えて最大収縮力を測定する．筋が最大の張力を発揮できる至適長のとき，A，B，Cの場合とも同じ最大張力が得られる．腱が直列に接続されると，腱の長さや弾性の有無によって，最大張力の得られる筋腱複合体の長さが変化する．

体の長さが，腱の長さぶんだけ長くなる（右側に移動する）．Ⓒの筋の片側に弾性のある腱が接続している場合は，腱が伸びるので筋長がやや短くなり，筋の至適長に達するまではⒷと同じ筋腱複合体の長さのときの筋張力は小さくなる．Ⓒにおいて最大の筋張力が現れる筋長（＝至適長）のとき，腱が伸ばされたことによる弾性力と最大の筋張力がつりあう．そのため，最大張力が得られる筋腱複合体の長さは，Ⓑの場合より長くなる（図27右）．

このように筋に腱が直列に接続されると，最大の筋張力の得られる筋腱複合体の長さや，筋腱複合体の長さに対する筋張力の値が変化する．この変化は，腱の長さと筋長との比や，腱の弾性率によって異なる．腱の長さと筋長との比が大きいほど（筋長に対して腱の長さが長いほど），最大の筋張力が得られる長さは長くなり，腱の弾性率が小さい（腱が伸びやすい）ほど，最大の筋張力が得られる長さは長くなる．

動的な収縮特性（垂直跳び）

次に，膝関節を屈曲し，そこから下肢を伸ばして垂直跳びをするときの腓腹筋の筋腱複合体の長さの変化をみてみよう．

跳び上がる前に膝を屈曲していく過程（図28①〜③）で，膝関節は屈曲し，足関節は背屈する．腓腹筋は膝関節と足関節を挟む二関節筋であるため，筋腱複合体は膝関節屈曲によって短縮し，足関節背屈によって伸張されるので，この間に筋腱複合体全体の長さはあまり変化しない．しかし，腓腹筋の筋線維の部分は収縮によって短縮し，筋線維が短縮したぶん，アキレス筋は伸張されて弾性力が蓄えられる．その後，足関節が大きく底屈するので筋腱複合体は短縮する（図28③〜⑤）が，この間の筋線維部分の長さの変化は少なく，伸張されたアキレス腱が短縮する（もとの長さに戻る）．これは，伸張されたアキレス腱に蓄えられた弾性力が，身体を重力に逆らって鉛直上向きに跳ぶ力になっていることを示している．垂直跳びをするときは足関節底屈筋が短縮し，足関節を底屈させる力で上向きにジャンプするように見える．しかし実際は，足関節底屈筋である腓腹筋やヒラメ筋とつながっているアキレス腱も含めた筋腱複合体全体が垂直跳びに関連しているようだ．

生体力学の考え方

物理学の応用分野である生体力学では，ヒトの運動を物理学の法則を用いて理解しようとする．その際にヒトの構造は複雑なので，はじ

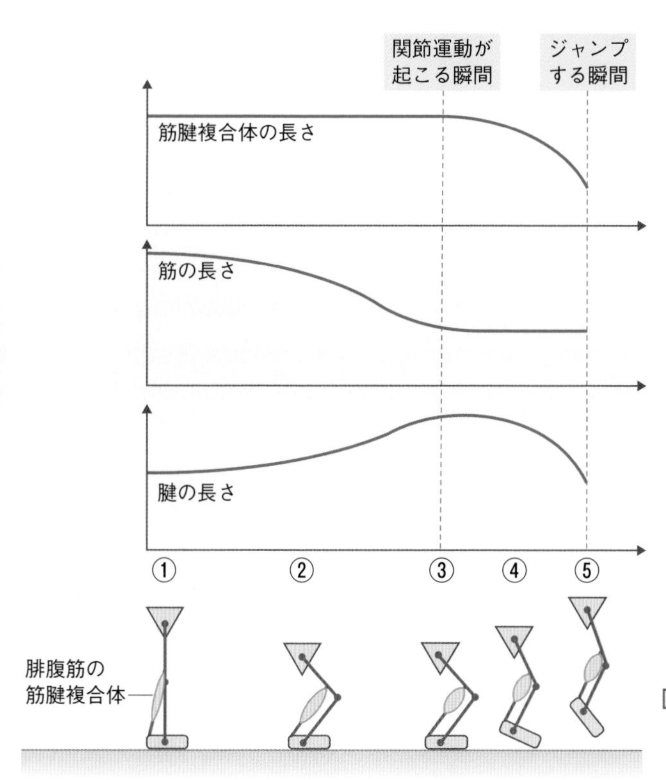

図28 膝関節屈曲90°位から下肢を伸展してジャンプしたときの腓腹筋の筋腱複合体，筋長，腱の長さの変化

めは1つの要素を対象にしたり，構造を単純化したりして研究する．そして，筋腱複合体の例のように，対象とする要素を増やしたり，生体の構造に近づけたりして，実際の運動を再現できるように理論と実験を繰り返していく．このように運動を分析していくと，一般的に受け入れられていた現象についての考え方が大きく変わることもある．生体力学においては，物理学の法則を理解するとともに，現象の特徴をつかんで適切なモデルをつくることが重要である．

第3章

力のつりあいと回転運動

並進運動と回転運動の静止と運動を決めるものは？

第2章までは，物体の大きさや形は考えずに，物体の運動について述べてきた．第3章では大きさや形のある物体の運動について学習する．大きさや形のある物体の運動は，並進運動と回転運動に分けることができる．並進運動は力によって運動の状態が決まるが，回転運動は力のモーメントという作用によって運動の状態が決まる．多くの身体運動は関節を回転軸とする回転運動が連携して生じているので，身体運動をみるときは力のモーメントの理解が重要になる．

基礎編 では，この力のモーメントと回転運動の関係を中心に学習する．

臨床編 では，身体にはたらく力のモーメントと関節運動との関係を学習する．運動学や生体力学の基礎になる部分なので，しっかり理解してほしい．

第3章
力のつりあいと
回転運動

基礎編

学習目標

- 力のモーメントについて説明できる
- 並進運動，回転運動が静止する条件を説明できる
- 重心とその求め方について説明できる
- 3つのてこについて，特徴を説明できる

臨床編 は82ページ

1 並進運動と回転運動

前提条件：物体＝剛体

一定の形や大きさがあり，力を加えても変形しない物体を**剛体**という．現実の物体はどんなに硬いものでも，大きな力を加えると形が変わったり壊れたりするので，剛体は仮想的な物体である．しかし，物体を剛体として考えると問題が解きやすく，力による物体の変形が小さい範囲では，物体を剛体として扱って計算しても大きな差は生じないので，第3章では物体を剛体として扱っていく．

並進運動と回転運動

物体の運動は**並進運動**と**回転運動**の2つの運動に分けることができる．並進運動では，物体は回転せずに常に同じ向きで位置だけが変化する．並進運動には，物体が回転しなければ，直線上の運動だけでなく曲線上の運動も含まれる（図1左）．物体の並進運動だけを考えるときは，物体を大きさがなく全質量が集まった点である**質点**※1とみなして，運動の計算をすることができる．これに対して回転運動は物体の回転だけが起こる運動で，物体の向き（傾き）が変わる（図1右）．実際の三次元空間の運動では，並進運動と回転運動が同時に起きていることが多い．

※1　**質点**：質量をもつが，大きさがなく点として扱うことができる物体を質点という．質点は大きさがないため回転運動はしないので，並進運動だけを考えればよい．太陽のまわりを回る地球の運動を考えるときは，地球の軌道の半径に比べて地球はとても小さいので，地球を質点とみなして計算をする．実は第2章でも物体を質点として扱って，位置，速度，加速度などを計算してきた．質点も剛体のように仮想的な概念だが，運動を単純化して理解するには有用である．

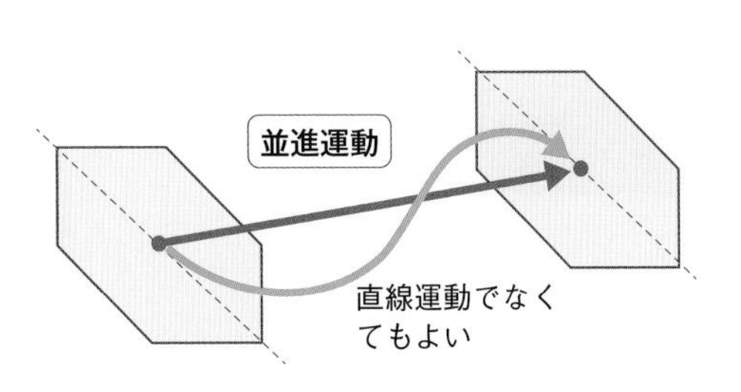

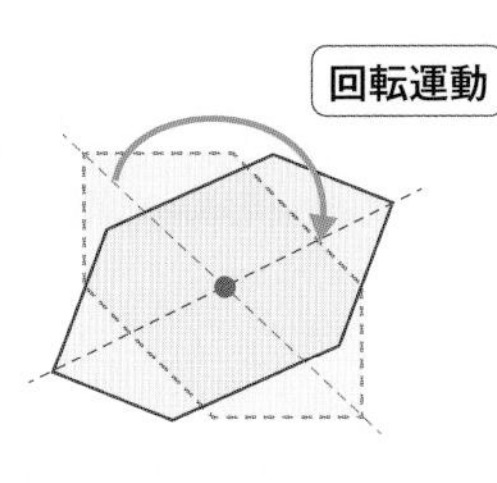

図1　並進運動と回転運動
並進運動は物体の向き（傾き）が一定のまま運動する．回転運動は物体の向きが変化する．

2 力のモーメントとは

スパナできつく締まったボルトを緩めるとき，スパナの端を持ってボルトを回したほうが小さな力で緩めることができる（図2）．これは，物体を回転させる作用は力だけでは決まらず，回転軸（回転の中心）と力の作用点との距離によって変化することを示している．

物体を回転軸のまわりに回転させる作用を**力のモーメント**という．工学では**トルク**とよばれる．力のモーメントは，物体にはたらく力の作用点と回転軸の間の距離である**モーメントアーム**（てこの腕の長さ）と，モーメントアームに垂直な向きの力の大きさとの積で定義される（図3）．力のモーメントの単位は〔N·m〕（ニュートン・メートル）である．

力のモーメントをM〔N·m〕，モーメントアームをr〔m〕，力をF〔N〕，モーメントアームと力の作用線の間の角度をθとすると，$F\sin\theta$がモーメントアームに垂直な方向の力の成分になるので，力のモー

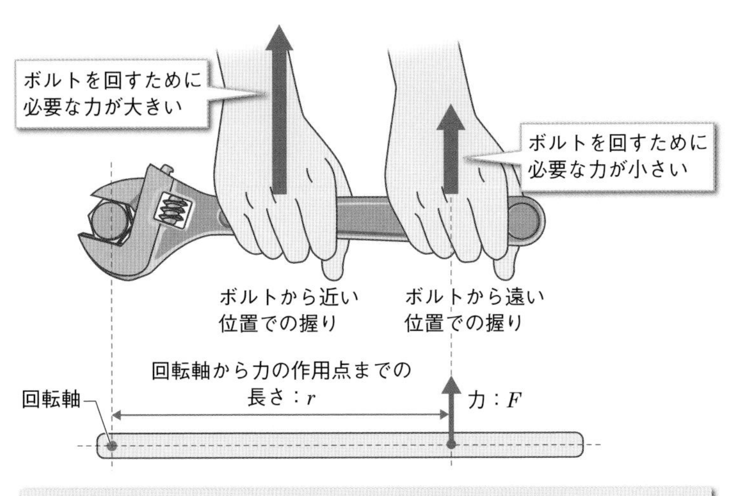

図2　スパナでボルトを回すときの手を握る位置と力の関係

ボルトから近い位置より，遠い位置でスパナを握ったほうが小さな力でボルトを回すことができる．

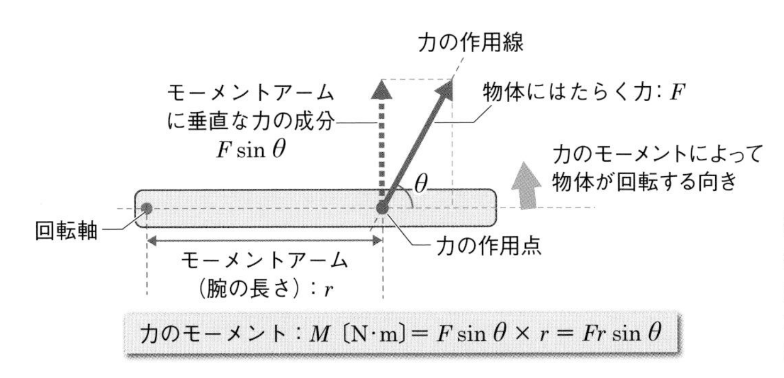

図3　力のモーメント

物体に力Fを加えたとき，力のモーメントは，物体にはたらく力の作用点と回転軸の間の距離であるモーメントアーム（てこの腕の長さ）と，モーメントアームに垂直な向きの力の大きさとの積で定義される．

メントは次の式で表される．力がモーメントアームに対して垂直にはたらくときは，$M=Fr$ となる．

力のモーメント

$$M=Fr\sin\theta$$

力のモーメント〔N·m〕 ＝ 力〔N〕 × モーメントアーム〔m〕 × $\sin\theta$

力がモーメントアームに対して垂直にはたらくとき

$$M=Fr$$

力のモーメント〔N·m〕 ＝ 力〔N〕 × モーメントアーム〔m〕

memo　力のモーメントの単位の表し方

本書では力のモーメントの単位を〔N·m〕のように，力の単位〔N〕と長さの単位〔m〕の間にドット〔·〕をつけて記載しているが，ドットをつけないで〔Nm〕と記載することもある．

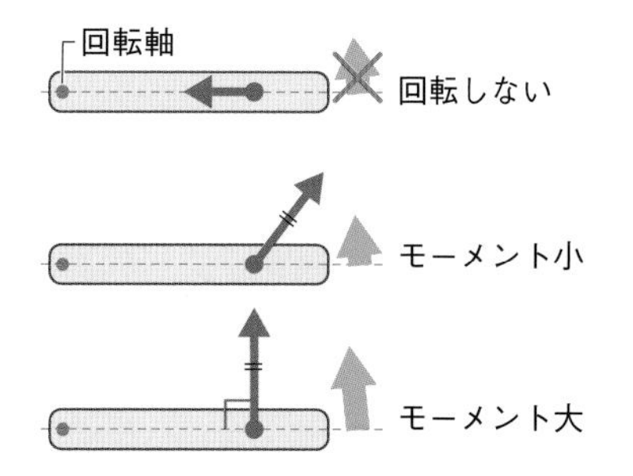

モーメントアームが同じときは，モーメントアームに垂直な力の成分が力のモーメントの大きさを決める．モーメントアームと同じ方向に力が作用しても，回転軸を押すだけで物体は回転しない．また，同じ大きさの力がはたらくときは，力の向きがモーメントアームに垂直なときに最大の力のモーメントが得られる．

力のモーメントは，回転軸から力の作用線におろした垂線の長さと，力の積として計算することもできる．モーメントアームの方向と力の作用線の間の角度を θ とすると，$M=Fr\sin\theta$ となり，モーメントアームとモーメントアームに垂直な向きの力の大きさとの掛け算と同じ式になる（図4）．回転軸から力の作用線におろした垂線の長さをモーメントアームというときもある．

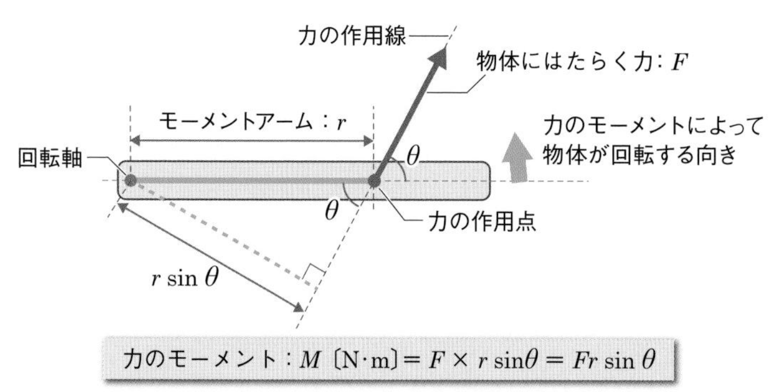

図4　力のモーメントの別の表し方

力のモーメントは，回転軸から力の作用線におろした垂線の長さと力の掛け算として計算することもできる．モーメントアームの方向と力の作用線の間の角度を θ とすると，$M=Fr\sin\theta$ となり，モーメントアームとモーメントアームに垂直な向きの力の大きさとの積と同じ式になる．

例　題

平面上に細長い物体があり，回転軸のまわりに回転できる．回転軸から20 cmの位置で物体に10 Nの力を加えた．回転軸と力の作用点を結ぶ直線に対して垂直に力を加えたときと，30°の角度で力を加えたときの力のモーメントを求めなさい．

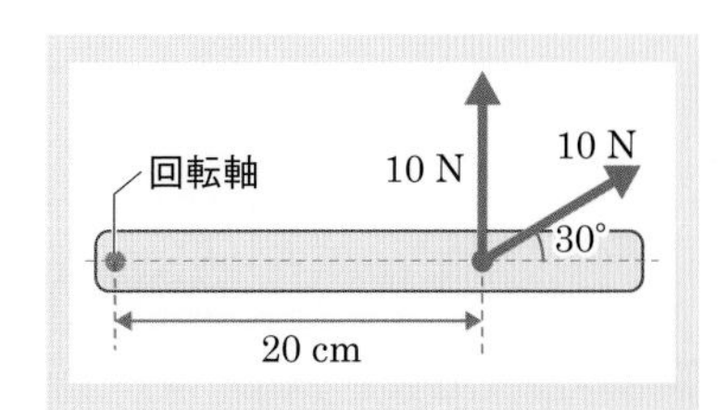

解答例　力のモーメントをM，モーメントアームの長さをr，力をF，モーメントアームと力の間の角度をθとすると，$M = Fr\sin\theta$となる．また，20 cm＝0.20 mである．

垂直に力を加えたときは$\theta = 90°$となるので，

$$M = 10 \times 0.20 \times \sin 90° = 10 \times 0.20 \times 1 = 2.0$$

答　垂直のとき：2.0 N·m

30°傾けて力を加えたときは$\theta = 30°$となるので，

$$M = 10 \times 0.20 \times \sin 30° = 10 \times 0.20 \times 0.5 = 1.0$$

答　30°のとき：1.0 N·m

モーメントアームに対して垂直に力を加えないと，物体を回転させる作用である力のモーメントは小さくなり，平行になるといくら力を加えても回転しなくなる．物体を回転させようとするときは，モーメントアームに対して垂直に力を加えると効率的である．

3 力のモーメントのつりあいと回転運動

回転軸をもつ物体に力がはたらくと，力のモーメントによって物体は回転する．このとき，力のつりあいと同じように，物体を反対の向きに回転させる作用をもつ同じ大きさの力のモーメントがはたらけば，物体は回転しない．つまり，物体が回転しないで静止する条件は，回転軸のまわりの力のモーメントの和が0になることである．これを**力のモーメントのつりあい**という（図5）．

●やじろべえ

左端に回転軸がある，重さのない細長い物体について力のモーメントのつりあいをみていこう．物体の回転の向きは，物体が反時計回りに回転する向きを正（+），時計回りに回転する向きを負（−）とする．回転軸からr_1の距離にモーメントアームに垂直に上向きの力F_1が，回転軸からr_2の距離にモーメントアームに垂直に下向きの力F_2がはたらいている．力は上向きを正，下向きを負とすると，力のモーメント

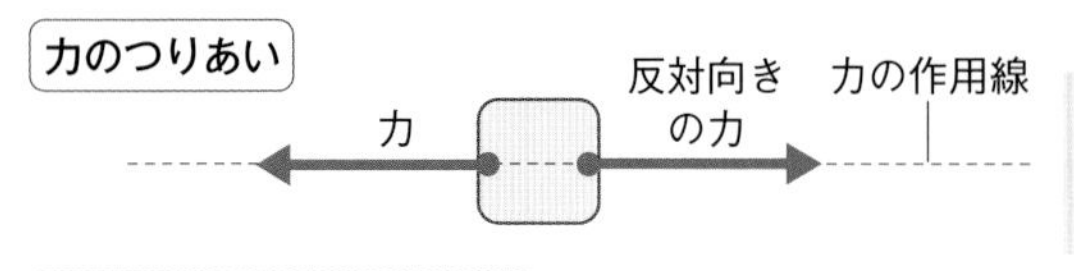

同じ作用線上で物体にはたらく力が逆向きで，大きさが等しいときに物体は動かない（並進運動をしない条件）

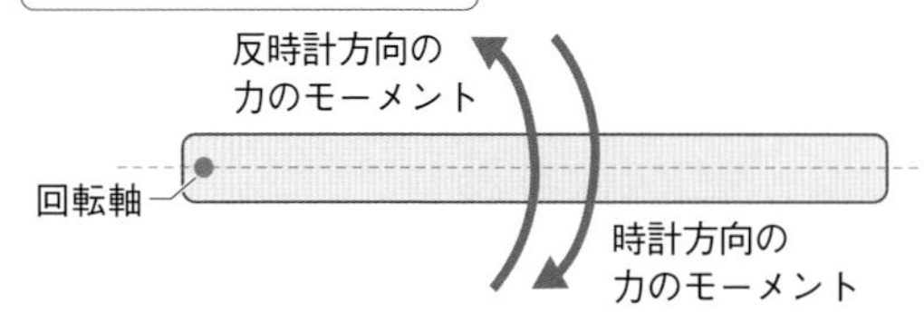

反時計方向の力のモーメント＝時計方向の力のモーメントのときに，物体は回転しない（回転運動をしない条件）

図5　力のつりあいと力のモーメントのつりあい
力のつりあいは並進運動をしない条件，力のモーメントのつりあいは回転運動をしない条件である．

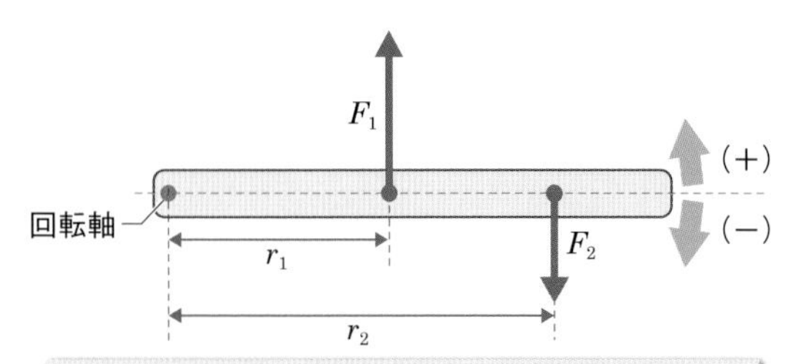

回転しない条件： $F_1 \times r_1 = F_2 \times r_2$　または　$F_1 \times r_1 - F_2 \times r_2 = 0$
(＋) 方向に回転する条件： $F_1 \times r_1 > F_2 \times r_2$　または　$F_1 \times r_1 - F_2 \times r_2 > 0$
(－) 方向に回転する条件： $F_1 \times r_1 < F_2 \times r_2$　または　$F_1 \times r_1 - F_2 \times r_2 < 0$

図6　物体が回転しない条件と回転する条件
物体が回転軸のまわりに回転するかしないか，どの向きに回転するのかは，物体にはたらく力のモーメントの総和によって決まる．力のモーメントの総和が0のとき，物体は回転せずに静止する．

がつりあって回転しないための条件は次のように表される（図6）．

物体が回転しない条件

$$F_1 \times r_1 = F_2 \times r_2$$

上向きの垂直な力 × 回転軸からの距離 ＝ 下向きの垂直な力 × 回転軸からの距離

または

$$F_1 \times r_1 - F_2 \times r_2 = 0$$

memo　「重さのない物体」とする理由

物体には質量があり，重力がはたらけば重さが生じる●．力のモーメントのつりあいを考えるときも，すべての物体の重さ（重力による力）による力のモーメントを加えて，力のモーメントの和を計算する必要がある．しかし，力のモーメントの基礎的な説明をするときは計算が複雑になるので，モーメントアームになる物体の重さを0 kgw[※1]として計算することがある．このように，計算するうえで重さを0 kgwとみなすことを，「重さのない物体」や「重さを無視できる物体」などと

● 重力→p.41 第2章 基礎編

※1　kgwはkg重と同じ単位である．

記載する．水平面上の力のモーメントのつりあいでは，重力は物体が回転する平面と垂直にはたらくので，物体の重さによる力のモーメントは平面上の回転には影響しない．

物体に3つ以上の力がはたらいているときも，それぞれの力のモーメントの総和が0になることが，物体が回転しないための条件になる．反対に，物体が回転する条件は次のように表される．

物体が反時計回り（+）に回転する条件

$$F_1 \times r_1 > F_2 \times r_2$$

上向きの垂直な力 × 回転軸からの距離 ＞ 下向きの垂直な力 × 回転軸からの距離

または

$$F_1 \times r_1 - F_2 \times r_2 > 0$$

物体が時計回り（−）回転する条件

$$F_1 \times r_1 < F_2 \times r_2$$

上向きの垂直な力 × 回転軸からの距離 ＜ 下向きの垂直な力 × 回転軸からの距離

または

$$F_1 \times r_1 - F_2 \times r_2 < 0$$

物体が回転しない条件は回転軸のまわりの力のモーメントの和が0になることであり，物体が並進運動をしない条件は物体にはたらくすべての力の合力が0になることである．つまり，物体が静止するためには，力の合力と力のモーメントの和の両方が0になる必要がある．

memo 物体の静止と等速直線運動

物体が並進運動をせず静止する条件として，「物体にはたらくすべての力の合力が0になること」と述べたが，慣性の法則●をもとに正確に表すと，物体が静止または等速直線運動をする条件が「物体にはたらくすべての力の合力が0になること」になる．

● 慣性の法則→p.39 第2章 基礎編

例 題

左端に回転軸をもつ，重さのない棒がある．回転軸から0.20 mの位置に8.0 kgwのおもりがつり下がっている．回転軸から0.40 mの位置で棒に垂直に力を加えて，棒が回転しないようにするためには何kgwの力を加えればよいか求めなさい．

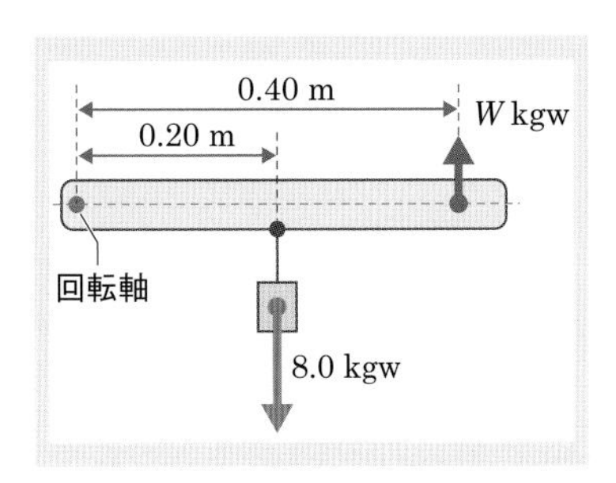

解答例 おもりによる力のモーメントと反対向きに同じ大きさの力のモーメントが加わると，棒が回転せず静止するので，加える力を W〔kgw〕とすると，次式が成り立つ．

$$8.0\times0.20=W\times0.40$$

よって，$W=\dfrac{8.0\times0.20}{0.40}=4.0$

答 4.0 kgw

回転軸から遠い位置で力を加えると，つり下がっている物体の重さより小さな力で回転を止めることができる．

4 物体の重心と重心の求め方

重心とは

並進運動や回転運動を考えるときに，物体の**重心**の理解が重要になる．重心は物体の質量がそこに集中していると考えてよい点で，並進運動については物体の運動を重心の運動として計算することができる．物体を重心の位置でつるしたり，支えたりすると物体は回転しないで静止する（図7）．物体の重心を回転軸とするときに慣性モーメントが最も小さくなるので，回転軸が固定されていないときは，物体は重心のまわりを回転する．そのため物体の運動は，重心の並進運動と重心のまわりの回転運動が合わさったものと考えることができる（図8）．

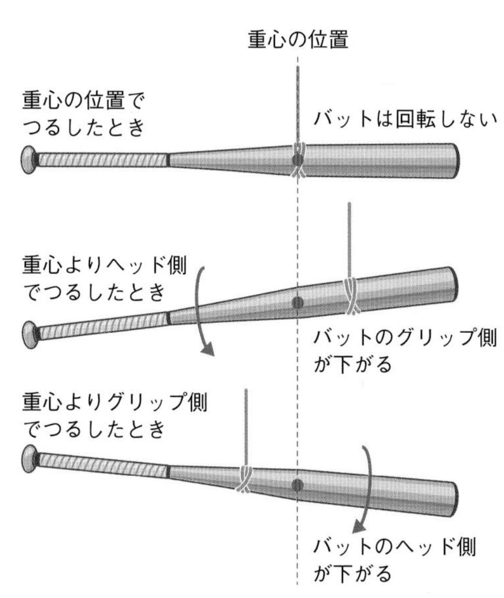

図7　重心と物体の回転の関係
重心位置でつるすと物体は回転しない．

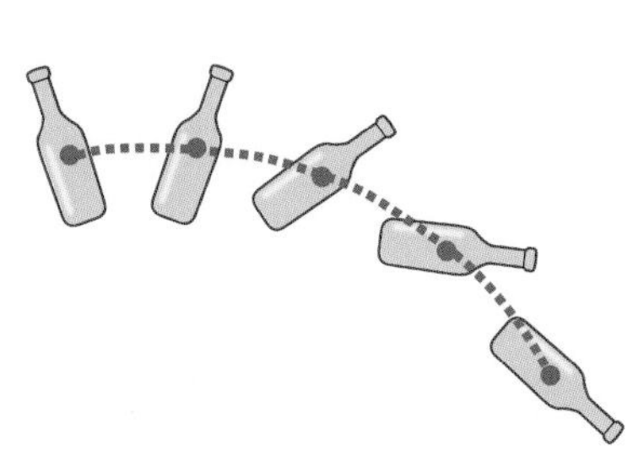

図8　物体の運動における重心の並進運動と重心のまわりの回転運動
物体の重心は放物線を描き，重心を回転軸として回転運動が生じている．

column

並進運動と回転運動の対応関係

並進運動は，変位x〔m〕，速度v〔m/s〕，加速度a〔m/s^2〕で表すことができ，質量m〔kg〕の物体に力F〔N〕がはたらいたときの物体の運動は，運動方程式$ma=F$の関係から導くことができる．

回転運動では，角度θ〔deg〕，角速度ω〔deg/s〕，角加速度α〔deg/s^2〕によって回転運動を表す．運動方程式に対応する関係は，物体の回転軸まわりの慣性モーメントI〔$kg \cdot m^2$〕，と力のモーメントM〔N・m〕を用いて，$I\alpha=M$で表される．質量が並進運動に対する抵抗（動きにくさ）を表すのと同じように，慣性モーメントは回転運動に対する抵抗を表している（column表，column図1）．

column表　**並進運動と回転運動との対応**

	運動の様子を表す物理量			運動に対する抵抗	運動を起こす作用
並進運動	変位〔m〕	速度〔m/s〕	加速度〔m/s^2〕	質量〔kg〕	力〔N〕
回転運動	角度〔deg〕	角速度〔deg/s〕	角加速度〔deg/s^2〕	慣性モーメント〔$kg \cdot m^2$〕	力のモーメント〔N·m〕

degは，度数法による角度の単位〔°〕を表す．角度は無次元量である．

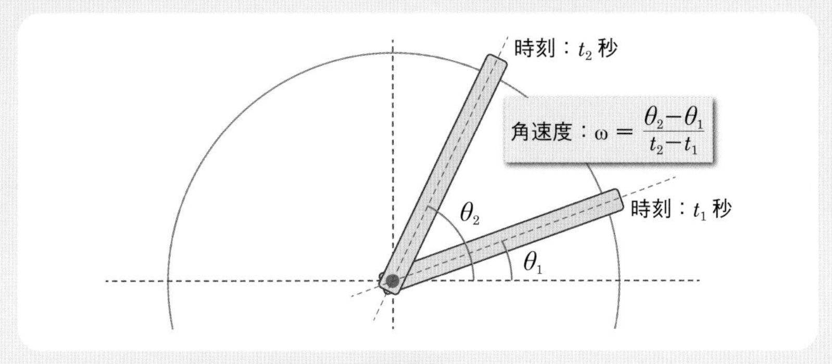

column図1　**角度，角速度，角加速度**

- 回転運動の角度（θ）は，物体のある時刻の基準線との角度を表す．
- 回転運動の角速度（ω）は，角度の時間変化（1秒あたりの角度の変化）を表す．
- 回転運動の角加速度（α）は，角速度の時間変化（1秒あたりの角速度の変化）を表す．

野球のバットを，グリップを握って振るときとヘッドを握って振るときを比べると，ヘッドを握ったほうが楽に（少ない力で）バットを振ることができる（column図2）．このように，一つの物体でも，慣性モーメントは回転軸の位置や物体の形（質量の分布）などによって変化する．慣性モーメントは，回転軸の近くに物体の質量が多く集まっているときに小さく，反対に物体の質量が回転軸から遠くに集まっていると大きくなる．

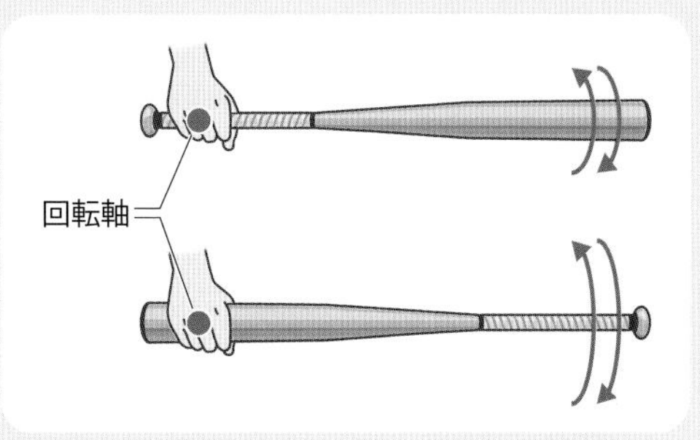

column図2　**バットを持つ位置（回転軸）と慣性モーメント**

バットのヘッドを握ってバットを振ると，小さな力でバットを振ることができる．

バットはグリップ側とヘッド側で形が異なるが，質量M，長さLの細長い一様な棒で，棒の中央を回転軸とする慣性モーメント（$N_{中央}$）を計算すると$N_{中央}=\frac{M}{12}L^2$，棒の端を回転軸とする慣性モーメント（$N_{端}$）を計算すると$N_{端}=\frac{M}{3}L^2$となり，同じ物体でも回転軸の位置によって慣性モーメントは変化することがわかる（column図3）．

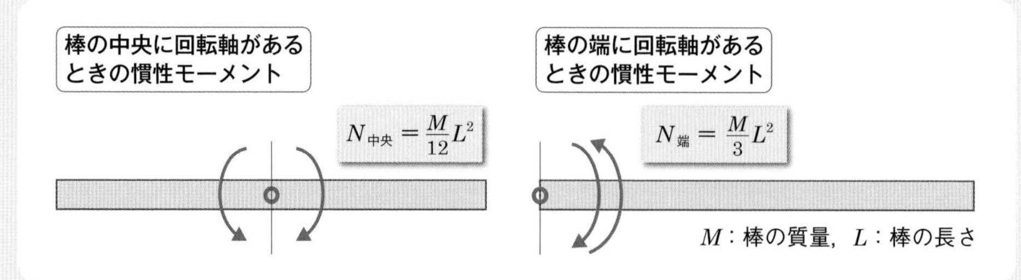

column図3　一様な細い棒の慣性モーメント
棒の中央に回転軸があるほうが，慣性モーメントは小さくなり回転しやすくなる．

重心の求め方

物体の重心は，その点で支えると物体が回転しない点なので，力のモーメントのつりあいから重心の位置を求めることができる．ここに重さがない細長い物体があるとする．細長い物体の左端を基準点（$x=0$）とし，基準点からx_1のところに質量m_1の物体，基準点からx_2のところに質量m_2の物体を取り付ける．この3つの物体を一つの物体とみなして，全体の重心を考えてみよう（図9）．

重心の位置をx_Gとして，x_Gのまわりの力のモーメントのつりあいを計算する．重力加速度はgとする．質量m_1の物体の重力による力のモーメントをM_1，質量m_2の物体の重力による力のモーメントをM_2と

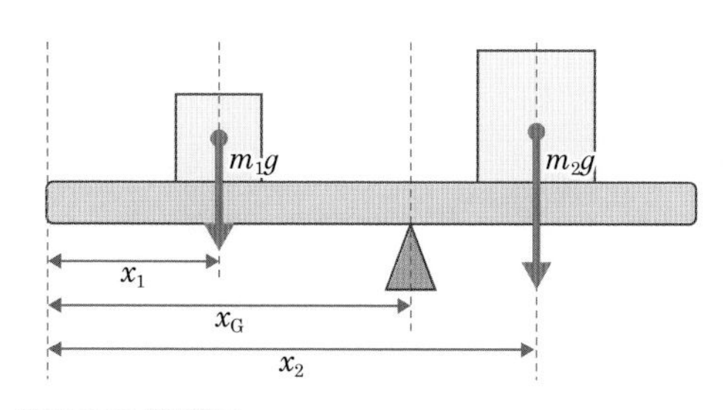

図9　重心の求め方の参考図
重心の位置を回転軸として，力のモーメントのつりあいを考えることで重心の位置x_Gを計算することができる．質量m_1の物体による力のモーメントは，物体を反時計回り「(+)方向」に，質量m_2の物体による力のモーメントは，物体を時計回り「(−) 方向」に回転させるので，2つの力のモーメントの大きさが等しくなる位置が重心になる．

する．x_Gはx_1とx_2の間にあるので，M_1のモーメントアームは（$x_G - x_1$），M_2のモーメントアームは（$x_2 - x_G$）となり，M_1とM_2は，

$$M_1 = m_1 g(x_G - x_1),\quad M_2 = m_2 g(x_2 - x_G)$$ ※1

※1　$M=Fr$（→前述p.72），運動方程式$F=ma$（→p.39 第2章 基礎編）より．

となる．M_1は物体を反時計回り「（＋）方向」に，M_2は物体を時計回り「（－）方向」に回転させるので，物体が回転しないためには次の式が成り立つ．

$$M_1 = M_2$$

$$m_1 g(x_G - x_1) = m_2 g(x_2 - x_G)$$

$$x_G(m_1 + m_2) = m_1 x_1 + m_2 x_2$$

よって，重心の位置は次の式で表される．

$$x_G = \frac{m_1 x_1 + m_2 x_2}{m_1 + m_2}$$

複数の部分から構成される物体の重心の位置x_Gは，それぞれの部分の質量をm_1，m_2，……，m_n，それぞれの部分の重心位置をx_1，x_2，……，x_nとすると次の式で表される．

複数の部分からなる物体の重心

$$x_G = \frac{m_1 x_1 + m_2 x_2 + \cdots\cdots + m_n x_n}{m_1 + m_2 + \cdots\cdots + m_n}$$

重心の位置 ＝ $\dfrac{\text{それぞれの部分による力のモーメントの和}}{\text{それぞれの部分の質量の和}}$

例　題

質量の比が2：1の球形の物体が，重さのない棒でつながっている．2つの球形の重心間の距離をLとするとき，2つの球形を棒でつないだ全体の重心の位置を求めなさい．

解答例　全体の重心の位置x_Gを，質量が2倍の球形の物体の重心からxとすると

$$x = \frac{2W \times 0 + W \times L}{2W + W} = \frac{L}{3}$$

答　質量が2倍の球形の物体の重心から$\dfrac{L}{3}$の位置

重心の位置は，2つの球形の物体間を1：2に内分する点になる．

5 3つのてこ

支点の上に棒を載せて，支点を中心に棒が回転することによって小

さい力を大きな力に，小さい動きを大きな動きに変えるしくみを**てこ**という．てこは，支点，てこに力を与える力点（力を入力する棒の位置），入力した力によって他の物体などに力を及ぼす作用点（力を出力する棒の位置）の関係によって，3つのてこに分けられる．

第1のてこ

第1のてこは，支点が力点と作用点の間に位置するてこである．支点から力点までの距離が支点から作用点までの距離より長いときは，支点を回転軸とする力のモーメントの関係から，力点に与える力より大きな力を作用点で得ることができる（図10A）．はさみ，くぎ抜きなどは第1のてこの応用例で，小さな力で大きな力を発揮することができる．

第2のてこ

第2のてこは，支点に対して力点と作用点が同じ側にあり，支点か

A 第1のてこ

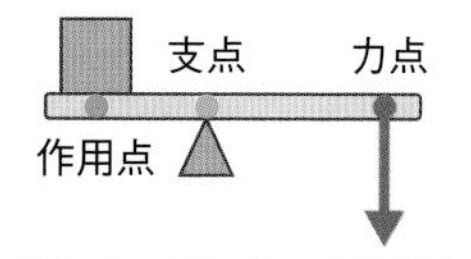

- 支点が力点と作用点の間にある
- 支点に対して，力点と作用点が反対側に位置する

- 力点に加える力の向きと作用点の動く向きが逆
- 支点から力点までの距離が支点から作用点までの距離より長いときは，力で有利になる

B 第2のてこ

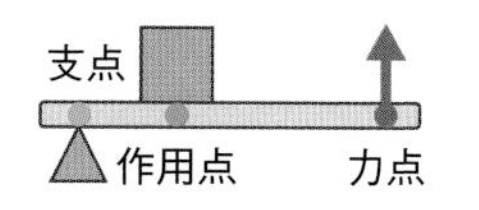

- 支点に対して力点と作用点が同じ側にある
- 支点から力点までの距離が支点から作用点の距離までより長い

- 力点に加える力の向きと作用点の動く向きが同じ
- 力点に与える力より大きな力を作用点で得ることができる

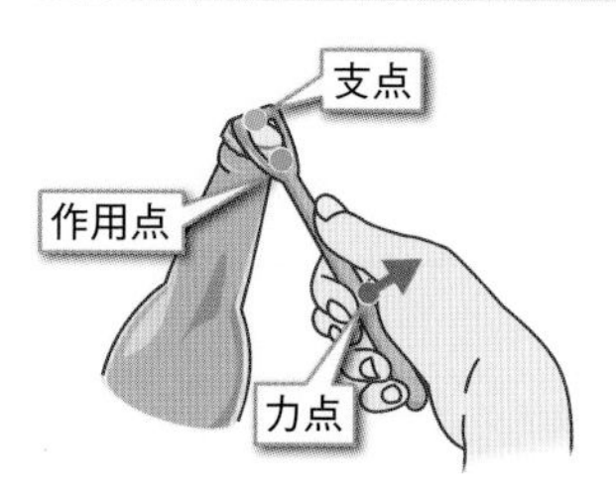

C 第3のてこ

- 支点に対して力点と作用点が同じ側にある
- 支点から力点までの距離が支点から作用点の距離までより短い

- 力点に加える力の向きと作用点の動く向きが同じ
- 作用点で得られる力は力点に与える力より小さくなる
- 力点が動く距離や速度より作用点が動く距離や速度のほうが大きい

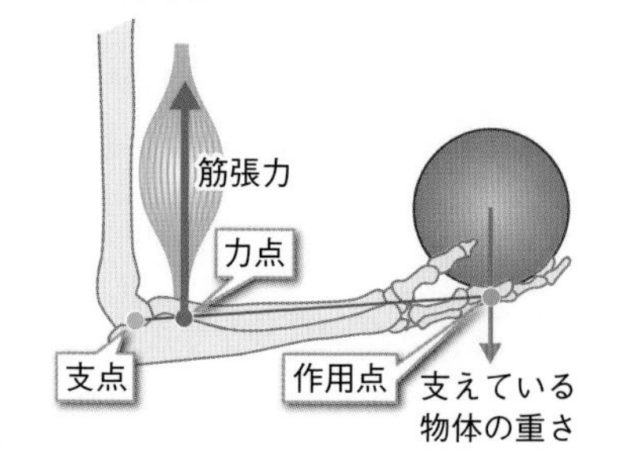

図10　3つのてこの特徴

ら力点までの距離が支点から作用点の距離までより長いてこである．支点を回転軸とする力のモーメントの関係から，力点に与える力より大きな力を作用点で得ることができる（図10B）．栓抜き，ホチキスなどが第2のてこの例である．

第3のてこ

第3のてこは，支点に対して力点と作用点が同じ側にあり，支点から力点までの距離が支点から作用点の距離までより短いてこである．支点を回転軸とする力のモーメントの関係から，作用点で得られる力は力点に与える力より小さくなる．しかし，力点が動く距離や速度より作用点が動く距離や速度が大きく，運動の大きさや速度には有利なてこである（図10C）．ヒトの関節を構成する骨と骨格筋の関係は第3のてこに相当するものが多い．

第3章
力のつりあいと回転運動

臨床編

基礎編 は70ページ

学習内容
- 関節運動のコントロールと力のモーメントのつりあい
- 姿勢と筋活動
- 身体重心の求め方

1 関節運動のコントロールと力のモーメントのつりあい

関節運動のコントロール

基礎編で，物体が回転しない条件は回転軸のまわりの力のモーメントの和が0になることであり，力のモーメントの和が0にならないときは回転することを学習した●．これをもとに，摩擦のない平面上での肘関節（ちゅうかんせつ，ひじかんせつ）屈伸運動のコントロールについて，単純化したモデルを用いて考えてみよう（図11）．

● 力のモーメントのつりあいと回転運動
→p.73 第3章 基礎編

図11は重力の影響がないように，平面上で上腕骨と前腕の骨からなる肘関節が90°屈曲した位置で静止している状態を示している．肘関節を回転軸として，回転軸を挟んで屈筋と伸筋が前腕の骨に付着して

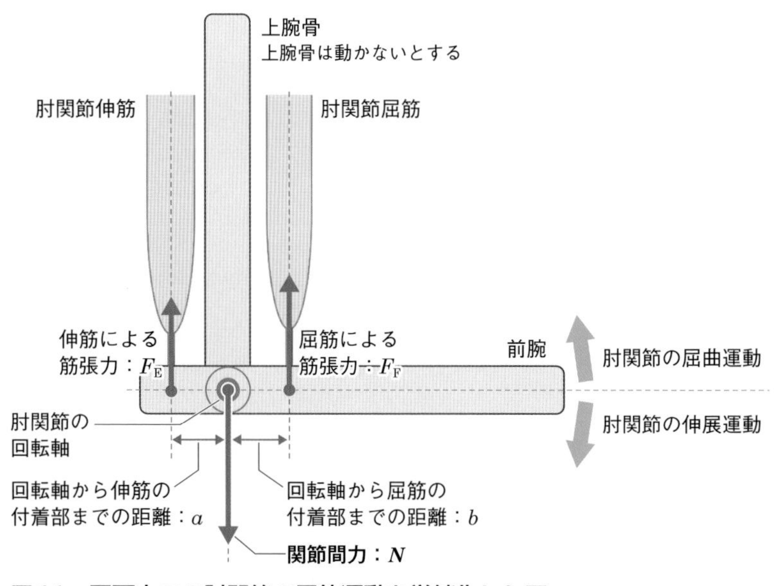

図11　平面上での肘関節の屈伸運動を単純化した図

いる．回転軸のまわりで屈曲運動（反時計回り（＋）の回転）と伸展運動（時計回り（－）の回転）が起こる．関節運動が起こらないためには，肘関節伸筋の筋張力による伸展方向の力のモーメントと，肘関節屈筋の筋張力による屈曲方向の力のモーメントが等しくなる必要がある．伸筋の筋張力 F_E〔N〕と屈筋による筋張力 F_F〔N〕は前腕の骨に対して垂直にはたらき，回転軸から伸筋の付着部までの距離を a〔m〕，回転軸から屈筋の付着部までの距離を b〔m〕とすると，回転軸まわりの力のモーメントのつりあいから次の関係が成り立つ．

$$F_E \times a = F_F \times b$$●

● 物体が回転しない条件
→p.74 第3章 基礎編

よって，平面上の肘関節の屈伸運動について次のようにまとめることができる．

平面上の肘関節の屈伸運動

① $F_E \times a = F_F \times b$ のとき：肘関節は動かない（回転しない）
② $F_E \times a < F_F \times b$ のとき：肘関節は屈曲運動をする
③ $F_E \times a > F_F \times b$ のとき：肘関節は伸展運動をする

関節には屈筋と伸筋，外転筋と内転筋などのように，一つの関節について反対方向に作用する筋群が対になっている．これらの筋群の活動を神経系のはたらきで調節することによって，適切な関節運動がコントロールされている．実際には，肘関節のまわりには関節包や靭帯，筋などの多くの軟部組織があり，それらからの張力や弾性力，身体の各部位にかかる重力などが回転軸（関節）まわりの力のモーメントを発生しており，筋張力のはたらく向きも骨と垂直ではない．神経系はこれらの影響も含めて関節運動に作用する筋群の活動を調節している．

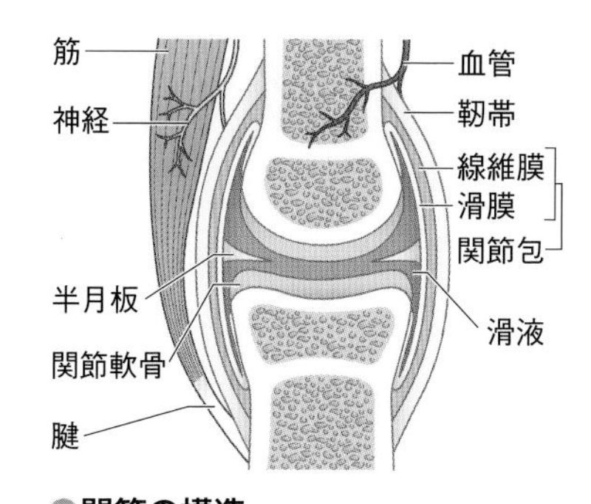

●関節の構造
（『身体障害作業療法学1 骨関節・神経疾患編（PT・OTビジュアルテキスト）』（小林隆司/編），羊土社，2018より引用）

関節間力と力のモーメントのつりあい

図11は，上腕を固定して肘関節を回転軸としたときの前腕の運動を示している．前腕にはたらく力をみると，肘関節の伸筋，屈筋ともに前腕を上腕骨に押し付ける力になっているので，前腕の骨の肘関節面には上腕骨から力がはたらいている．この力を**関節間力**という．関節間力は**関節応力**，**関節反力**ともよばれる．関節間力を N〔N〕とすると，図11の状態では，肘関節には屈筋と伸筋による筋張力を合わせた力が関節間力としてかかっているので，力のつりあいから次の関係が成り立つ．

$$N = F_E + F_F$$

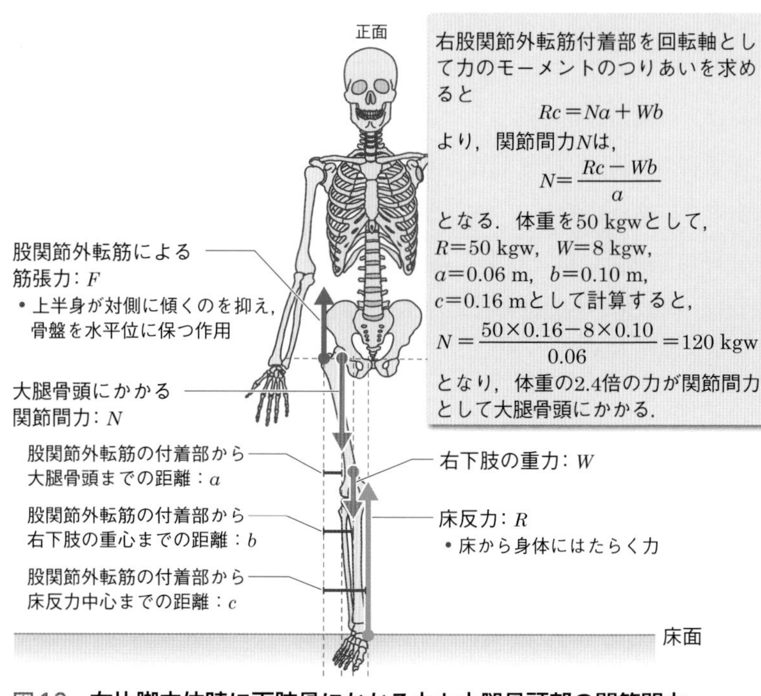

図12　右片脚立位時に下肢骨にかかる力と大腿骨頭部の関節間力

右片脚立位時に下肢骨（大腿骨と下腿骨・足部を1本の棒状の物体としている）にかかる，股関節外転筋の筋張力の垂直方向の成分F，床反力の垂直方向の成分R，大腿骨頭にかかる関節間力の垂直方向の成分N，右下肢の重力Wの関係．

次に股関節について関節間力を考える．図12は右片脚立位を保っているときの，下肢骨[※1]にかかる力（股関節外転筋の筋張力の垂直方向の成分F，床反力の垂直方向の成分R，大腿骨頭にかかる関節間力の垂直方向の成分N，右下肢の重力W）の様子を示している．

※1　大腿骨と下腿骨・足部を1本の棒状の物体としている．

大腿骨頭，すなわち股関節にかかる関節間力を求めるために，右股関節外転筋付着部を回転軸として力のモーメントのつりあいを求めると，次の関係が成り立つ．

$$Rc = Na + Wb$$●

● 力がモーメントアームに対して垂直にはたらくとき→p.72 第3章 基礎編

よって関節間力Nは，

$$N = \frac{Rc - Wb}{a}$$

となる．体重を50 kgwとして，R = 50 kgw（体重に対する垂直抗力），W = 8 kgw（体重の16 %），a = 0.06 m，b = 0.10 m，c = 0.16 mとして計算すると，

$$N = \frac{50 \times 0.16 - 8 \times 0.10}{0.06} = 120 \text{ kgw}$$

となり，体重の2.4倍の力が関節間力として大腿骨頭にかかることに

なる．大腿骨頭にかかる力は関節軟骨へのストレスとなり，変形性股関節症の発症などにも関係する．

例 題

❶図のように前腕を水平にして玉を保持している．手と前腕および玉の合成重心に**R**ニュートンの力がかかっている．肘屈筋にかかる力**F**（ニュートン）は，次のうちどれか．

1．1/7×R　2．1/8×R　3．6×R　4．7×R　5．8×R

❷肘関節にかかる関節間力を求めなさい．ただし，選択肢は❶と同じとする．

（第43回理学療法士国家試験問題より引用．❷は著者作成）

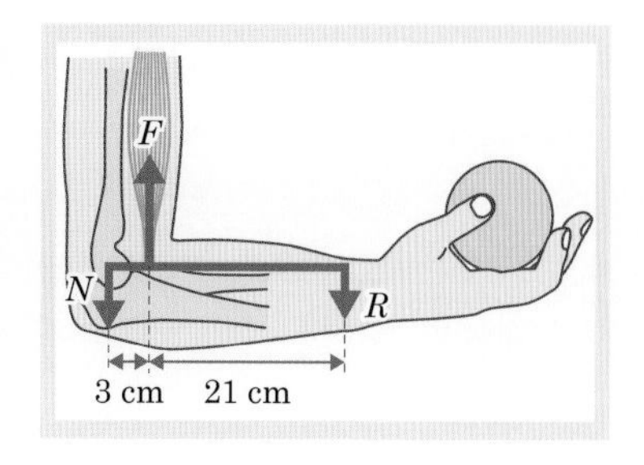

解答例

❶肘屈筋の力をFとして肘関節を回転軸にとると，肘関節軸まわりの力のモーメントのつり合いから，

$$F\times0.03=R\times(0.03+0.21)$$ ●

● 物体が回転しない条件
→p.74 第3章 基礎編

よって，

$$F=\frac{R\times(0.03+0.21)}{0.03}=\frac{0.24}{0.03}\times R=8\times R$$

答 5

❷関節間力をNニュートンとして肘屈筋付着部を回転軸にとると，肘屈筋の付着部まわりの力のモーメントのつりあいから，

$$N\times0.03=R\times0.21$$

よって，

$$N=\frac{R\times0.21}{0.03}=7\times R$$

答 4

❷の別解：

関節間力をNニュートンとして手と前腕および玉の合成重心を回転軸にとると，手と前腕および玉の合成重心まわりの力のモーメントのつり合いから，

$$N\times(0.03+0.21)=F\times0.21$$

よって，

$$N=\frac{F\times0.21}{0.03+0.21}=\frac{0.21}{0.24}\times F=\frac{7}{8}\times8\times R=7\times R$$

答 4

このように，回転軸まわりの力のつりあいを計算するときは，回転軸を

どこにとっても構わない．問題をよく見て，回転軸を適切に選ぶと計算がしやすくなる．

2 姿勢と筋活動

私たちは重力の下で生活しているので，座位姿勢や立位姿勢を保つために常に重力に抗する筋活動を行っている．姿勢と筋活動には密接な関係があり，重力による力のモーメントと筋張力による力のモーメントのつりあいが，その関係を決めている．

身体が頭部，体幹，下肢，足部からなり，それぞれが剛体で，回転軸をもつ関節で連結していると考える（図13）．このとき，骨格筋の活動は，回転軸から上の身体部分にかかる重力による力のモーメントと筋活動による力のモーメントの関係から推測することができる．直立位では，どの回転軸（関節）でも回転軸から上の身体部分の重心が

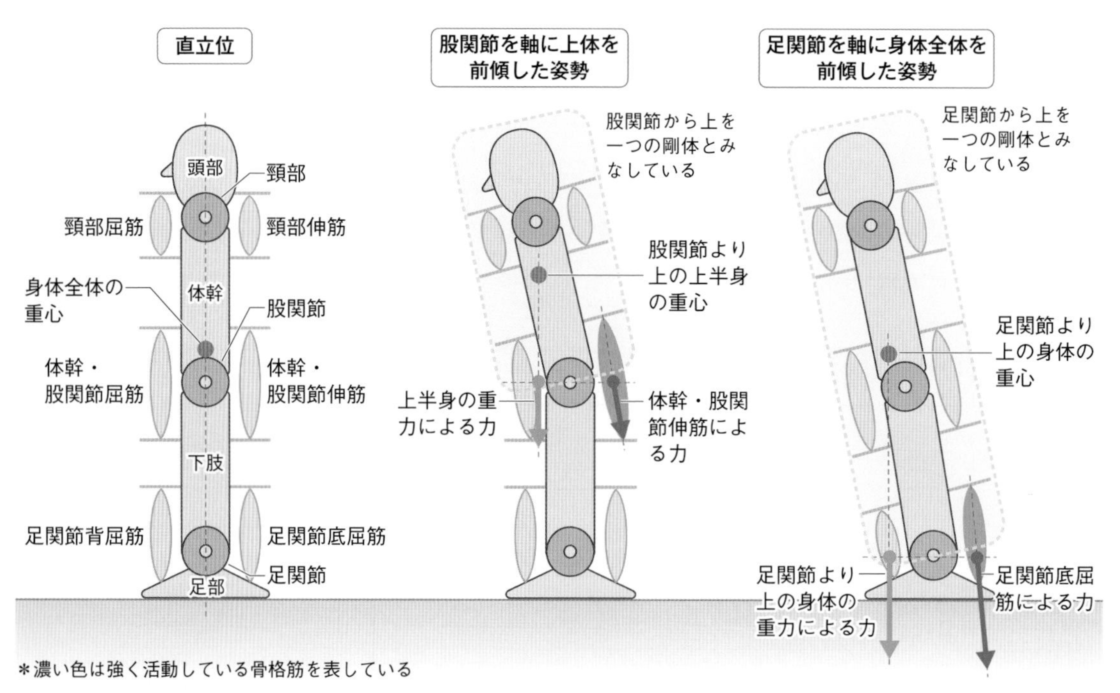

図13　姿勢と筋活動

重力の下で，ある姿勢を保っているときの骨格筋の活動は，骨格筋が作用する関節を回転軸として，回転軸から上の身体部分にかかる重力（重さ）による力のモーメントと筋活動による力のモーメントの関係から推測することができる．直立位では身体全体の重力がほぼ足部の中心に位置しており，少ない筋活動で姿勢を保持できる．股関節を軸に上体を前傾させたときは，股関節から上の上半身にかかる重力によって生じる頭部－体幹が屈曲方向に回転する力のモーメント（屈曲トルク）を，体幹・股関節伸筋の筋張力によって生じる伸展方向の力のモーメント（伸展トルク）によってつりあいをとる必要がある．そのため，体幹・股関節の伸筋が強く活動する．足関節を軸に身体を前傾させたときは，足関節から上の身体にかかる重力によって生じる身体が前方に回転する力のモーメントを，足関節底屈筋の筋張力によって生じる後方へ回転する力のモーメントによってつりあいをとる必要がある．そのため，足関節底屈筋が強く活動する．

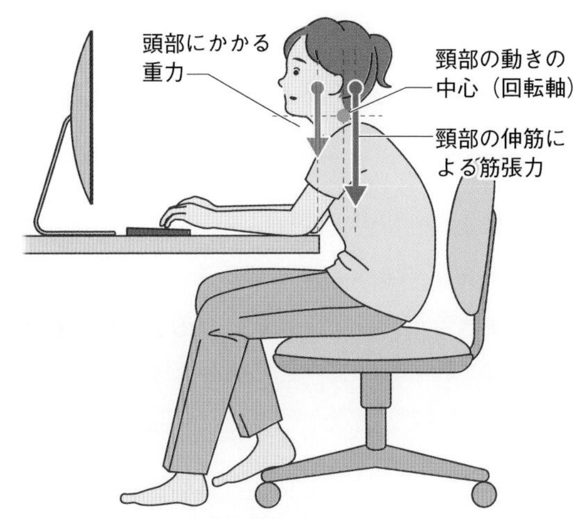

図14　パソコン作業中の不良姿勢
頸の動きの中心に対して頭部が前方にあるため，頭部を頸の屈曲方向に回転させる力のモーメントがはたらく．頭部の位置を保つためには頸部の伸筋が常にはたらくので，筋疲労や血行障害を起こし，後頭部，頸の後ろ，肩の痛みなどが生じやすくなる．

ほぼ関節軸を通っており，少ない筋活動で姿勢を保持できる．

股関節を軸に上体を前傾させたときは，股関節から上の上半身にかかる重力によって生じる頭部－体幹が屈曲方向に回転する力のモーメント（屈曲トルク）を，体幹・股関節伸筋の筋張力によって生じる伸展方向の力のモーメント（伸展トルク）によってつりあいをとる必要があるので，体幹・股関節の伸筋が強く活動する．足関節を軸に身体を前傾させたときは，足関節から上の身体にかかる重力によって生じる前方に回転する力のモーメントを，足関節底屈筋の筋張力によって生じる後方へ回転する力のモーメントによって抑え，つりあいをとる必要があるので足関節底屈筋が強く活動する．

このように，姿勢を観察して対象とする関節を回転軸として，関節から上の身体部分はひとまとまりの一つの剛体とみなし，この剛体の重心が関節の前方を通るか，後方を通るかで，関節周囲の骨格筋の活動を推定できる．前かがみでパソコンを見続けていると，頸部の伸筋が常にはたらき頸部痛や後頭部痛の原因になる（図14）．

3 身体重心の求め方

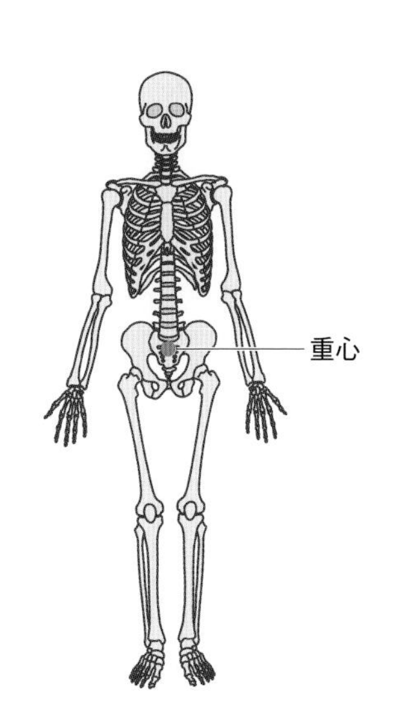

直立姿勢での身体の重心は，第2仙椎の高さで，足底から身長の55％付近の位置にある．身体の重心を求める代表的な方法に，力のモーメントのつりあいから求める直接的な方法と，身体部位ごとの重

量と重心位置から推定する間接的な方法がある．

力のモーメントのつりあいから重心を求める方法

重心の高さの求め方

身体の重心の高さは，板の上で背臥位になり，ヘルスメータなどで支点にかかる力を測定することで求めることができる．図15のように，重さを無視できる板の上で背臥位になる．足底を板の支点に合わせ，支点からL〔m〕のところに重さのない支点を載せたヘルスメータを置く．重心の位置を足底からx〔m〕，体重をW〔kgw〕，ヘルスメータの測定値をF〔kgw〕とすると，支点のまわりの力のモーメントのつりあいから次の式が成り立つ．

$$F \times L = W \times x$$ ●

● 物体が回転しない条件
→p.74 第3章 基礎編

よって重心の高さxは，

$$x = \frac{FL}{W}$$

となる．身長をa〔m〕とすると，身長に対する重心の高さの比率は次の式で計算できる．

$$\text{身長に対する重心の高さの比率} = \frac{FL}{Wa} \times 100 \text{〔\%〕}$$

例　題

図15で，$L=2.0$ m，$W=60$ kgw，$F=30$ kgw，$a=1.8$ mのとき，身長に対する重心の高さの比率を求めなさい．

解答例 力のモーメントのつりあいより，身長に対する重心の高さの比率$=\frac{FL}{Wa}\times 100$〔%〕となるので，

$$\frac{30 \times 2.0}{60 \times 1.8} \times 100 = 55.5 \cdots\cdots$$

答 56 %

直立姿勢での平面上の重心位置の求め方

直立姿勢を保っているときの平面上の重心位置も，力のモーメントのつりあいから求めることができる．図16のように重さのない板の下にL〔m〕の距離をおいてAとBの2つの圧センサーが設置されている．板の上で直立姿勢を保っているときの重心位置をAからx〔m〕，圧センサーAの値をF_A〔kgw〕，圧センサーBの値をF_B〔kgw〕，体重をW〔kgw〕とすると，力のつりあいから，$W=F_A+F_B$になる．Aを

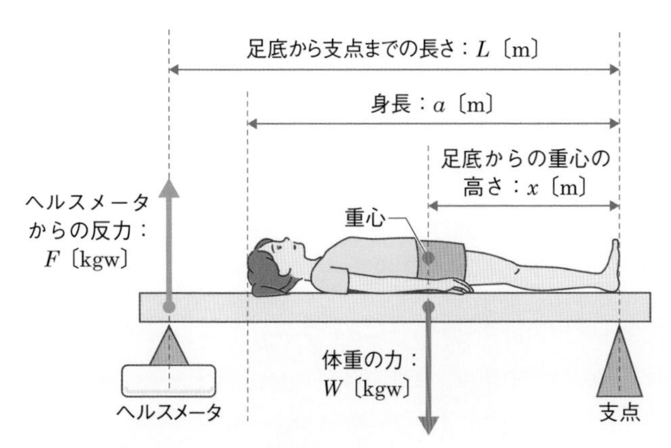

図15　重心の高さの求め方

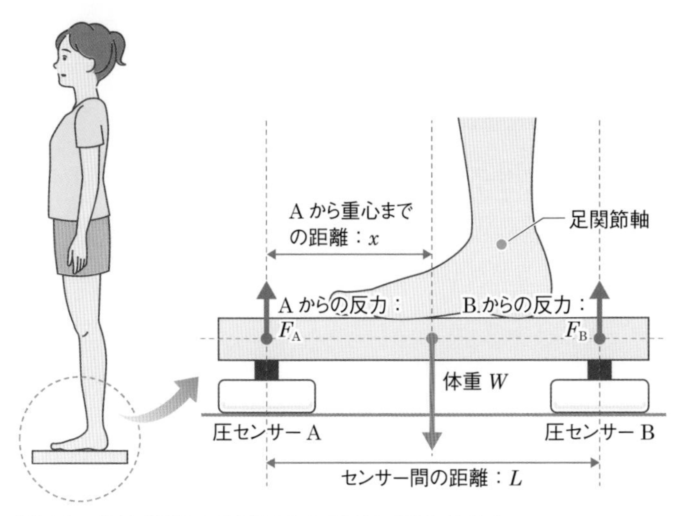

図16　直立姿勢での平面上の重心位置の求め方

支点とする力のモーメントのつりあいから，次の関係が成り立つ．

$$W \times x = F_B \times L$$

よって重心位置xは，

$$x = \frac{F_B \times L}{W} = \frac{F_B \times L}{F_A + F_B}$$

で計算することができる．

身体部位ごとの重心から推定する方法

　身体全体の重心の位置は，身体を頭部，体幹，左右の上腕，左右の前腕と手部，左右の大腿，左右の下腿と足部などの身体部位に分け，それぞれの身体部位の重量と重心位置の値を用いて計算することができる．

column

重心動揺計による足圧中心の計測

重心動揺計は，三角形の頂点に1つずつで3つ，または四角形の頂点に1つずつで4つの圧センサーを設置した測定板を用いて圧中心を測定する機器である（column 図4）．

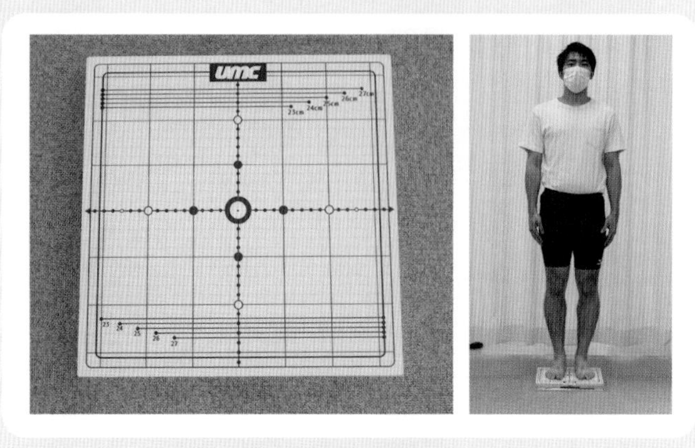

column 図4　**重心動揺計と測定の様子**

ここでは，column 図5のような四角形の重心動揺計について，測定板の中央を原点（0,0）としたときの圧中心（x, y）について計算する．

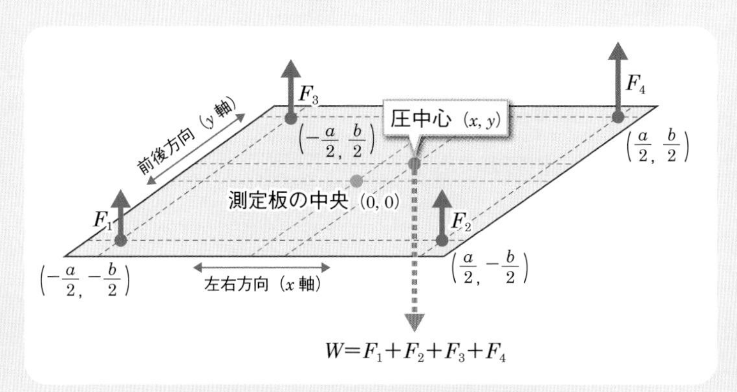

column 図5　**重心動揺計による圧中心の測定方法**

左右方向をx軸，前後方向をy軸として，左右方向の圧センサー間の距離をa〔m〕，前後方向の圧センサー間の距離をb〔m〕とすると，左後方の圧センサーの位置は $\left(-\frac{a}{2}, -\frac{b}{2}\right)$，右後方の圧センサーの位置は $\left(\frac{a}{2}, -\frac{b}{2}\right)$，左前方の圧センサーの位置は $\left(-\frac{a}{2}, \frac{b}{2}\right)$，右前方の圧センサーの位置は $\left(\frac{a}{2}, \frac{b}{2}\right)$ となる．それぞれの圧センサーの値をF_1，F_2，F_3，F_4とすると，測定板の中央（0, 0）を通るy軸と平行な直線を回転軸とする力のモーメントのつりあいから次の式が成り立つ．

$$(F_2+F_4)\times\frac{a}{2}=W\times x+(F_1+F_3)\times\frac{a}{2}$$

$$Wx=\frac{a}{2}\{(F_2+F_4)-(F_1+F_3)\}$$

よって，

$$x=\frac{a\{(F_2+F_4)-(F_1+F_3)\}}{2W}$$

$$=\frac{a\{(F_2+F_4)-(F_1+F_3)\}}{2(F_1+F_2+F_3+F_4)}$$

同じように，測定板の中央（0, 0）を通るx軸と平行な直線を回転軸とする力のモーメントのつりあいから次の式が成り立つ．

$$(F_3+F_4)\times\frac{b}{2}=W\times y+(F_1+F_2)\times\frac{b}{2}$$

$$Wy=\frac{b}{2}\{(F_3+F_4)-(F_1+F_2)\}$$

よって，

$$y=\frac{b\{(F_3+F_4)-(F_1+F_2)\}}{2W}$$
$$=\frac{b\{(F_3+F_4)-(F_1+F_2)\}}{2(F_1+F_2+F_3+F_4)}$$

四角形の重心動揺計では，4つの圧センサーの値から前述の式を用いて足圧中心の位置を計算している．

図17において，身体部位の体重に対する重量比率（%）を頭部：W_1，体幹：W_2，上腕（左右）：W_{3L}，W_{3R}，前腕＋手（左右）：W_{4L}，W_{4R}，大腿（左右）：W_{5L}，W_{5R}，下腿＋足部（左右）：W_{6L}，W_{6R}，それぞれの身体部位の重心位置を頭部：x_1，体幹：x_2，上腕（左右）：x_{3L}，x_{3R}，前腕＋手（左右）：x_{4L}，x_{4R}，大腿（左右）：x_{5L}，x_{5R}，下腿＋足部（左右）：x_{6L}，x_{6R}とすると，身体全体の重心x_Gは次の式で推測値として計算できる．

$$x_G=W_1x_1+W_2x_2+\cdots\cdots+W_{6R}x_{6R}$$

身体の各部位の重量は死体を用いた研究から体重に対する比率の標準値があり，各部位の重心位置も標準的な位置が報告されている．そして，身体部位の位置関係（座標）は三次元動作解析装置などを用いて計測する．この方法による重心位置は，身体部位の重量の体重に対する比率や重心位置の標準値を用いて計算するので，あくまで重心の推定値である．

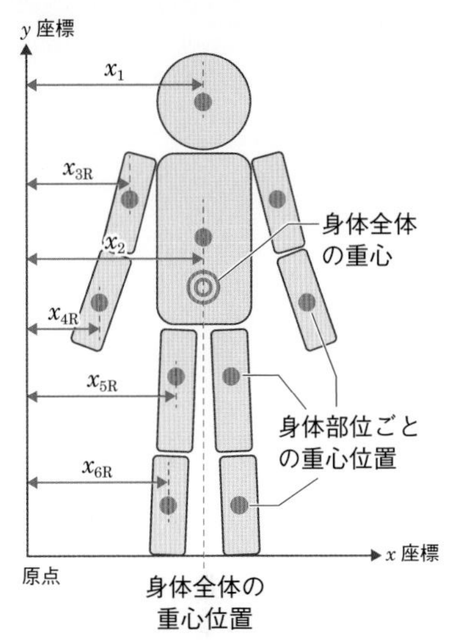

図17　身体部位の重さと重心位置から身体全体の重心位置を求める方法

第4章

物体の安定性と不安定性

安定性は何によって決まるか？

私たちが生活するなかで，安定して姿勢を保ち，立ち上がりや歩行などの動作ができることはとても重要である．姿勢や動作が不安定だと，転倒して骨折や脳の損傷などを起こす危険性があり，座位や立位で正確な作業をすることも難しくなる．

第４章の 基礎編 では，物体が安定して静止する条件を学習する．物体の安定性について考えるときは，第３章で学習した力のつりあいや力のモーメントのつりあいの理解，そして物体が置かれている面と物体が接する境界である支持基底面と物体の重心との関係の理解が基本になる．

臨床編 では，姿勢の安定性を決める支持基底面，安定性限界，身体重心，足圧中心の関係について学習する．姿勢を安定に保つためは，安定性限界のなかに身体重心が入っていることが必要で，姿勢の調節には身体部位の位置関係（アライメント）と足圧中心の位置を変えることの２つの方法があることを理解してほしい．

第4章
物体の安定性と不安定性

基礎編

学習目標

- 支持基底面について説明できる
- 物体が倒れないための条件を説明できる
- 物体の安定な状態と不安定な状態を決める要因を説明できる
- 姿勢による安定性の違いを説明できる

臨床編 は102ページ

1 物体の安定性

図1　テーブルの上に置かれた鉛筆とコーヒーカップ

図1のように，テーブルの上に立てた鉛筆とコーヒーカップが置かれている．立てた鉛筆とコーヒーカップの安定性を比べると，直感的に，立てた鉛筆のほうがコーヒーカップより不安定なことがわかる．しかし，物体の安定性は何によって決まるのだろうか．物体の安定性が高いことは物体が倒れにくいことを意味するので，物体が滑らずに倒れないための条件は何かという視点から物体の安定性について考えていこう．

図2のような，底面が正方形の直方体が水平なテーブルの上に置かれている．直方体を傾ける前は，直方体の重心から鉛直下向きに重力

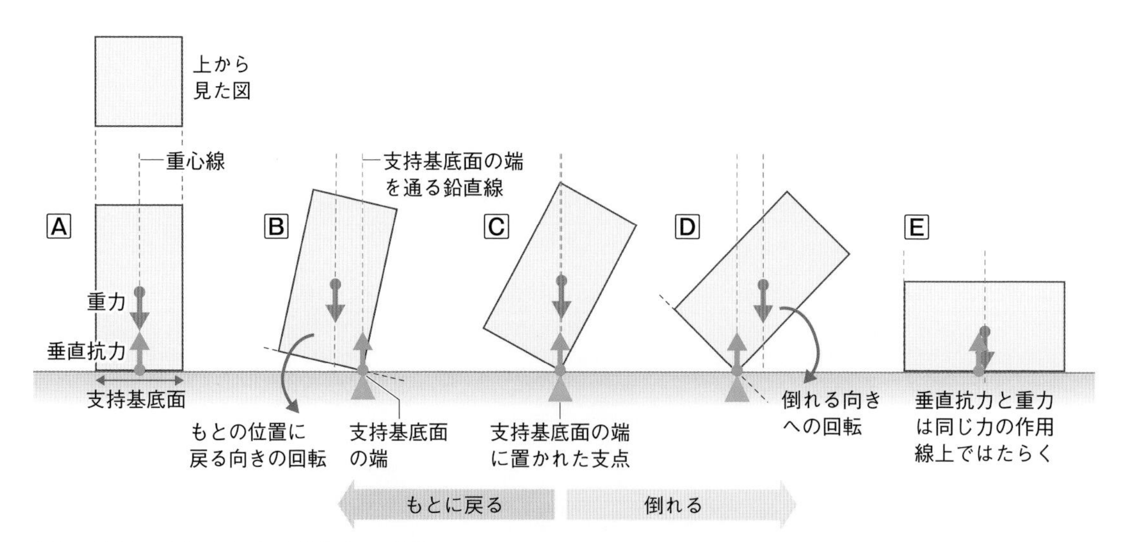

図2　物体を傾けたときの倒れない条件

物体の左上から支持面に水平方向に力を加え，物体を徐々に傾けていく．このとき，支持基底面の端に支点を置き，支点を回転軸とする力のモーメントを考える．Bでは，重心が支点の左側にあるので，もとの位置に戻る向きの力のモーメントが生じ，倒れない．Cでは，支点の上に物体の重心が位置するので，力のモーメントのつりあいはとれているが，不安定なつりあいである．Dでは，物体の重心が支点の右側にあるので，倒れる向きへの力のモーメントが生じ直方体は倒れる．

がはたらき，直方体が置かれている面から直方体に向かって，垂直抗力が重力と逆向きに同じ大きさではたらいている．このとき，重力と垂直抗力は同じ力の作用線上ではたらいている（図2A）．

次に直方体の左上の角を水平方向に静かに押して，直方体をゆっくりと傾けていく※1．直方体とテーブルの間には摩擦力がはたらき，滑らないとする．直方体を鉛直方向に対して少しだけだけ傾けると，直方体は傾けた側の底面の端（右端）だけでテーブルと接し，そこを支点（回転軸）とする重力による力のモーメントが生じる．傾きが小さいときは，重力による力のモーメントは直方体をもとの位置（垂直位）に戻すように作用するので，押す力を抜くと直方体はもとの位置に戻るので倒れない（図2B）．

※1　**ゆっくりと傾ける**：物体を回転させて傾けるためには，物体の角などを押したり，ひもを取り付けて物体を引いたりして力を加える必要がある．物体に力がはたらくと，回転する速度（角速度）が変化するので運動が複雑になる．そのため，物体の回転する速度がほとんど0で，力のモーメントのつりあいを保ちながら物体を傾けることを「ゆっくりと傾ける」と表現する．

さらに直方体を傾けていき，直方体の重心が直方体の右端の角の真上を越すまで傾けると，重力による力のモーメントは直方体が倒れる向きに作用するので，直方体は回転して倒れてしまう（図2D）．直方体の重心が直方体の右端の角の真上に位置するときは，重力による力のモーメントは0になるので直方体は静止するが，少しでも傾きが変わるともとの位置に戻るか，倒れてしまうので，不安定な状態である（図2C）．

以上のことから，物体が倒れない条件は重心の位置が物体の端を越えないことであると考えられる．物体が置かれている面を**支持面**とよび，物体が支持面と接している部分の外周を結ぶ面の範囲を**支持基底面**（base of support：**BOS**）という．物体の底面に輪ゴムを取り付けたとき，輪ゴムで囲まれた範囲が支持基底面に相当する．物体の重心と支持基底面を用いて物体が倒れないための条件を表すと，「物体の重心（または重心線）が支持基底面内に収まっていること」になる．

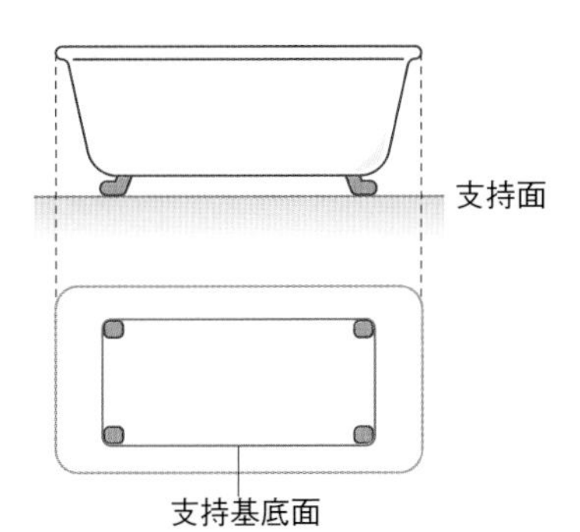

例　題

次の物体の支持基底面を図示しなさい．

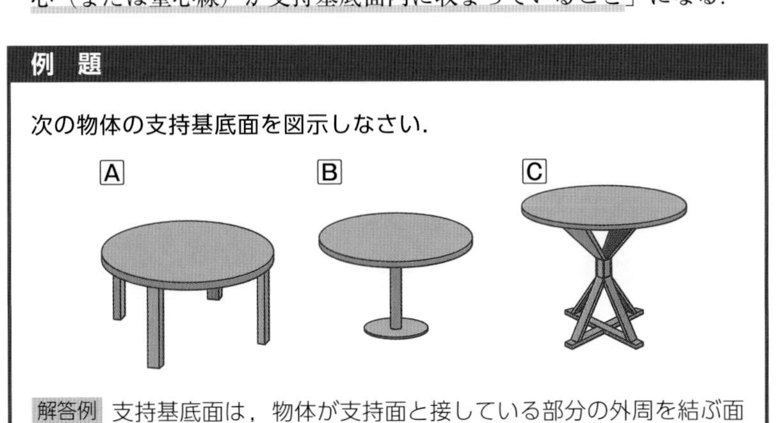

解答例　支持基底面は，物体が支持面と接している部分の外周を結ぶ面の範囲なので，下の図のような範囲が支持基底面になる．

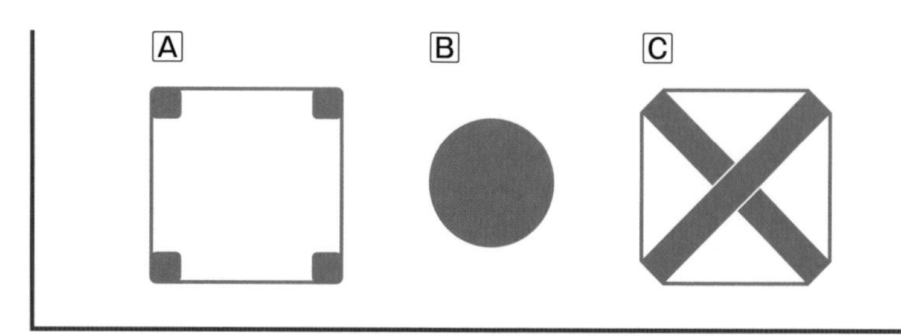

2 支持基底面の大きさと物体の安定性

物体が倒れない条件を知ったうえで，物体の安定性に影響する要因について考えてみよう．

図3は高さが同じで，支持基底面の大きさが異なる2つの直方体をゆっくりと傾けていったときの様子である．物体が倒れないための条件，「物体の重心（または重心線）が支持基底面内に収まっていること」をもとに，直方体が倒れる寸前の傾きである境界の角度を比べると，支持基底面が大きい（図3では左右方向の支持基底面の幅が大きい）ほうが，直方体を大きく傾けないと倒れない．したがって，重心の高さが等しいときは支持基底面が大きい（回転する方向に対する支持基底面の幅が大きい）ほど物体は転倒しにくく，安定性は高くなる．

3 重心の高さと物体の安定性

次に，支持基底面の形や大きさは同じで，重心の高さが異なるときの物体の安定性をみていこう．図4は，支持基底面が同じで高さが異なる直方体をゆっくりと傾けていったときの様子を示している．直方体が倒れる寸前の傾きである境界の角度を比べると，重心の高さが低いほうが，直方体を大きく傾けないと重心が支持基底面から外れないので倒れない．したがって，支持基底面が同じときは，重心の高さが低いほど物体は転倒しにくく，安定性は高くなる．

4 支持基底面の大きさと重心の高さが変化するときの物体の安定性

直方体の物体を例に，支持基底面の大きさと重心の高さの両方が変化するときの物体の安定性をみていこう．倒れる直前の直方体の傾きが大きいほど，直方体は倒れにくく，安定性は高いと考えられる．そ

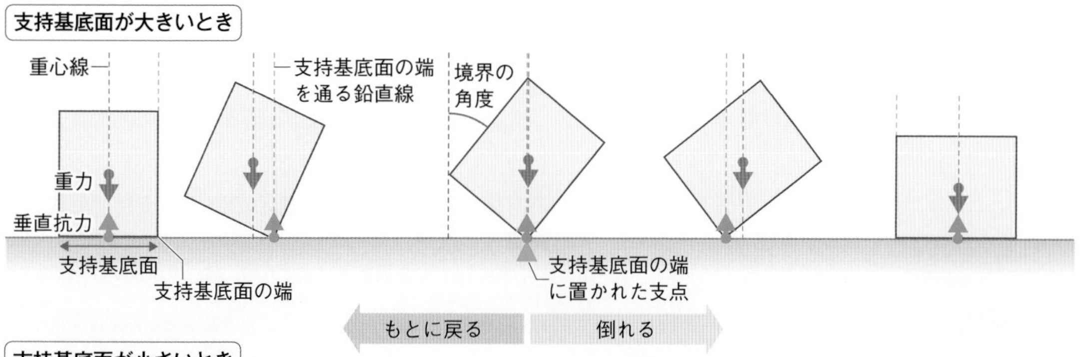

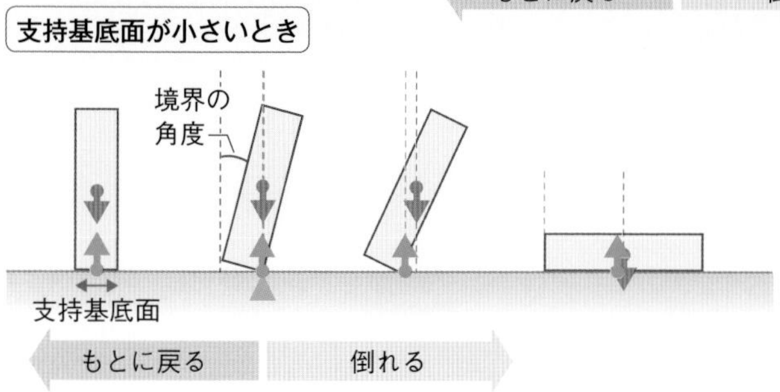

図3　重心の高さが同じで支持基底面の大きさが異なるときの物体の安定性

重心の高さが等しいとき，支持基底面が大きいほど直方体が倒れる境界の角度は大きくなるので，支持基底面が大きいほうが安定性は高い．

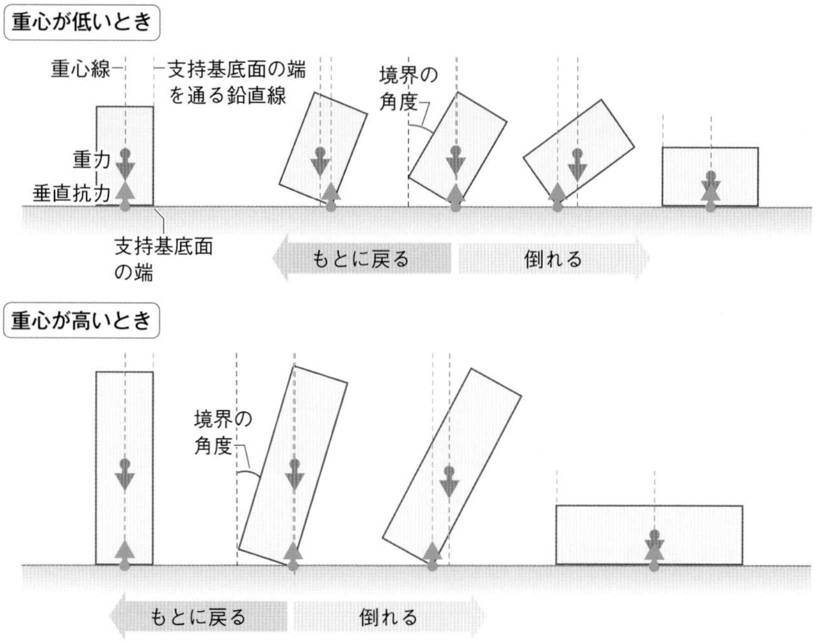

図4　支持基底面の大きさが同じで重心の高さが異なる物体の安定性

支持基底面が同じとき，重心が低いほど直方体が倒れる境界の角度は大きくなるので，重心の位置が低いほうが安定性は高い．

の傾きはちょうど，支持基底面の端の回転軸の真上に直方体の重心が位置したときのものである．直方体の重心の高さをh〔m〕，回転する方向の支持基底面の幅をa〔m〕，倒れる・倒れないの境界となる角度をθとすると，次の関係が成り立つ（図5）．

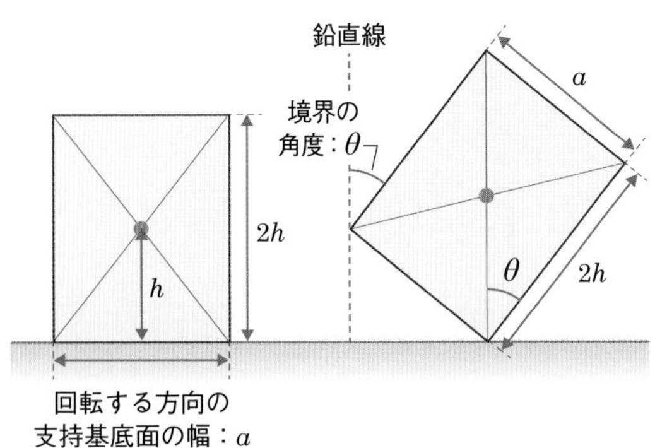

図5　直方体が倒れる角度と，重心の高さ，支持基底面との関係

一辺の長さが a〔m〕の正方形を底面にもち，重心の高さ（対角線の交点で直方体の高さの半分の長さ）が h〔m〕の直方体において，直方体が倒れる直前の境界の角度を θ とすると，$\tan\theta = \frac{a}{2h}$ の関係が成り立つ．

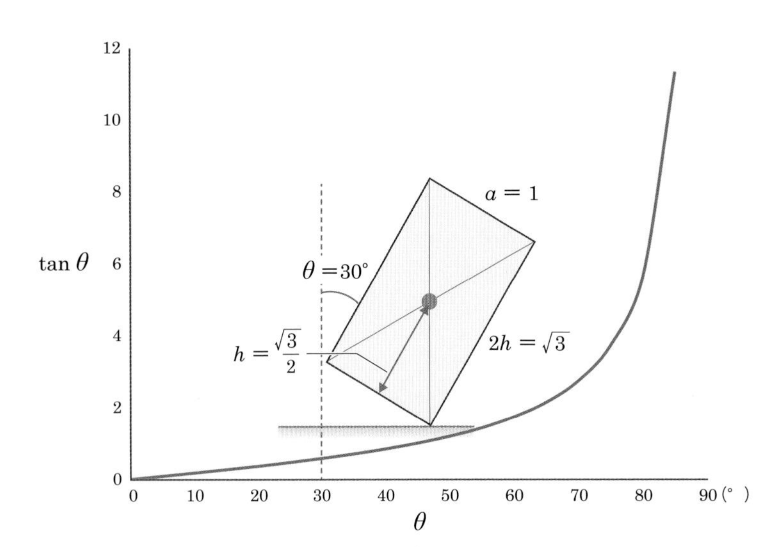

図6　tan θの角度θによる変化

図の四角形は底面の幅 $a=1$，重心の高さ $h=\frac{\sqrt{3}}{2}$（高さ $2h=\sqrt{3}$）の直方体が倒れる直前の傾きを表している．

直方体が倒れない境界の角度

$$\tan\theta = \frac{a}{2h}$$

$$\tan\theta = \frac{\text{支持基底面の幅〔m〕}}{2\times\text{重心の高さ〔m〕}}$$

$\tan\theta$ は $\tan 0° = 0$ であり，θ が増加すると値が増加し，$\theta = 90°$ では無限大になる（図6）．したがって，支持基底面が大きい（回転する方向の支持基底面の幅 a が大きい）ほど，重心の高さ h が低いほど，直方体が倒れる境界となる角度 θ が大きくなって倒れにくくなる．つまり，物体の重心の高さと支持基底面の大きさの比が物体の安定性を決めていることになる．

5 物体の重量と安定性

物体を傾ける角度で比較すると，支持基底面が大きく，重心の位置が低いほど，物体の安定性は高くなる．では，同じ形で質量（または

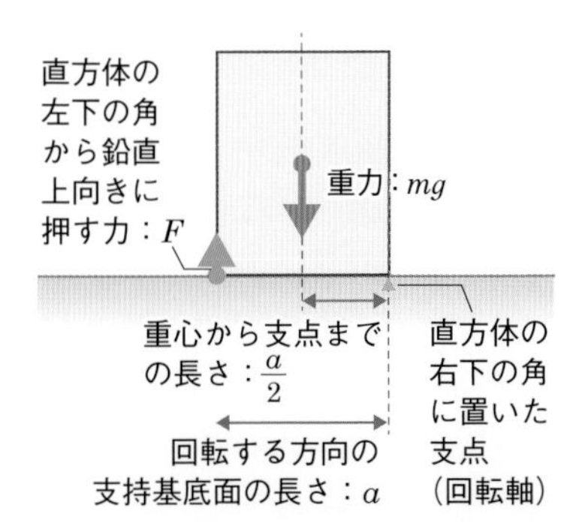

図7　直方体の右下の角から鉛直上向きに力を加え，直方体を回転させるために必要な力

右下の回転軸まわりの力のモーメントのつり合いは，反時計回りを正とすると，$mg\times\frac{a}{2}-F\times a=0$となり，直方体の右下の角から鉛直上向きに力を加え，直方体を回転させるために必要な力Fは，$F=\frac{mg}{2}$となる．

重量）が異なるときの安定性はどうなるだろうか．物体を傾けるためには，物体に力を加える必要がある．図7のように直方体の支持基底面の右端を回転軸として，直方体の底面の左端から鉛直上向きに力を加えて回転させようとするときに必要な力を考える．直方体の質量をm〔kg〕，支持基底面の回転する方向の長さをa〔m〕，鉛直上向きの力をF〔N〕，重力加速度をg〔m/s^2〕とすると，重力による力の力のモーメントは，

$$mg\times\frac{a}{2}$$●

鉛直上向きの力による逆向きの回転の力のモーメントは，

$$F\times a$$

となる．鉛直上向きの力による逆向きの回転の力のモーメントが大きいと直方体は回転するので，

$$F\times a>mg\times\frac{a}{2}$$

$$F>\frac{mg}{2}$$

が，直方体の回転する条件になる．この式から，物体を回転させるためには質量に比例した力が必要になる．重たい物体を倒すためには大きな力が必要なるので，質量の大きな物体（重い物体）ほど，安定性は高いと考えることができる．

● 力がモーメントアームに対して垂直にはたらくとき→p.72 第3章 基礎編

例　題

次の2つの物体の安定性はどちらが高いか．

❶重量，底面の半径，高さが等しい円柱と円錐

❷密度が5.0 g/cm^{3}の立方体Aと密度が1.0 g/cm^{3}の立方体Bをつなぎ合わせた直方体を，Aを上にして置いたときと，Aを下にして置いたとき

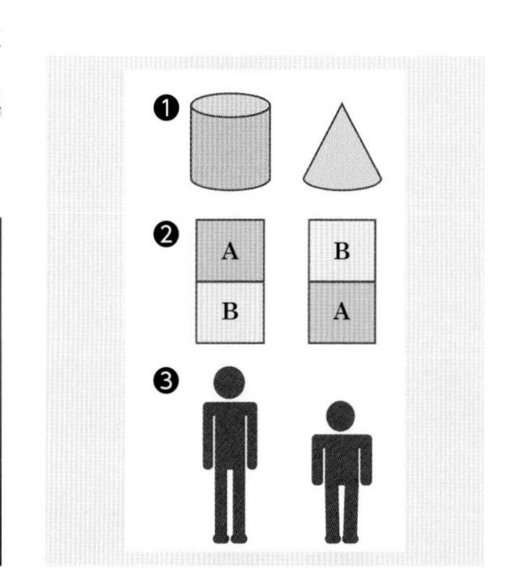

❸足の大きさと体重が同じで，身長が高いヒトと低いヒトが両足をつけて立っているとき

解答例

❶円錐のほうが下にある部分の体積が大きく，重心が低くなるので安定性は高い．

column

物体が傾き始める条件

直方体の右上の角にひもを取り付け，支持面に平行に張力を加えていったときに，物体が傾き始めるのに必要な力を求めてみよう．このとき，直方体の底面と支持面との間には摩擦力がはたらき，滑らないとする．直方体の底面の長さをa〔m〕，高さをb〔m〕，重量をW〔N〕，直方体にはたらく垂直抗力をN〔N〕，垂直抗力の作用点の位置を直方体の右下の角からx〔m〕，支持面と直方体の底面の間の摩擦力をF〔N〕，直方体の右上の角から支持面に平行に加える張力をT〔N〕とする．

水平方向の力のつりあいから，$T=F$ ……①

垂直方向の力のつりあいから，$N=W$ ……②

直方体の右下の角を回転軸とする力のモーメントのつりあいから，

$$W\times\frac{a}{2}-N\times x-T\times b=0 \quad \cdots\cdots ③$$

③に②を代入すると，

$$W\times\frac{a}{2}-W\times x-T\times b=0$$

よって，垂直抗力の作用点xは次のようになる．

$$x=\frac{a}{2}-\frac{T}{W}b \quad \cdots\cdots ④$$

④式から，直方体に水平方向の力が加わると，垂直抗力の位置が底面の長さの中央から右下の角（支持基底面の端）に向かって移動することがわかる．物体に力が加わるとき，物体が静止しているためには必ずその力の作用を打ち消すような力がはたらいている．私たちが一定の姿勢を保っているときも，重力の下で姿勢を保つために筋張力，垂直抗力，摩擦力などがはたらいている．

$x=0$のときが，直方体が傾き始める直前の状態になるので，

$$\frac{a}{2}-\frac{T}{W}b=0$$

より，直方体が傾き始めるのに必要な張力は，次の式で表される．

$$T=\frac{a}{2b}W \quad \cdots\cdots ⑤$$

⑤式から物体を傾けるために必要な力は，直方体の高さに対して底面の長さが長いほど，物体の重量が重いほど大きくなることがわかる．

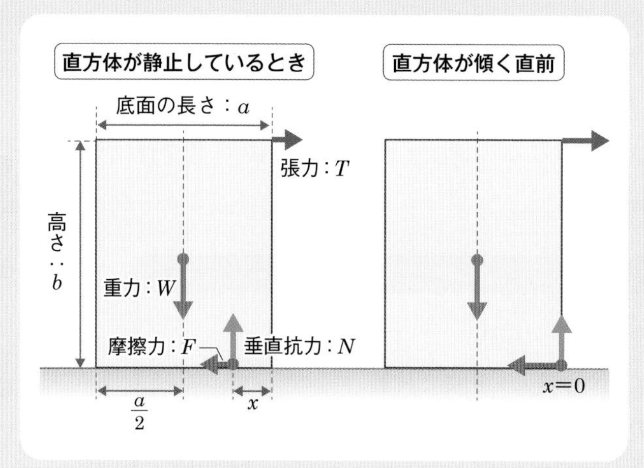

column図1　**直方体の上の角に水平な力を加えたときに直方体にはたらく力**

❷Aを下にして置いたほうが，重心の位置が低くなるので安定性は高い.

❸支持基底面は同じなので，身長が低いヒトのほうが重心の位置も低くなるので安定性は高い.

6 倒れるとは？

これまで，物体が倒れにくいことを物体の安定性として説明をしてきたが，「倒れる」とはどのような現象なのだろか．立っていた鉛筆が横向きになったときは「鉛筆が倒れた」というが，横になっている鉛筆を立てたときは「鉛筆を倒した」とはいわない．ふつう，物体が回転して物体の重心が低い向きに変化したときに，物体が倒れたと表現する．倒れるという現象は重力がない場所では起こらないので，倒れる原因は重力にある．重力は常に鉛直下向きにはたらくので，物体の重心が最も低い位置にあるときは，物体は回転しにくく，安定している．つまり，倒れるという現象は重力による力のモーメントが物体に作用し，物体の重心の高さが最も低い位置に物体の向きを変える現象と考えることができる.

column

姿勢と安定性

私たちが生活のなかでとる代表的な姿勢に，臥位，座位，立位がある．支持基底面の大きさは，立位，座位，臥位の順で大きく，重心の高さは臥位，座位，立位の順で高くなるので（column図2），立位が最も不安定な姿勢となり，臥位が最も安定な体位になる．転倒は立位から座位，立位から臥位への，重力による意図しない姿勢の変化ともいえる.

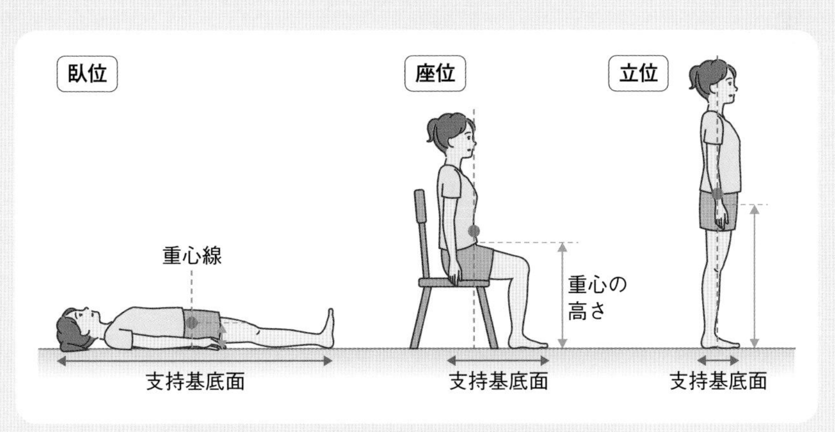

column図2 **臥位・座位・立位の重心の高さと支持基底面**

第4章
物体の安定性と不安定性

臨床編

基礎編 は94ページ

学習内容

- ヒトの姿勢の安定性
- ヒトの姿勢の安定性を決める要因
- 姿勢の安定性の調節
- 動作における安定性

1 ヒトの姿勢の安定性

ヒトの姿勢の安定性を考えるときも，「物体の重心（または重心線）が支持基底面内に収まっていること」が基本になる．

memo 姿勢の安定性とバランス

リハビリテーションの分野では，姿勢や動作が安定している様子を表す言葉として「バランスがよい」という表現がよく用いられる．姿勢の安定性とバランスは同じ意味である．

しかし，ヒトと剛体の物体では異なる点がある．支持面の上に置かれた剛体の重心は静止しているが，支持面の上に立っているヒトの身体重心は静止しているように見えても常に揺れている．この身体重心の揺れを**重心動揺**という．ヒトが立位を保っているときに，重心動揺計を用いて床反力がはたらく位置（床反力の作用点）に相当する**足圧中心**（center of pressure：**COP**）の軌跡を測定すると，身体の揺れの様子を見ることができる（図8）．

また，身体は剛体ではないので，さまざまな生理学的な限界がある．例えば，直方体を傾けていくとき，剛体の直方体では重心が支持基底面の端を越さなければ倒れないが，ヒトでは足の指先や踵の端に重心を移動した姿勢で安定して立位を保つことはできない．

図8　重心動揺計による立位保持時の足圧中心の軌跡

memo 足圧中心，床反力，垂直抗力

身体が支持面の上で姿勢を保っているとき，身体には身体が支持面を押す力の反作用である床反力がはたらく．床反力の鉛直方向の成分が垂直抗力である．足圧中心は床反力作用点ともよばれ，床反力や垂直抗力の力の作用点である．実際は足底全体に支持面からの床反力がはたらいているが，足圧中心はそれらの力の合力の作用点になる（memo図）．

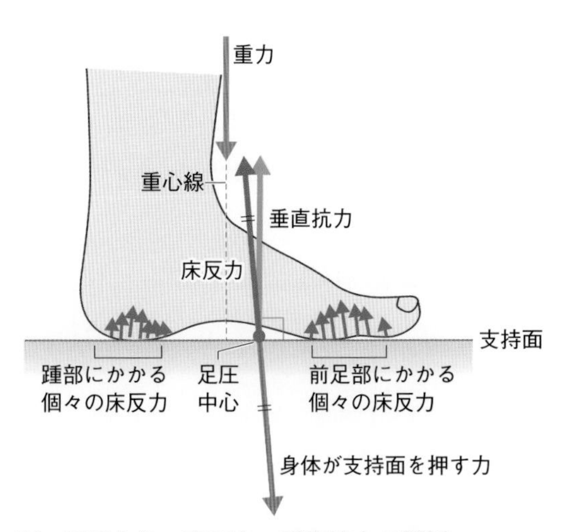

memo図　足圧中心，床反力，垂直抗力の関係

床反力は支持面から足底が受ける個々の力の合力で，床反力の作用点が足圧中心になる．図の場合は重心線より足圧中心が前方にあるので，身体は床反力により後方に向かう力を受ける．

そのため，ヒトにおいては支持基底面全体のなかで安定して重心または足圧中心を移動できる範囲があり，その範囲を**安定性限界**（limits of stability：**LOS**）または**機能的支持基底面**（functional base of support）とよぶ．安定性限界という用語を用いると，ヒトが安定して姿勢を保つための条件は「安定性限界のなかに重心が収まっていること」になる（図9）．

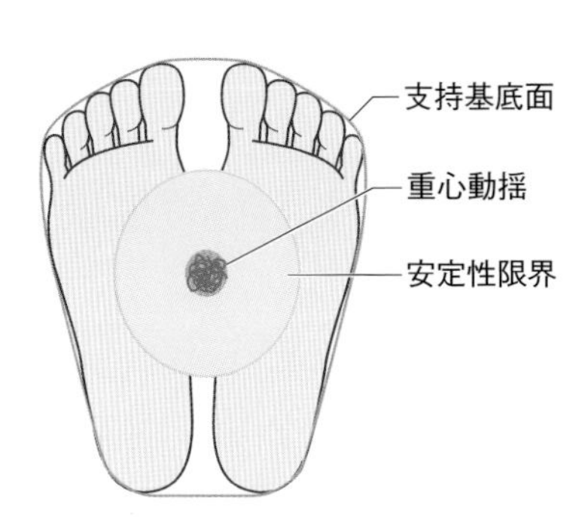

図9　支持基底面・安定性限界・重心動揺の関係

2 ヒトの姿勢の安定性を決める要因

安定性限界は姿勢を安定に保ちつつ身体重心を移動できる範囲を示すので，安定性限界が大きいほど身体重心が安定性限界から外れにくくなり，姿勢の安定性は高くなると考えられる．立位の前後方向の安定性限界はつま先から踵までの長さ（足長（そくちょう））の50％程度の範囲である．虚弱高齢者やパーキンソン病の患者などでは，この前後方向の安定性限界が小さくなり，そのことが姿勢の不安定性の一因になっている．また，身体の動揺が大きい運動失調症の患者でも，身体動揺があることによって相対的に安定性限界が小さくなるので，身体動揺，すなわち重心動揺が大きいと姿勢の安定性は低くなる．以上をまとめると，ヒトの姿勢の保持においては重心の動揺が小さく，安定性限界が大きいほど，姿勢の安定性は高いと考えられる．また，左右前後の対称性を考えると，重心位置が安定性限界の中央付近にあったほうが全体的な安定性は高いと考えられる（図10）．

安定性の高い状態

安定性限界

重心動揺の大きさと重心の位置

安定した姿勢の条件
①安定性限界が大きい
②重心動揺が小さい
③重心が安定性限界の中央付近にある

安定性の低い状態

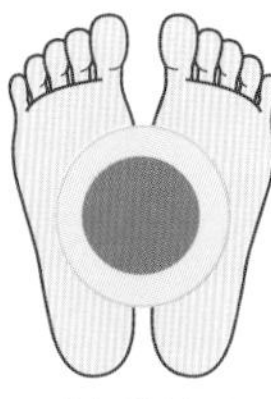
重心動揺が大きい

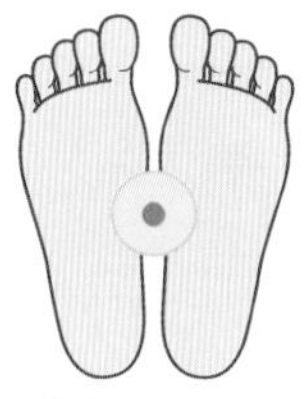
安定性限界が小さい

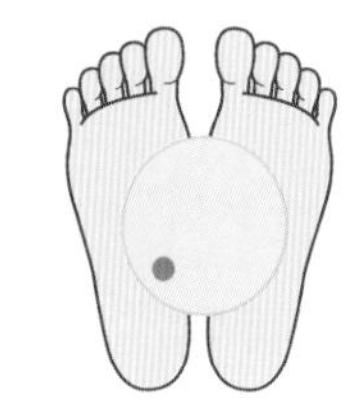
重心の位置が偏っている（左後ろ方向に不安定）

図10　安定性限界，重心動揺の大きさ，重心の位置から見た立位姿勢の安定性

3 姿勢の安定性の調節 ――身体重心制御と足圧中心制御

姿勢を安定して保持するためには，安定性限界のなかに身体重心が収まるように，身体重心をコントロールする必要がある．身体重心をコントロールする方法には身体重心制御と足圧中心制御の2つの方法がある．

身体重心制御

物体の重心の位置 x_G は，物体を構成する n 個の部分それぞれの質量を m_1，m_2，……，m_n，基準点からの距離を x_1，x_2，……，x_n とすると，次の式で表される．

$$x_G = \frac{m_1x_1 + m_2x_2 + \cdots\cdots + m_nx_n}{m_1 + m_2 + \cdots\cdots + m_n}$$ ●

● 複数の部分からなる物体の重心
→p.79 第3章 基礎編

物体を構成する n 個の部分の質量は変わらないが，関節の角度を変えて姿勢を変化させ，n 個の部分の重心の位置を変えることで，身体

column

疾患によるバランス低下の特徴

姿勢が不安定になる要因として，①重心動揺が大きいこと，②安定性限界が小さいこと，③重心の位置が偏っていること，がある．①に対応する疾患として運動失調症や前庭機能低下，②に対応する疾患としてパーキンソン病や関節リウマチ，③に対応する疾患として痛みの強い片側の変形性関節症や片側の深部感覚障害などがある．

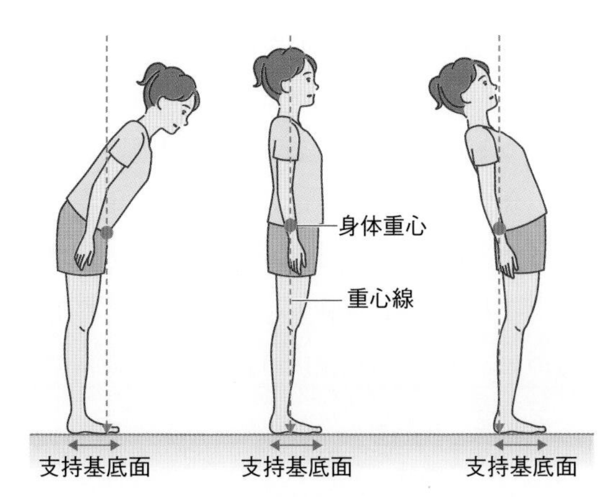

図11　身体重心制御による身体重心のコントロール
身体のアライメントを調整することで，身体重心の位置をコントロールすることができる．

全体の重心位置を変化させることができる．このように，**アライメント**※1を変えることで身体重心の位置をコントロールする方法を**身体重心制御**とよぶ（図11）．

※1　**アライメント**：身体部位の位置関係をアライメントという．身体重心の位置は身体部位の配置によって決まるので，アライメントを観察することでおおよその重心位置を推定することができる．また，身体各部位の重力による力のモーメントが小さく，筋力をあまり使わずに姿勢を安定して保てる理想的なアライメントを見つけることもできる．

足圧中心制御

図12上は，立位を保持しているときの身体重心と足圧中心の前後方向の動揺の様子を示したものである．身体重心の動揺に比べて足圧中心の動揺のほうが，揺れ幅が大きくなっている．身体重心に対して足圧中心が後方にあると，身体重心を前方に移動させようとする力がは

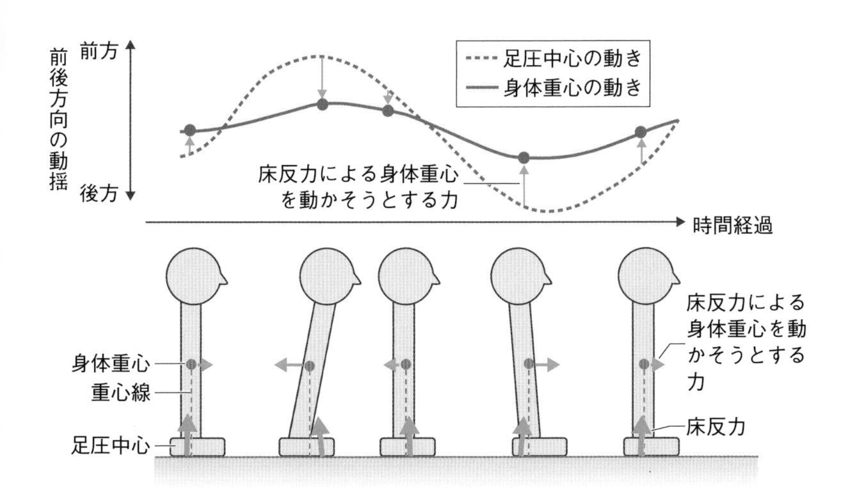

図12　立位保持における身体重心，足圧中心の関係
身体重心に対して足圧中心が後方にあると，身体重心を前方に移動させようとする力がはたらく．反対に，身体重心に対して足圧中心が前方にあると，身体重心を後方に移動させようとする力がはたらく．このように，立位姿勢は一定のアライメントを保ちつつ，足圧中心からの床反力で身体重心をコントロールすることで保たれている．

たらき，身体は前方に傾き身体重心が前方に移動する．そのまま身体重心が前方に移動すると身体重心が前方の安定性限界から外れて不安定になるので，つま先のほうに力を入れて身体重心に対して足圧中心を前方に移し，身体を後方に傾ける力のモーメントを発生させ，身体重心を後方に移動させる．それによって身体が後方に傾き，身体重心が後方に移動すると，反対に身体重心が後方の安定性限界から外れて不安定になるので，踵のほうに足圧中心を移して身体を前方に傾ける力のモーメントを発生させる．

このように，立位姿勢は一定のアライメントを保ちつつ，足圧中心からの床反力によって身体重心をコントロールすることで保たれている（図12下）．このように足圧中心の位置を変化させることで身体重心をコントローする方法を**足圧中心制御**とよんでいる．

身体重心制御と足圧中心制御はヒトが姿勢を保っている条件によって変化する．安定な支持面のときは足圧中心制御，支持面が狭く足圧中心制御がはたらきにくいときは身体重心制御が現れやすい．また，足圧中心制御が十分機能するためには，一定の姿勢アライメントを維持するために適度な筋活動が必要になる．

4 動作における安定性

慣性力と見かけの重力作用

一定の支持基底面内に身体重心を収めることが安定性を保つ条件であるが，歩行のような支持基底面が変化する動作では，身体重心が支持基底面から外れてしまうことがある．しかし身体重心が支持基底面から外れてしまっても，安定に歩き続けることができる．歩行は一定の速度で進むのではなく，立脚初期には減速し，立脚後期は加速される．そのために，身体には加速度と反対の向きに**慣性力**がはたらく．身体にはこの慣性力がはたらいていることを考慮し，身体にかかる重力と慣性力の合力である**見かけの重力方向**を考えると，歩行のような動作の場合にも支持基底面内に身体重心が収まることが安定性を保つ条件という基本則が成り立つと考えられる（図13）．

重力と慣性力を合成した総慣性力（見かけの重力）の延長線と支持面との交点を**ゼロ・モーメント・ポイント**（zero moment point：ZMP）とよび，このZMPが加速度のある動作をしているときの，身

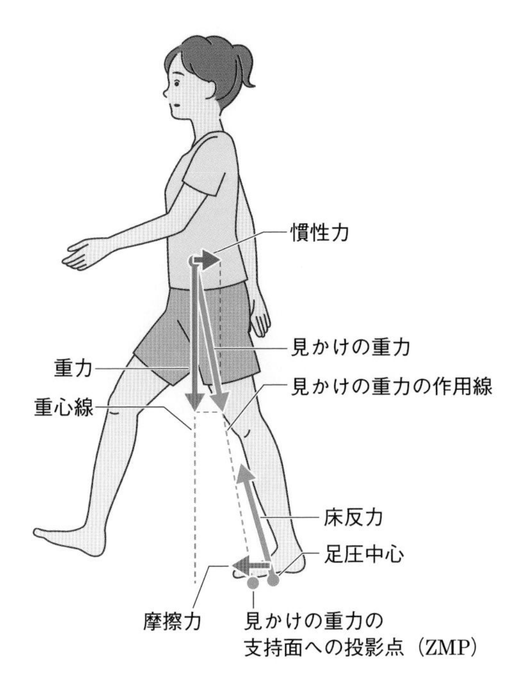

図13　歩行中（左脚立脚後期）に身体にはたらく主な力

立脚後期の左足で床を押して加速しているときに身体にはたらく力には，重力，慣性力，床反力，摩擦力などがある．見かけの重力の支持面への投影点（ZMP）より足圧中心が後方にあるので，身体を加速する向きの力がはたらいている．重心線は支持面に接している左足の足底から外れているが，ZMPは左足の支持面に接している足底内に入っているので安定した歩行ができる．

column

歩行中の床反力の変化

column図3では左脚の立脚期における床反力を青い矢印で示している．初期接地で踵が支持面に着くと，減速する向きに床反力がはたらき，立脚中期ではほぼ重力方向に床反力がはたらく．立脚終期から前遊脚期では身体を加速する向きに床反力がはたらいている．

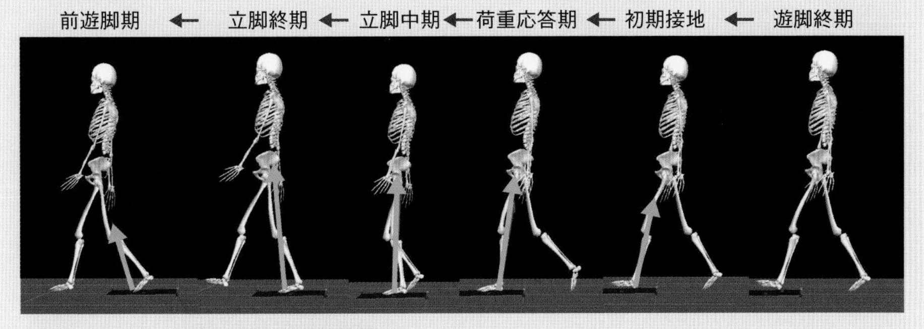

column図3　歩行中の床反力の様子

左脚の立脚期における床反力を青い矢印で示している．初期接地で踵が支持面に着くと，減速する向きに床反力がはたらき，立脚中期ではほぼ重力方向に床反力がはたらく．立脚終期から前遊脚期では身体を加速する向きに床反力がはたらいている．

体が静止して姿勢を保っているときの重心の支持面への投影点に相当する．したがって身体重心は，足圧中心がZMPより前にあれば後方へ，足圧中心がZMPより後ろにあれば前方へ移動する力を受ける．ZMPが支持基底面（支持面に接している足）から外れると，支持面から適切な床反力を受けることができず倒れてしまう．

歩行の際は，1ステップごとに新たに支持基底面をつくり，その支持基底面内にZMPが入るように調整する必要がある．そのため，転倒せずに安定して歩行するためには，身体重心制御と足圧中心制御に加えて，足の着地位置をコントロールする必要がある．

起き上がり動作の安定性

背臥位から長座位にまっすぐ起き上がる動作を例に，動作中の支持基底面と重心との関連性を考えてみよう．背臥位から長座位への起き上がりをゆっくりと行うとき，はじめに頸部を屈曲させ，両上肢を足のほうに伸ばしながら，胸椎，腰椎，股関節の順で屈曲していく（図14上）．

この一連の動きのなかで，身体重心が支持基底面の端より頭側に残ってしまうと，下肢が浮いてしまい起き上がれなくなる（図14下）．背臥位から長座位への直線的な起き上がりが安定してできるためには，

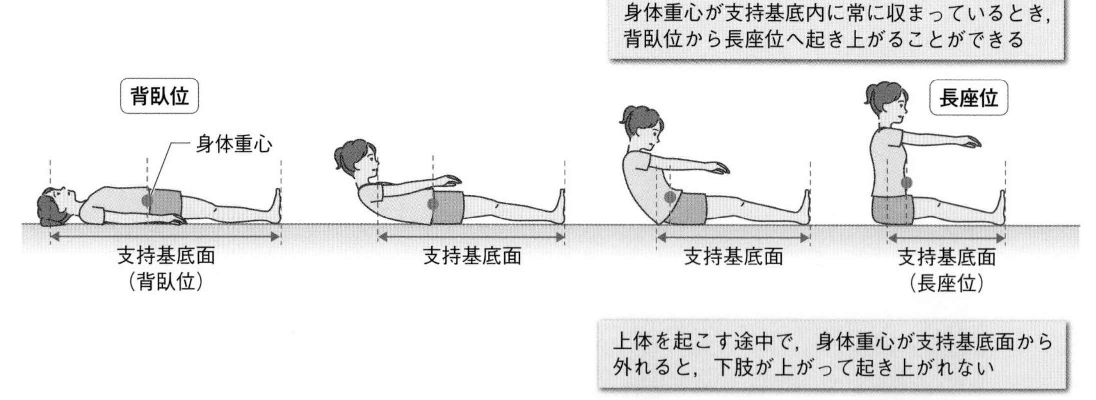

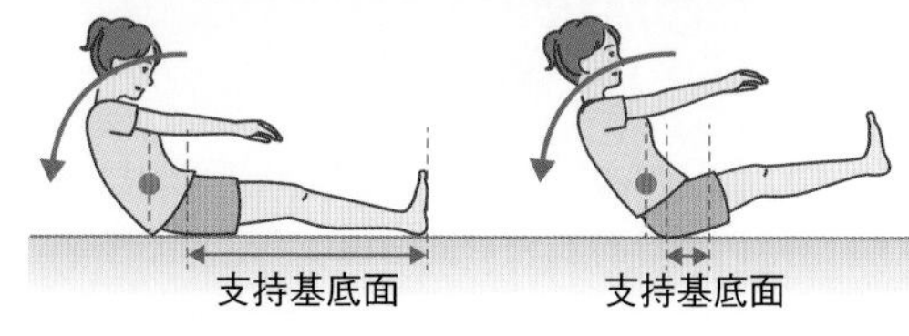

図14　背臥位から長座位への起き上がりにおける支持基底面と身体重心との関係
背臥位から長座位に起き上がるためには，身体重心が支持基底面内に入っているようにアライメントを整えながら起き上がる必要がある．

動作のなかで固定される下肢の支持基底面に身体重心が入っていることが条件となる．そのために，支持基底面の端をなるべく頭のほうに残しながら，起こした部分の重心が足のほうへいくように頸部，胸椎，腰椎の順で屈曲し，上肢も足のほうに伸ばすとよい．また，膝の伸筋がはたらき，膝が屈曲して支持面に接している部分の重心が頭のほうに移動するのを防ぐ．身体が動くときは，身体重心がある側は支持的または固定的な役割をもち，反対側は自らが動く役割をもつことが多い．

椅子からの立ち上がり動作の安定性

椅子から立ち上がるときは，殿部と足部からなる支持基底面から足部だけの支持基底面に身体重心が移動する．身体重心を足部のある前方に移動するために骨盤が前傾し，体幹が屈曲する．これは身体重心制御に相当する．身体重心が足部に移ると，足部によってつくられる支持基底面のなかに身体重心を収めながら，体幹，股関節，膝関節を伸展して，身体重心を上方に移動させ，立位になる．椅子からの立ち上がりを安定して行うためには，適切な前方への重心移動と足部の小さい支持基底面内に身体重心を収めながら，重力に抗して身体重心を上方に移動させる機能が必要になる（図15）．

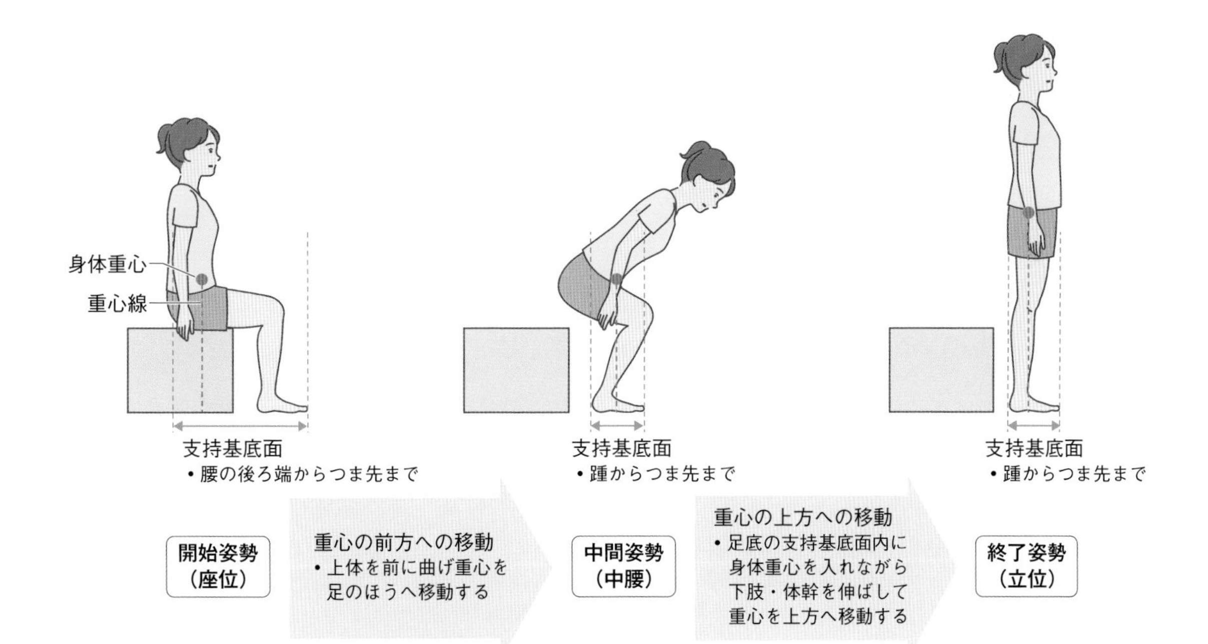

図15　立ち上がり動作時の安定性限界の変化と身体重心の移動
安定に立ち上がりを行うためには，支持基底面の変化に合わせて身体重心を移動させる必要がある．

静的バランスと動的バランス

動作の安定性について，ゆっくりとした動作を中心に，支持基底面，安定性限界，重心，足圧中心との関係をもとに説明してきた．姿勢の保持などの支持基底面が変化しないときの安定性を**静的バランス**，立ち上がりや歩行などのように支持基底面が変化するときの動作の安定性を**動的バランス**という．姿勢保持などに要求される静的バランスでは，安定性限界が大きく，重心動揺が小さく，重心の位置が安定性限界の中央付近にあるほうがよい．しかし，動作をするときは姿勢が安定であるほど，動きにくくなる．物体の運動でも，運動するためには力のつりあいや，力のモーメントのつりあいをいったん崩す必要があったように，ヒトが動作をするときも安定性と不安定性をうまくコントロールする必要がある．

ヒトの安定性は支持基底面，安定性限界と重心との関係で決まるので，この関係性をコントロールすることが，安定した姿勢や動作に結びつく．この機能は神経系によって担われているが，神経系のバランス調整機能を理解するうえでも身体の構造，姿勢や動作中の支持基底面や重心位置の変化，そして重力，慣性力，摩擦力，床反力の力の作用などの物理学的な理解が欠かせない．

第5章

エネルギーと運動

運動量・仕事・エネルギーとは何か？

物理学では，運動量，力積，仕事，エネルギー，電場，磁場，エントロピーなど，ある概念を表す量を考えて，その量をもとに現象をより普遍的に説明しようとする．これらの概念のなかで最も普遍性が高いのがエネルギーである．エネルギーは仕事をする能力を表し，エネルギーには運動エネルギー，位置エネルギー，熱エネルギー，光エネルギー，電気エネルギー，核エネルギーなど，さまざまなものがある．これらのすべてのエネルギーについて成り立つ法則として「エネルギー保存の法則」がある．

第5章の 基礎編 では，運動量，仕事，力学的エネルギーを中心に学習する．
臨床編 では身体運動と運動量やエネルギーなどの関係について学習する．身体運動を運動量やエネルギーの視点から考えることの意義を知ってほしい．

第5章
エネルギーと運動

基礎編

臨床編 は123ページ

学習目標

- 運動量と力積について説明できる
- 仕事とエネルギーについて説明できる
- 力学的エネルギー保存の法則について説明できる
- エネルギーの種類とエネルギー保存の法則について説明できる

1 運動量と力積

同じ質量の野球のボールをミットでキャッチするとき，ボールの速度が大きいほうが強い衝撃を受ける．また，同じ速度のビーチボールとバスケットのボールを受け止めるときは，質量の大きいバスケットボールのほうが大きな衝撃を受ける（図1）．

図1　ビーチボールとバスケットボールを受け取るときの相違

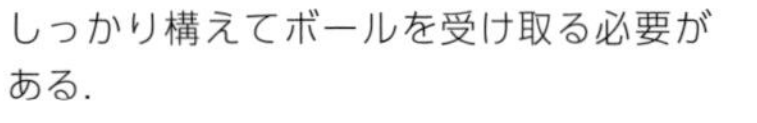

バスケットボールはビーチボールより質量が大きいので運動の勢いが強い．そのため，しっかり構えてボールを受け取る必要がある．

この衝撃は物体の運動の勢いを表しており，勢いのある物体の運動を止めるには，一定の時間，力を加える必要がある．逆に，物体に勢いを与えるには，物体に力を一定の時間加える必要がある．この物体の運動の勢いを表す量を**運動量**という．運動量は質量と速度の積で定義される．物体の質量を m〔kg〕，速度を v〔m/s〕とすると，運動量 p は次の式で表される．

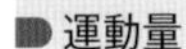

■ 運動量

$$p = mv$$

運動量〔kg･m/s〕＝ 質量〔kg〕× 速度〔m/s〕

運動量の単位は，キログラム・メートル毎秒〔kg･m/s〕になる．運動量はベクトル量である．

物体に運動量を与えたり（運動量を増やす），運動量のある物体を止めたり（運動量を減らす）するためには，力を一定時間加える必要がある．この運動量を変化させる作用を表す物理量を**力積**（りきせき）という．力を F〔N〕，力がはたらく時間を Δt とすると，力積は次の式で表される．

■ 力積

$$力積 = F\Delta t$$

力積〔N･s〕＝ 力〔N〕× 時間〔s〕

ただし，力 F は一定の大きさを保ち，変化しないとする．力積の単位は，ニュートン・秒〔N･s〕である．力積はベクトル量である．

力積がはたらくと物体の運動量が変化するので，はじめの運動量を

mv_1，$F\Delta t$ の力積がはたらいた後の運動量を mv_2 とすると，次の関係が成り立つ（図2）.

■ 運動量の変化と力積

$$mv_2 - mv_1 = F\Delta t$$

運動量の変化 ＝ 力積〔N·s〕

この関係は，運動方程式から導くことができる．運動方程式は，物体の質量を m，加速度を a，一定の力を F とすると次の式で表される．

$$F = ma \quad \cdots\cdots ①$$

力が一定なので，加速度も一定となる．速度が Δt の間に v_1 から v_2 に変化するとき，加速度 a は次の式で表される．

$$a = \frac{v_2 - v_1}{\Delta t} \quad \cdots\cdots ②$$

②を①に代入すると，

$$F = ma = m\frac{v_2 - v_1}{\Delta t}$$

となり，

$$mv_2 - mv_1 = F\Delta t$$

の関係を導くことができる．

上の式は，力がはたらけなければ運動量の変化がないことを意味しており，これを**運動量保存の法則**という．運動量保存の法則は，複数の物体のもつ運動量の総和についても成り立つ．

■ 運動量保存の法則

ある系[※1]に外部からの力が加わらないかぎり，その系の運動量の総和は不変である

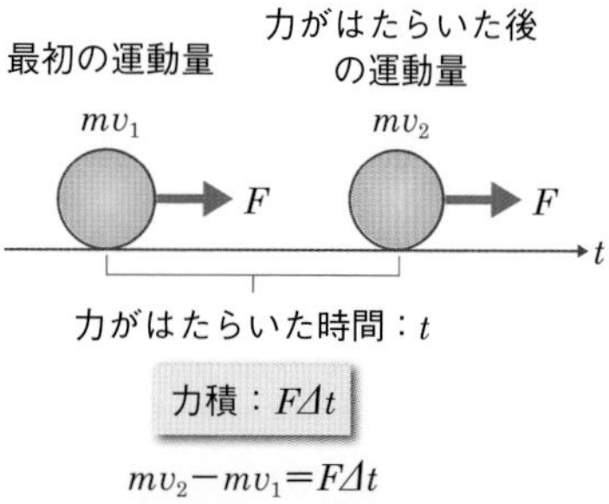

最初の運動量　mv_1　力がはたらいた後の運動量　mv_2　F　F　t

力がはたらいた時間：t

力積：$F\Delta t$

$mv_2 - mv_1 = F\Delta t$

図2　運動量と力積の関係

物体に力積がはたらくと，物体の運動量が変化する．

● 運動方程式→p.39 第2章 基礎編

● 加速度→p.17 第1章 基礎編

※1　系：全体のなかで，対象とする物体の集まりや概念を系という．2つの物体の運動量の総和を考えるときは2つの物体が系を構成する．慣性系〔慣性の法則が成り立つ座標（空間）〕，断熱系（熱の出入りのない状態）のように使われる．

例　題

質量 1.0 kg の物体が 2.0 m/s の速度で右向きに運動しているとき，次の問いに答えなさい．

❶右向きを正として，この物体のもつ運動量を求めなさい．

❷この物体が右向きに 3.0 N の力を 4.0 秒間受けたとき，物体にはたらいた力積を求めなさい．

❸ 4.0 秒間力を受けた後の物体の速度を求めなさい．

解答例

❶運動量を p，物体の質量を m，速度を v とすると，

$$p = mv = 1.0 \times 2.0 = 2.0$$

答 2.0 kg·m/s

❷力をF，力がはたらいた時間をΔtとすると，

力積$=F\Delta t=3.0\times 4.0=12$

答 12 N·s

❸はじめの速度をv_1，4.0秒間力を受けた後の速度をv_2とすると，$mv_2-mv_1=F\Delta t$より，

$1.0v_2-1.0\times 2.0=12$

よって，

$$v_2=\frac{12+2.0}{1.0}=14$$

答 14 m/s

2 仕事と仕事率

肉体労働を仕事として考えると，重い荷物を遠くに運搬したとき，たくさんの仕事をしたと感じる．仕事を量として表すにはどのようにしたらよいだろうか．物理学では，物体に加えた力と物体が移動した距離の積を**仕事**として定義する．仕事は**仕事量**ともよばれる．力の向きと物体が移動した向きが異なるときもあるので，正確には，物体の移動した距離（変位）と，変位と同じ向きの力の積が仕事になる．

仕事の定義

物体の変位と変位の向きの力との積

物体に加えた力をF〔N〕，変位をx〔m〕，変位の向きと力の向きがなす角度をθとすると，仕事Wは次の式で表される（図3）．

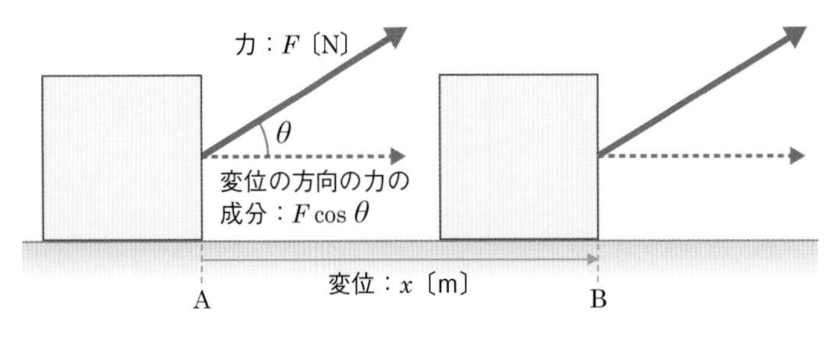

図3 仕事の定義
物体に加えた力をF〔N〕，変位をx〔m〕，変位の向きと力の向きがなす角度をθとすると，仕事Wは，$W=Fx\cos\theta$で表される．

仕事

$$W = Fx\cos\theta$$

仕事〔J〕 = 力〔N〕 × 変位〔m〕 × cos θ（変位の向きと力の向きがなす角度）

仕事：変位と力の向きが平行なとき

$$W = Fx$$

仕事〔J〕 = 力〔N〕 × 変位〔m〕

仕事は大きさだけをもつスカラー量である．

仕事の単位は〔N·m〕になるが，ジュール〔J〕を単位として用いる．1 Jは，1Nの力で1 m移動したときの仕事量である．

単位時間あたりの仕事を**仕事率**という．仕事率Pは仕事W〔J〕を，仕事をした時間t〔s〕で除したものであり，次の式で表される．

仕事率

$$P = \frac{W}{t}$$

仕事率〔W〕 = $\frac{\text{仕事〔J〕}}{\text{時間〔s〕}}$

column

仕事の原理

道具などを用いて，小さな力で物体を移動させて仕事をしても，仕事の総量は変わらないことを仕事の原理という．質量m〔kg〕の物体を重力のもとで鉛直上向きにh〔m〕引き上げるときの仕事量Wは，$W=mgh$になる．摩擦のない斜面（水平となす角度を30°）にそって同じ物体を引き上げるときは，物体を引く力Fは$mg\sin 30^\circ = \frac{1}{2}mg$で半分になる．しかし，物体を斜面にそって移動させる距離x〔m〕は，$x\sin 30^\circ = h$の関係から$x = 2h$となる．そのため，仕事量は$Fx = \frac{1}{2}mg \times 2h = mgh$となり，鉛直上向きに引き上げたときと等しくなる（column図）．滑車やてこを用いて小さな力で仕事をしても，力の小さいぶんは長い距離を移動しなければいけないので，仕事量としては変わらない．

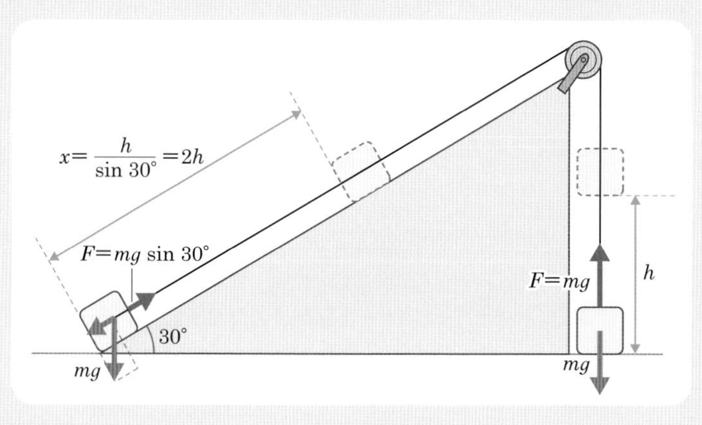

column図　**仕事の原理**

仕事率の単位は〔J/s〕であるが，ワット〔W〕で表すことが多い．仕事率は**パワー**ともよばれる．仕事の定義，$W = Fx$ より，

$$P = \frac{W}{t} = \frac{Fx}{t} = F\frac{x}{t} = Fv$$

の関係がある．力と速度の積が仕事率になるので，力が大きく速度が大きいほど，パワーも大きくなる．

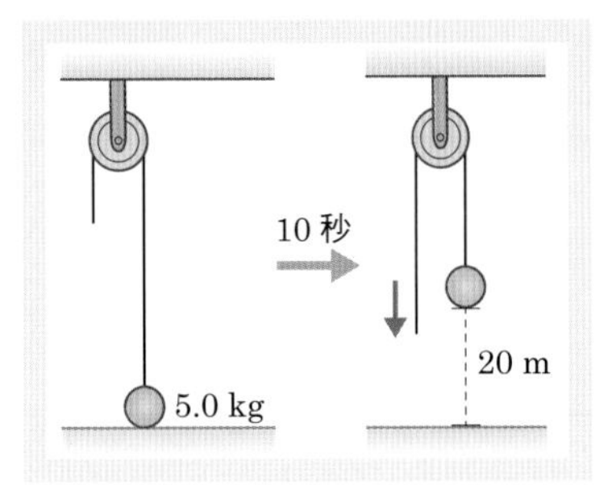

例 題

質量 5.0 kg の物体を重力に抗して 10 秒かけて，20 m の高さまで滑車を用いて引き上げた．このときの仕事と仕事率を求めなさい．ただし，重力加速度は 9.8 m/s² とする．

解答例 重力に抗して物体を引き上げるので，引き上げる力を F，質量を m，重力加速度を g とすると，

$$F = mg = 5.0 \times 9.8 = 49 \text{ N}$$

このときの仕事を W，移動距離を x とすると，力の向きと移動した向きは同じなので，

$$W = Fx = 49 \times 20 = 980$$

答 仕事：980 J（または 9.8×10^2 J）

仕事率を P，力がはたらいた時間を t とすると，

$$P = \frac{W}{t} = \frac{980}{10} = 98$$

答 仕事率：98 W

3 運動エネルギー

物理学では，**エネルギー**は仕事をする能力を表す．エネルギーは仕事に変換できる量なので仕事と密接な関係があり，単位も仕事と同じジュール〔J〕である．摩擦のない水平面を速度 v〔m/s〕で運動している物体は，重力に抗して斜面をある高さまで上ることができる．物体は重力に抗する仕事して斜面を移動したので，運動している物体は

column

身体運動とパワー

身体運動において，大きな力を素早く発生する能力であるパワー（仕事率）は，運動に影響する重要な要素である．幅跳び，高跳びなどのジャンプ競技，砲丸投げ，やり投げなどの投てき競技，サッカー，ラグビーなどの瞬間的なプレーには，力強く，素早い動きが欠かせないので大きなパワーが必要になる．

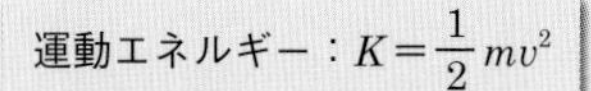

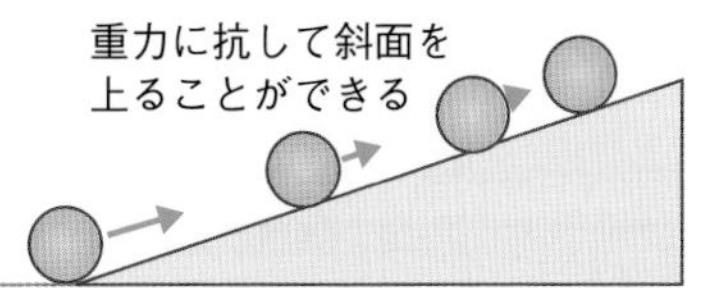

図4　運動エネルギー
運動している物体は重力に逆らって斜面をある高さまで上ることができる．物体は重力に逆らう仕事をして斜面を移動したので，運動している物体は仕事をする能力であるエネルギーをもつと考えることができる．

仕事をする能力であるエネルギーをもっていると考えることができる（図4）．この運動している物体がもつエネルギーを**運動エネルギー**という．

物体の質量を m〔kg〕，速度を v〔m/s〕とすると，運動エネルギー K は次の式で表される．

運動エネルギー

$$K=\frac{1}{2}mv^2$$

運動エネルギー〔J〕 $=\frac{1}{2}\times$ 質量〔kg〕 $\times$ （速度〔m/s〕$)^2$

物体のもつ運動エネルギーは，質量が大きいほど，速度が大きいほど大きくなる．

4 位置エネルギー

図4で斜面のある高さまで上った物体は，瞬間的に静止し，速度を増しながら斜面を下っていく．運動している物体には運動エネルギーがあるので，最初，ある高さに位置していた物体にもエネルギーがあり，斜面を下って高さが変化するに伴って，そのエネルギーが運動エネルギーに変換したと考えることができる．このような物体の高さや位置によって，物体がもつエネルギーを**位置エネルギー**という（図5）．位置エネルギーの単位もジュール〔J〕である．

質量 m の物体を重力 mg に抗して h の高さまで移動させるときに必要な仕事は mgh なので，これが位置エネルギーとなり，落下とともに運動エネルギーに変換する．基準面から高さ h〔m〕にある質量 m〔kg〕

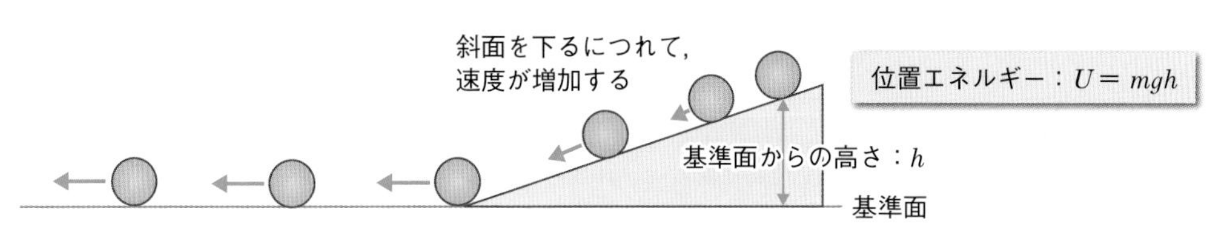

図5　位置エネルギー
基準面から一定の高さにある物体は位置によるエネルギーをもつと考えることができる．

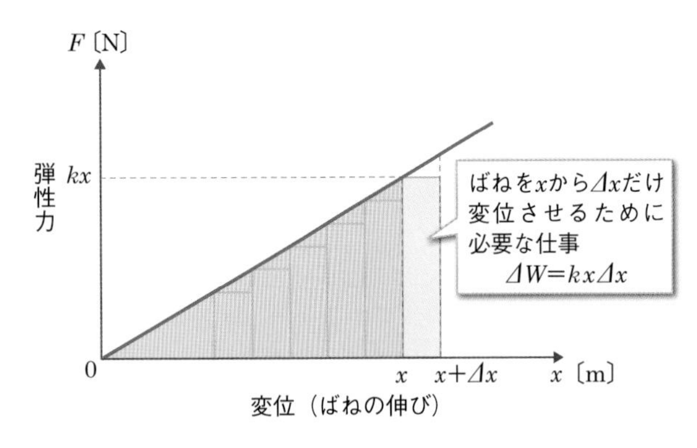

図6　弾性力による位置エネルギー
ばねを自然長からx伸ばすと弾性力$F=kx$が生じる．さらにΔx伸ばすときに必要な仕事ΔWは，$\Delta W=F\Delta x=kx\Delta x$となり，水色の長方形の面積になる．長方形の底辺の長さ（Δx）を小さくしていくと，ばねを自然長（$x=0$）からxまで伸ばすときに必要な仕事Wはオレンジの三角形の面積と等しくなるので，$W=\frac{1}{2}\times x\times kx=\frac{1}{2}kx^2$になる．この仕事量が弾性力による位置エネルギーに等しくなる．

の物体がもつ位置エネルギーUは次の式で表される．

重力による位置エネルギー

$$U=mgh$$

重力による位置エネルギー〔J〕 ＝ 質量〔kg〕 × 重力加速度〔m/s²〕 × 高さ〔m〕

物体のもつ重力による位置エネルギーは，質量が大きいほど，基準面からの高さが高いほど大きくなる．

ばねのように変位に比例してもとの位置に戻そうとはたらく力である**弾性力**も位置エネルギーをもつ．弾性力F〔N〕の大きさは，ばね定数をk〔N/m〕，ばねの伸び（変位）をx〔m〕とすると，フックの法則より，次の式で表される．

$$F=kx$$

● 弾性力→p.48 第2章 基礎編

このとき，ばねを伸ばすために必要な仕事はばねのもつ弾性エネルギーに等しくなるので，弾性力による位置エネルギーU〔J〕は次の式で表される（図6）．

弾性力による位置エネルギー

$$U=\frac{1}{2}kx^2$$

位置エネルギー〔J〕 ＝ $\frac{1}{2}$ × ばね定数〔N/m〕 × （ばねの伸び〔m〕）^{2}

5 力学的エネルギー保存の法則

基準からh〔m〕の高さからの自由落下を考えると，時刻$t=0$ sのときに質量m〔kg〕の物体がもつ運動エネルギーKは0 Jで，位置エネルギーUはmgh〔J〕である．物体が落下していくと，位置エネル

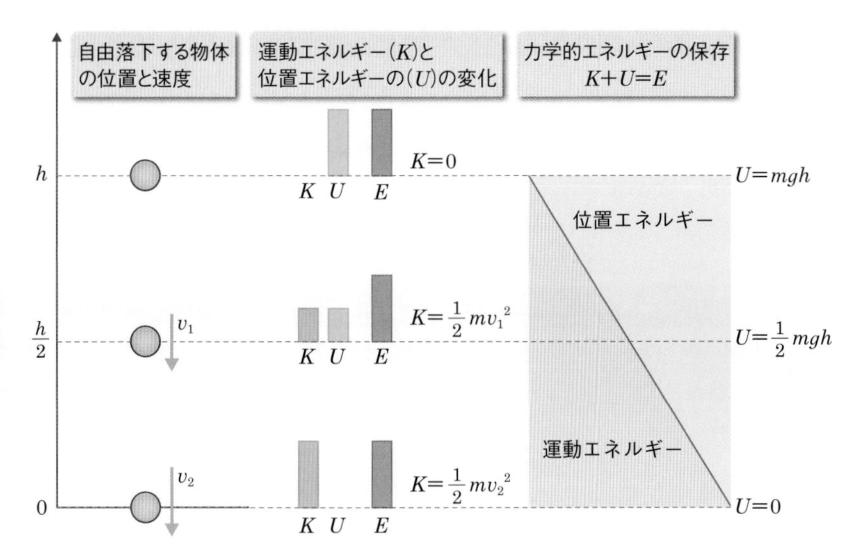

図7 落下運動における力学的エネルギー保存の法則

ギーUは高さが徐々に低くなるので減少するが，運動エネルギーKは重力方向の速度が徐々に増すので増加する．

運動エネルギーと位置エネルギーの和を**力学的エネルギー**とよび，重力がはたらき，その他の力がはたらかないときは，力学的エネルギーは変化せず一定の値をもつ．この関係を**力学的エネルギー保存の法則**という（図7）．摩擦力や粘性力など，重力以外の力がはたらくと力学的エネルギーは成り立たなくなる．

力学的エネルギー保存の法則

重力の下で，物体に他の力がはたらかなければ，物体のもつ運動エネルギーKと位置エネルギーUの和Eは一定に保たれる

$$E = K + U$$

力学的エネルギー保存の法則が成り立つのは，重力のように位置によらない一定の力がはたらくか，弾性力のように位置の変化によってはたらく力が決まっている場合である．言い換えると，物体をA点からB点に移動するとき，移動させようとする力のする仕事が経路によらず一定になるときに，エネルギー保存の法則が成り立つ．このような力を**保存力**という．

例　題

時刻0秒に，質量1.0 kgの物体を高さ20 m位置から自由落下させる．時刻0秒，1.0秒，2.0秒後の物体の運動エネルギーと位置エネルギーを求め，次の表を完成させなさい．ただし，重力加速度は$10\ \mathrm{m/s^2}$とする．

	運動エネルギー：K	位置エネルギー：U	$K+U$
0秒			
1.0秒			
2.0秒			

解答例　各時刻における運動エネルギーと位置エネルギーを求めるためには，各時刻における速度と位置の値が必要になる．物体は自由落下をするので，基準面からの高さをy，最初の高さをh，速度をv，時間をtとすると，次の公式が成り立つ●．

● 自由落下→p.21 第1章 基礎編

$$v=-gt$$

$$y=h-\frac{1}{2}gt^2$$

時刻0秒での速度は0 m/s，高さyは$h=20$ mである．よって，

時刻0秒での運動エネルギー$K_0=\frac{1}{2}mv^2=0\ \mathrm{J}$

位置エネルギー$U_0=mgy=1.0\times10\times20=200\ \mathrm{J}$

時刻1.0秒での速度$v=-gt=-10\times1.0=-10\ \mathrm{m/s}$，高さ$y=h-\frac{1}{2}gt^2=20-0.5\times10\times1.0^2=15\ \mathrm{m}$．よって，

時刻1.0秒での運動エネルギー$K_1=\frac{1}{2}mv^2=0.5\times1.0\times(-10)^2=50\ \mathrm{J}$

位置エネルギー$U_1=mgy=1.0\times10\times15=150\ \mathrm{J}$

時刻2.0秒での速度$v=-gt=-10\times2.0=-20\ \mathrm{m/s}$，高さ$y=h-\frac{1}{2}gt^2=20-0.5\times10\times2.0^2=0\ \mathrm{m}$．よって，

時刻2.0秒での運動エネルギー$K_2=\frac{1}{2}mv^2=0.5\times1.0\times(-20)^2=200\ \mathrm{J}$

位置エネルギー$U_2=mgy=1.0\times10\times0=0\ \mathrm{J}$

値を表に記入すると次のようになる．

	運動エネルギー：K	位置エネルギー：U	$K+U$
0秒	0 J	200 J	200 J
1.0秒	50 J	150 J	200 J
2.0秒	200 J	0 J	200 J

この表からも，重力のもとでの力学的エネルギー保存の法則を確認することができる．

6 力学的エネルギーからみた物体の安定性

第4章で物体の安定性について物体の倒れる角度の大小関係で説明したが●，力学的エネルギーの視点から物体の安定性について考えることもできる．重心の位置が低く位置エネルギーが小さい状態から，重心の位置が高く位置エネルギーが高い状態に物体を移動したり回転させたりするためには，物体に力を加えて仕事をする必要がある．

直方体の物体を傾けていくと重心は高くなり，支持基底面の端に物体の重心が位置するときに最高点に達する．そのため，支持基底面が小さく，重心が高いときは，回転に伴う重心の高さの変化が小さく，位置エネルギーの差が小さいので，小さな仕事で物体を回転できる．一方，支持基底面が大きく，重心が低いときは，回転に伴う重心の高さの変化が大きく，位置エネルギーの差が大きくなるので，大きな仕事が必要になる（図8）．物体を倒すために大きな仕事を必要とすることは物体が倒れにくいことを示すので，支持基底面が大きく重心が低いときに物体の安定性は高いことが，位置エネルギーの変化からも説明できる．

● 支持基底面の大きさと重心の高さが変化するときの物体の安定性→p.96 第4章 基礎編

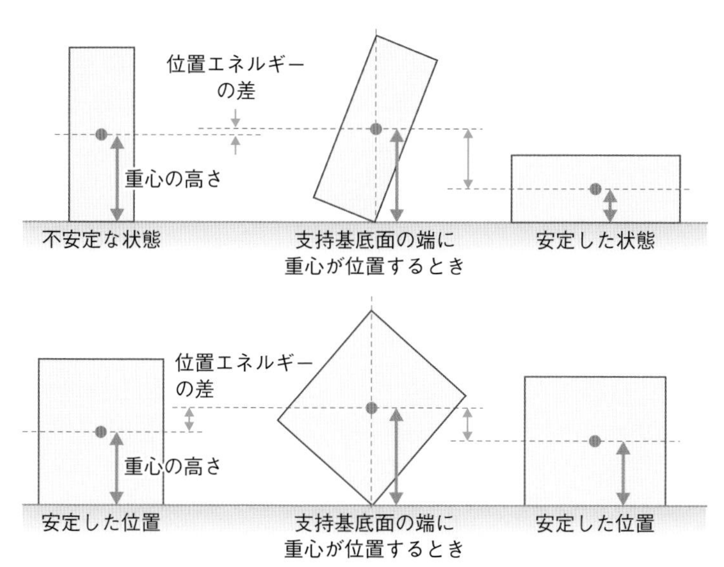

図8　位置エネルギーからみた物体の安定性

支持基底面が小さく，重心が高い位置から物体を回転させるときの位置エネルギーの差は小さいが，支持基底面が大きく，重心が低い位置から物体を回転させるときの位置エネルギーの差は大きく，大きな仕事が必要になる．

7 エネルギー保存の法則

摩擦力がはたらくと，運動エネルギーと位置エネルギーの和は一定にならず減少するので，力学的エネルギー保存の法則は成り立たない．2つの物体をこすりあわせると温度が上がって熱くなるように，摩擦によって熱エネルギーが発生する．この熱エネルギーを運動エネルギーと位置エネルギーの和に加えると，全体のエネルギーは保存される．

自然界には，力学的エネルギー，熱エネルギー，電気エネルギー，化学エネルギー，核エネルギーなど，さまざまなエネルギーがある．そして，電気でモーターを回して物体を移動したり，化学反応で熱を発生させたりすることで，エネルギーを変換することもできるが（図9），それらすべてのエネルギーの和はエネルギーが変換しても変化しない．これを，**エネルギー保存の法則**という．エネルギー保存の法則は自然界全体に成り立つ普遍的な法則である．

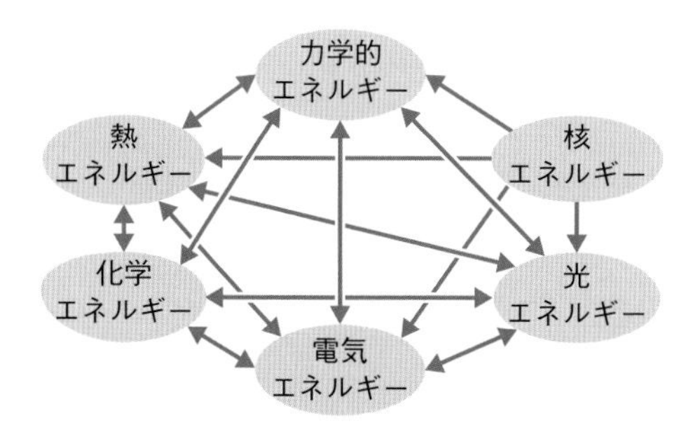

図9　さまざまなエネルギーとエネルギー間の変換

学習内容
- 運動量と動作
- 運動量と角運動量
- 角運動量と動作
- 力学的エネルギーと動作
- 回転運動の仕事および仕事率

基礎編 は112ページ

1 運動量と動作

椅子からゆっくりと立ち上がるときは，上体を大きく曲げて身体重心を足部に移してから殿部を座面から浮かす必要がある．このような立ち上がり方を**安定戦略**（**スタビライズ戦略**）とよぶ．反対に素早く立ち上がるときは，やや上体を後方に傾けてから勢いをつけて立ち上がると，上体を大きく曲げないで，身体重心が足部に達する前に殿部を浮かして立ち上がることができる．このような立ち上がり方を**運動量戦略**（**モーメント戦略**）という（図10）．

このような運動の勢いを利用した動作には，両下肢が麻痺した対麻痺の患者が，上肢を左右に大きく振って寝返る動作，背臥位から両膝を胸のほうに引き寄せ，次に下肢を伸ばしながら振り下ろして長座位になる動作などがある（図11）．

運動量戦略では上体の運動の勢いを利用して素早く立ち上がってい

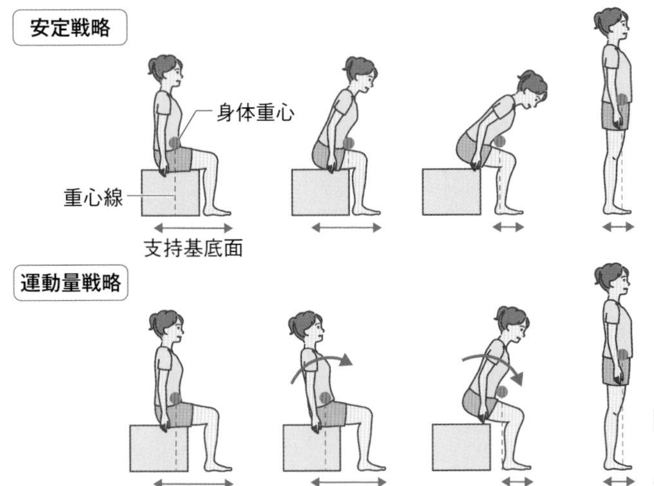

図10　立ち上がり動作における安定戦略と運動量戦略
運動量戦略では，足部からなる支持基底面に身体重心が達する前に座面から殿部を離すことができる．

対麻痺の患者にみられる，上肢を振る勢いを利用した寝返り

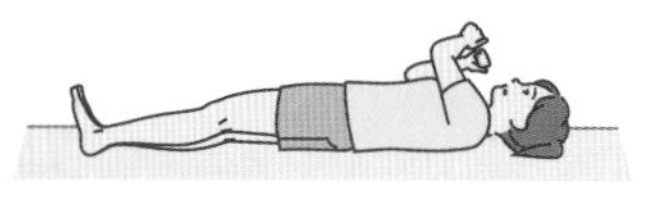

下肢を降り下げる運動の勢いを利用した起き上がり

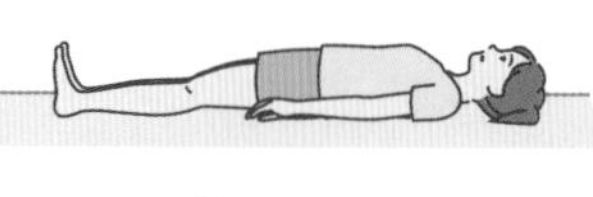

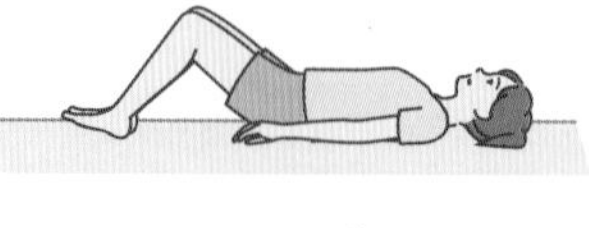

図11　運動の勢いを利用した動作の例

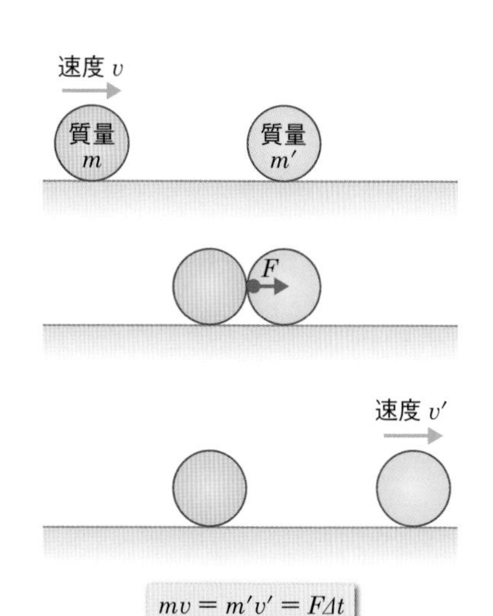

図12　運動量の伝達

運動量が保存されるとき，運動していた物体が別の静止していた物体に衝突して静止すると，はじめに静止していた物体に $F\Delta t$ の力積がはたらき，静止していた物体に運動量が伝達される．

る．この運動の勢いを表すのが運動量である．運動量を p，物体の質量を m，速度を v とすると，$p = mv$ の関係があり，質量が大きく，速度が大きいほど運動量は大きくなる．運動していた物体が静止していた別の物体に衝突して静止するとき，はじめに静止していた物体に $F\Delta t$ の力積がはたらき，静止していた物体に運動量が伝達される（図12）．

身体運動では，身体部位が関節を介して関節包，靭帯，骨格筋，皮膚などでつながっているので，身体部位間で運動量が伝達される．ヒトが動作をするときは，身体部位や身体全体の運動量を利用して，一つの姿勢から次の姿勢への変換を容易にしている．背臥位から下肢を振り下ろして長座位になる動作では，下肢を降り下ろす際の運動量を全身の運動量に変換して起き上がっている．運動量を利用した動作は，いちど速度を得た物体はそのまま運動を続けようとする慣性を利用した動作ともいえる．

2 運動量と角運動量★

★ 発展

関節の運動は回転運動が多いので，身体運動と運動量について考える際は，運動量ではなく角運動量を用いるのがより適切である．質点●Pが回転軸Oのまわりを回転しているとき，OからPの運動量 mv の方向におろした垂線の長さ $r\sin\theta$ と mv との積を**角運動量**という（図13左）．

● 質点→p.70 第3章 基礎編

■ 角運動量

$$L = mrv\sin\theta$$

角運動量〔kg·m²/s²〕 = 質量〔kg〕 × 円の半径〔m〕 × 速度〔m/s〕 × sin θ

等速円運動の角運動量 L は，物体の質量を m〔kg〕，円の半径を r〔m〕，速度を v〔m/s〕，角速度を ω〔rad/s〕とすると，次の式で表される（図13右）．

■ 等速円運動の角運動量

$$L = mrv = mr^2\omega$$

等速円運動の角運動量〔kg·m²/s²〕 = 質量〔kg〕 × 円の半径〔m〕 × 速度〔m/s〕
= 質量〔kg〕 × (円の半径〔m〕)² × 角速度〔rad/s〕

角運動量の単位は〔kg·m²/s〕= ジュール秒〔J·s〕である．

剛体●においては，固定した軸のまわりの慣性モーメント※1を I，角速度を ω とすると，角運動量 L は次の式で表される．

● 剛体→p.70 第3章 基礎編

※1 慣性モーメント：回転運動に対する抵抗（→p.77 第3章 基礎編 column）．

$$L = I\omega$$

運動量と力積の関係●と同じように，角運動量についても角運動量の変化量 ΔL に対応する量として**角力積**があり，力のモーメントを M，力のモーメントがはたらく時間を Δt，角速度の変化量を $\Delta\omega$ とすると，

● 運動量と力積→p.112 第5章 基礎編

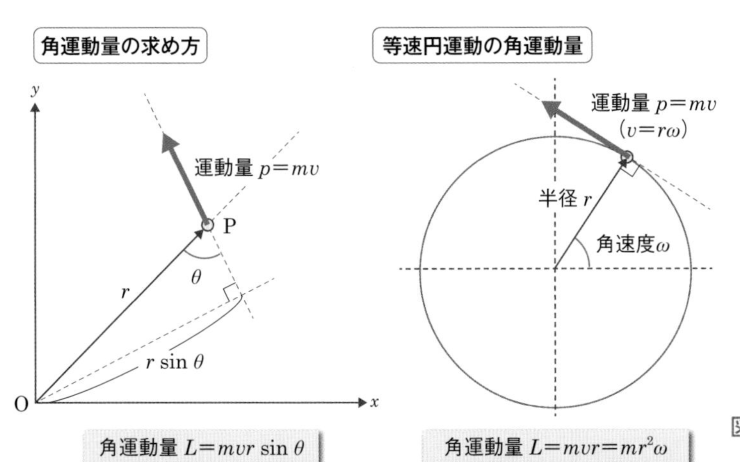

図13 角運動量の求め方と等速円運動の角運動量

次の関係が成り立つ．関節運動では，関節軸まわりの力のモーメントを**関節トルク**とよぶ．

■ 角力積

$$M\Delta t = \Delta L = I\Delta\omega$$

この関係から，力のモーメントM，慣性モーメントI，角加速度αの関係が導かれる．

■ 力のモーメント

$$M = I\frac{\Delta w}{\Delta t} = I\alpha$$

この式は，並進運動における運動方程式$F=ma$に相当する．慣性モーメントは物体の回転のしにくさを表す量なので，慣性モーメントの大きな物体を速く回転させるためには大きな角力積が必要になる．反対に角運動量を得た後は，物体の回転を静止するためには大きな角力積が必要になり，回転が静止しにくくなる．慣性モーメントは質量が大きく，物体の質量が回転軸から遠い位置に集まっているほど大きくなる．

★ 発展

3 角運動量と動作★

角運動量を用いて，運動量戦略による立ち上がり動作を考えてみよう（図14）．運動量戦略では，立ち上がりのはじめに上体をやや後方に傾ける（図14①）．腹筋群や股関節の屈筋がはたらき関節トルクが発生すると，上体（頭部や上肢も含める）は股関節を回転軸として前方へ回転運動をする（図14①～図14②）．上体の重心が鉛直線から前方に位置すると，重力の作用も加わり前方に回転する角速度ωが増加していく（図14②）．股関節まわりの上体の慣性モーメントを$I_{股}$とすると，上体の角運動量$L_{股}$は次の式で表される．

$$L_{股} = I_{股}\omega$$

上体が前方に回転していき殿部が椅子から離れる直前に，身体の回転の軸は足関節に移る（図14②～図14③）．膝関節の運動はないとして，そのときの姿勢における足関節から上の身体部分の慣性モーメントを$I_{足}$，角速度をω'とすると，足関節から上の身体部分の角運動量$L_{足}$は次の式で表される．

$$L_{足} = I_{足}\omega'$$

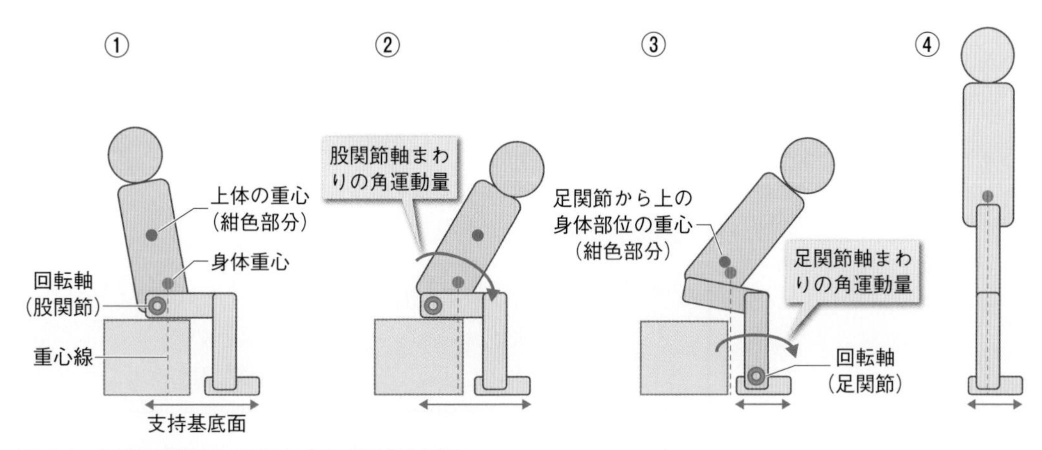

図14　運動量戦略における角運動量の伝達

このとき角運動量が保存されると，股関節まわりの角運動量が足関節まわりの角運動量に伝達される．この角運動量が足関節から上の重心を足部のある前方へ移動させるので，身体重心が足部に移動する前に殿部が座面から離れても，立ち上がり動作が継続できると考えられる（図14③）．身体重心が足部に移動したら膝関節，股関節を伸展させて，身体重心を上方に移動して立位になる（図14④）．

身体の回転の軸が股関節から足関節に移動する際に，膝関節がほぼ一定の角度を保ち，足関節から上の身体部分が一つの塊として回転するために，膝関節には強い伸展力がはたらき関節を固定する．骨格筋の収縮は運動を起こすために重要だが，動作時に関節を固定して身体の各部位を連結する機能も重要である．逆に一つの身体部位を運動させるためには，骨格筋の活動を低下させて関節の固定を緩め，運動がスムーズにできることが重要になる．

このような身体部位間の角運動量の移動は，投球動作，やり投げの動作などにもみられる．並進運動の運動量に加えて，体幹，上肢，手部の回転による角運動量が連続的に伝達されることで，大きな投球速度や長い飛距離を生み出すことができる（図15）．

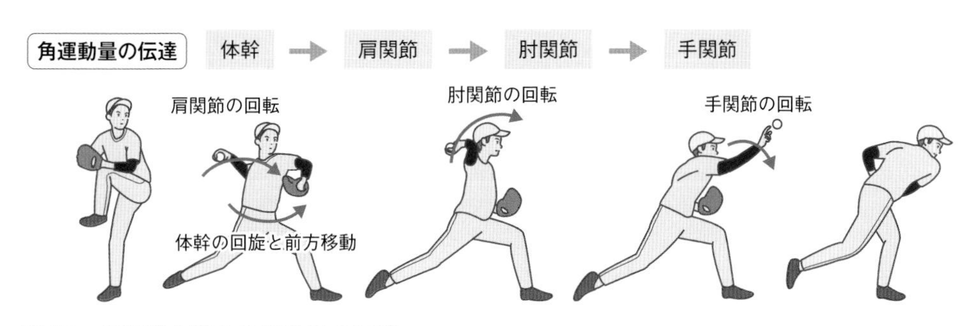

図15　投球動作時の角運動量の伝達

例題

上肢を前方に振り出して立ち上がる際や，上肢を大きく左右に振って寝返る際に，手首におもりを巻くと，立ち上がりや寝返りが行いすくなる．この理由を考えなさい．

解答例 手首におもりを巻くことによって質量が増え，同じ速度であれば運動量が大きくなって大きな力が得られる．また，回転運動を考えると，手首におもりを巻くことによって回転軸から遠い部分の質量が増えて慣性モーメントが大きくなるので，大きな角運動量を得ることができる．

4 力学的エネルギーと動作

身体運動では，エネルギーの散逸が少ない効率的な運動が望ましい．歩行時の身体重心の高さ，位置エネルギーと運動エネルギーの時間による変化は図16のようになっている．身体重心の位置は，踵が床に接する立脚初期と前足部が床から離れ始める前遊脚期に最も低く，立脚中期に最も高くなるので，位置エネルギーは立脚中期が最も大きい．反対に，歩行速度は立脚初期に踵が床に接する直前と前遊脚期に前足部が床から離れる直前に最も大きく，立脚中期に小さくなるので，運

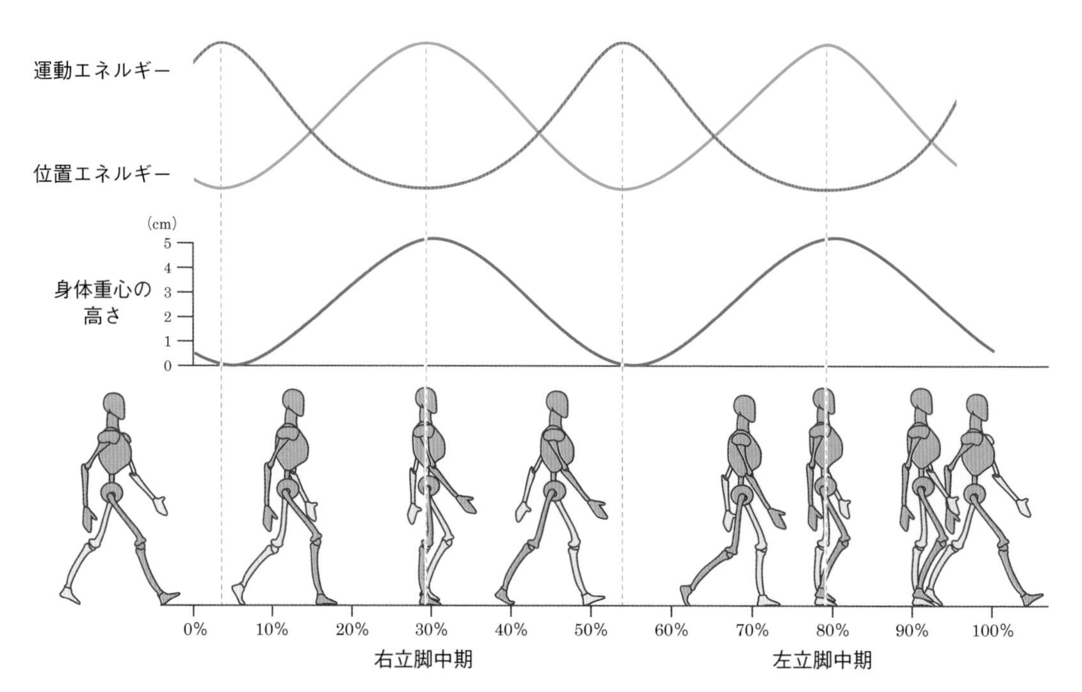

図16 歩行時の位置エネルギーと運動エネルギーの変化
(『筋骨格系のキネシオロジー 原著第3版』(Neumann DA/原著 Andrew PD，他/監訳)，医歯薬出版，2018を参考に作成)

動エネルギーは立脚中期が最も小さくなる．位置エネルギーと運動エネルギーの和である力学的エネルギーを考えると，位置エネルギーと運動エネルギーを変換しながら，効率よく歩行を行っていると考えることができる．

例 題

歩行時の身体重心の高さの変化は5.0 cmとする．立脚中期に歩行速度が0 m/sになり，位置エネルギーの変化をすべて運動エネルギーに変換して歩行していると仮定すると，最大の歩行速度は何m/sになるか．ただし，重力加速度は10 m/sとする．

解答例 身体の質量をm〔kg〕，歩行の最大速度をv〔m/s〕，重力加速度をg〔m/s^2〕，身体重心の高さの変化をΔhとすると，力学的エネルギー保存の法則より次の関係が成り立つ．

$$mg\Delta h^{\bullet}=\frac{1}{2}mv^{2\bullet}$$

よって，

$$v^2=2g\Delta h=2\times10\times0.050=1.0$$

$$v=1.0$$

答 1.0 m/s

秒速1.0 m/sは時速3.6 km/hになる．この計算による値はゆっくりとした歩行速度に相当する．実際の歩行では常に筋活動が必要になるが，位置エネルギーと運動エネルギーを変換してエネルギーを効率的に使用している．

● 重力による位置エネルギー→p.118 第5章 基礎編

● 運動エネルギー→p.117 第5章 基礎編

5 回転運動の仕事および仕事率★

★ 発展

仕事は，物体に力が加わって移動したときに，物体の移動した距離と移動した向きの力の成分の積で定義される●．回転運動の仕事W〔J〕（または〔N·m〕）は，物体にはたらく回転軸まわりの力のモーメントをM〔N·m〕，それによって物体が回転する角度を$\Delta\theta$〔rad〕とすると，次の式で表される．

● 仕事の定義→p.114 第5章 基礎編

■ 回転運動の仕事

$$W=M\Delta\theta$$

回転運動の仕事〔J〕（または〔N·m〕）＝ 力のモーメント〔N·m〕× 回転する角度〔rad〕

回転運動の仕事率P〔W〕（または〔J/s〕）は，単位時間あたりの仕事になるので，力のモーメントをM，角度の変化量を$\Delta\theta$，時間をΔt，角速度をωとすると，次の式で表される．

回転運動の仕事率

$$P=\frac{W}{\Delta t}=M\frac{\Delta\theta}{\Delta t}=M\omega$$

関節軸まわりの回転運動の仕事率は**関節パワー**とよばれる．ジャンプや投てきなどのパワーが必要な競技には，関節トルクを生み出す強い筋力と素早い関節運動の両面の機能が要求される．

例　題

等速性の筋力測定装置で膝関節伸筋の関節トルクと関節パワーを測定した．膝関節の回転軸と筋力測定装置の筋力センサまでの距離が40 cm，回転速度が60°/s，関節角度75°～15°までの平均筋力が200 Nだった．このときの，平均の関節トルク，膝関節角度75°～15°までの仕事量，その間の関節パワーを求めなさい．ただし，円周率π=3.14とする．

解答例　平均の関節トルクMは，筋力をF，モーメントアームをrとすると，等速性の筋力測定装置では，モーメントアームに垂直な力を測定するので，

$$M=F\times r^{●}=200\times0.40=80\ \mathrm{N\cdot m}$$

● 力がモーメントアームに対して垂直にはたらくとき→p.72 第3章 基礎編

答 平均の関節トルク：80 N·m

膝関節角度75°～15°までの仕事量Wは，角度の変化量を$\Delta\theta$とすると

$$W=M\times\Delta\theta=80\times(75^\circ-15^\circ)=80\times\frac{\pi}{3}^{※1}=\frac{80}{3}\pi=83.7\cdots\cdots$$

※1　弧度法より，
$360^\circ=2\pi\ \mathrm{rad}$
$60^\circ=\frac{\pi}{3}\ \mathrm{rad}$

答 仕事量：84 J

関節パワーPは，60°回転するのに1.0秒かかるので

$$P=\frac{W}{\Delta t}=\frac{\frac{80}{3}\pi}{1.0}=83.7\cdots\cdots$$

答 関節パワー：84 W

memo　等速性筋力測定装置

筋の収縮様式には，等尺性収縮，等張性収縮，等速性収縮などがある．等速性筋力測定装置（memo図）を用いることにより，一定の回転速度での筋力（等速性収縮）を測定することができる．

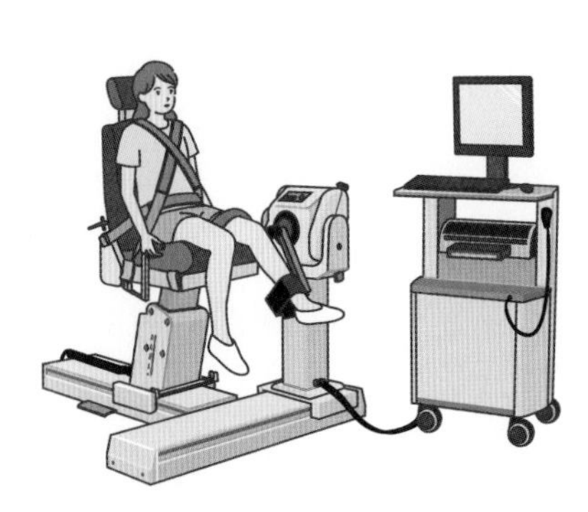

memo図　**等速性筋力測定装置**

第6章

熱の性質と利用

熱とは何か？

第1章～第5章では，1つの物体の運動や物体のもつエネルギーについて学習してきた．

第6章の 基礎編 では，熱に関する基本事項である熱と温度の関係，熱量と比熱，熱の伝導，熱力学第一法則，熱力学第二法則について学習する．熱や温度は，物体を構成する小さな粒子である原子や分子が多数集まった系の特性であることの理解を通して，微視的な現象と巨視的な現象とのかかわりを知ってほしい．

臨床編 では，熱の作用，熱エネルギーの理解をもとに，温熱療法の生体に及ぼす影響について学習する．また，生体のエネルギー代謝の基礎的な考え方，運動時の酸素摂取量とエネルギー代謝の関係について学習する．

Laura Otýpková による Pixabay からの画像

第6章
熱の性質と利用

基礎編

学習目標

- 熱と温度について説明できる
- 比熱，熱容量について説明できる
- 伝導，対流，放射について説明できる
- 気体の温度，圧力，体積の関係を説明できる
- 粒子の運動と温度の関係について説明できる
- 熱力学第一法則，熱力学第二法則について説明できる

臨床編 は145ページ

1 熱と温度

水を容器に入れてコンロで加熱すると水の温度が上がる．そして，温度が100℃になると沸騰が起こる．このとき，水の状態は液体から気体へと変化しており，容器を加熱し続けると水はすべて気体の水である水蒸気になる．さらに熱すると，水蒸気となった水の温度は100℃を超えて上がっていく．

反対に，水を容器に入れて冷凍庫で冷やすと，水の温度は下がっていく．そして0℃になると水は氷になり始め，液体から固体に変化する．水がすべて氷になると，固体の水である氷の温度は冷凍庫の温度まで下がっていく（図1）．

memo 固体の水，液体の水，気体の水

1気圧のもとで，0～100℃の範囲では水は液体の状態にある（一部は水蒸気として気体の状態にある）．水の温度が100℃を超えると水は気体である水蒸気になり，0℃より温度が下がると水は固体である氷に

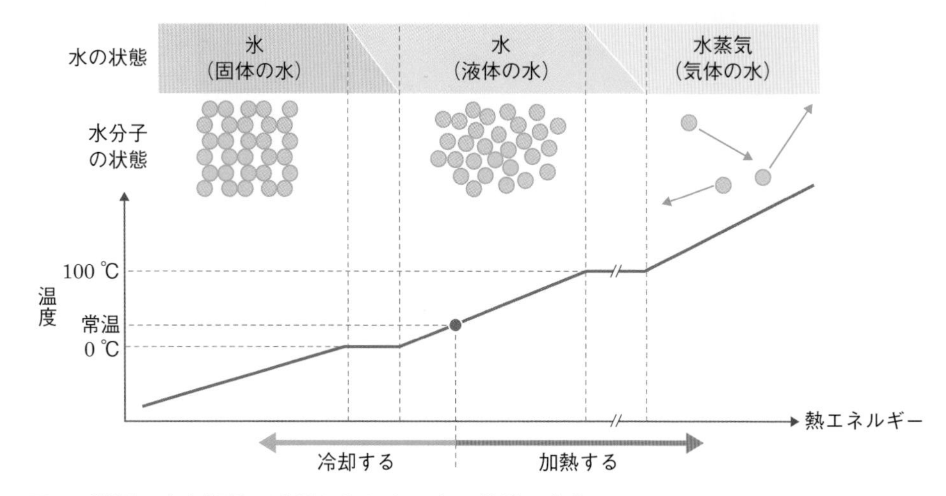

図1 常温の水を加熱，冷却したときの水の状態の変化

なる．私たちは「水」といえば液体の水を思い浮かべるが，水を含めて物質は温度と圧力によって固体・液体・気体の状態に変化するので，これを区別するときに「固体の水」，「液体の水」，「気体の水」などと表す．

このとき，水の分子（H_2O）を小さな粒子とみなして，温度の変化による水の状態の変化をみていこう．液体の水には分子間力がはたらき，互いに引きあうので，水分子が密集している．しかし，一つひとつの水分子はさまざまな向きに無秩序な運動をしており，この運動によって分子間力の束縛を受けながらも，互いに位置を変えることができる．水の分子がさまざまな向きに運動していることを示している現象が**ブラウン運動**※1である．

物質を構成する原子（原子核と電子）や分子が無秩序に移動したり，振動したりする運動を**熱運動**とよぶ．水の温度が上昇すると熱運動は激しくなるので，**温度**は熱運動の激しさを表す物理量と考えることができる．

コンロから熱が水に供給されることで水分子の熱運動が激しくなり，それによって温度が上昇する．熱運動が激しくなり，熱運動のエネルギーが水分子を結びつけている分子間力より十分に大きくなると，水分子は束縛から解放されて液体の水が水蒸気（気体の水）になる．この水蒸気の圧力が水圧より大きくなったものが，沸騰の際にみられる泡である．液体の水が残っている間は，水の温度は100℃を維持する．熱が供給されているのに温度が上がらないのは，熱エネルギーが水分子の運動を束縛している分子間力を切断するのに費やされるからであ

※1　**ブラウン運動**：1827年，イギリスの植物学者ブラウンは，花粉から出た微粒子が水中で不規則に運動する現象を顕微鏡で観測した．当初は花粉から出た粒子の運動なので生命現象と関係があると考えられたが，熱運動によって水の分子が粒子に衝突して生じる運動であることがわかってきた．ブラウン運動は分子の存在を示す現象でもある．

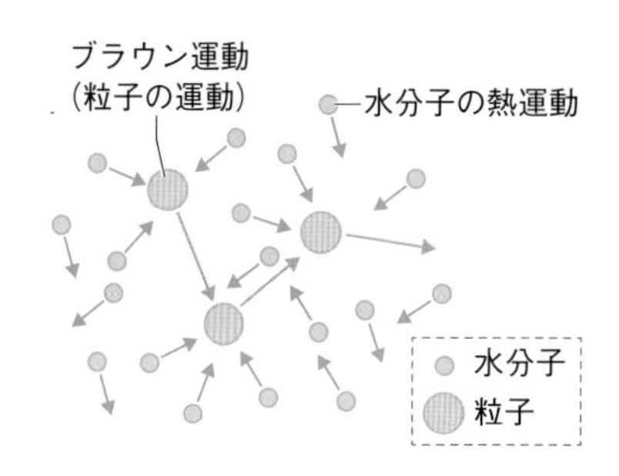

column

水分子の形と大きさ

水分子は化学式ではH_2Oで表され，水素原子（H）2個と酸素原子（O）1個が共有結合で結合している．O−H間の距離は約0.10 nm，H−O−H間の角度は104.5°で，全体としては球に近い形をしている．原子の大きさの目安になるファンデルワールス半径は酸素原子が約0.14 nm，水素原子が約0.12 nmなので，水分子の大きさは0.10＋0.12＋0.14＝0.36程度で，おおよそ0.4 nmになる（column図1）．

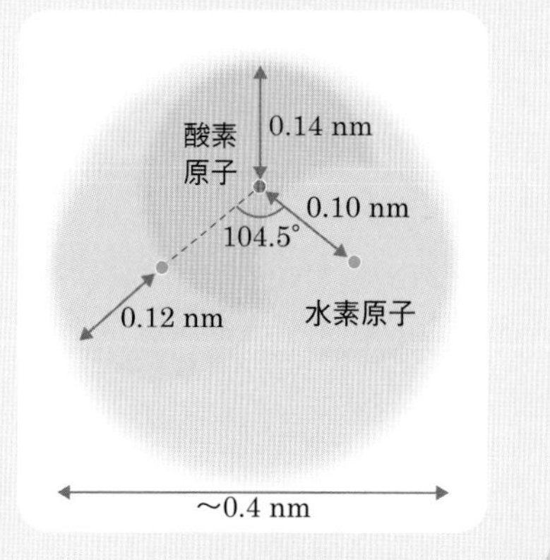

column図1　**水分子の形**

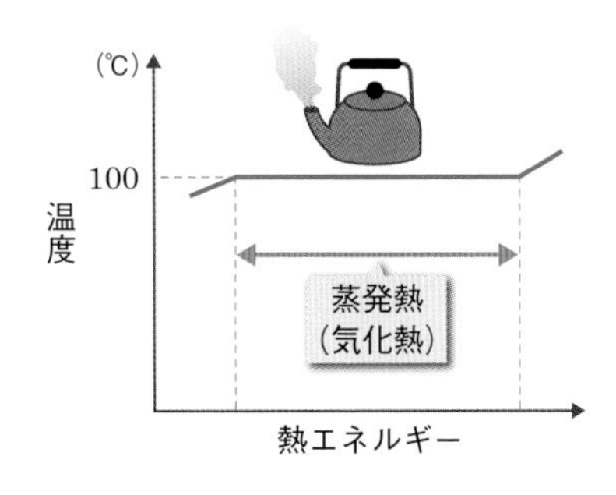

る．液体を気体に変化させるのに必要な，このような熱量を**蒸発熱**または**気化熱**という．さらに熱が加わると熱運動も激しくなり，水蒸気の温度は100℃以上に上がっていく．

冷凍庫で水を冷やしたときは，水から冷凍庫へ熱が流れ出るために熱運動が穏やかになり，分子間力によって水分子の運動が制限されて位置を変えられなくなる．これが氷（固体の水）の状態である．冷却を続けても液体の水が残っている間は，温度は0℃に維持される．熱エネルギーが減少するのに温度が下がらないのは，水分子間の結合によりエネルギーレベルが下がり，下がったぶんのエネルギーが熱エネルギーとして放出されるからである．これを**凝固熱**とよぶ．固体が液体に変化するときは，水分子間の結合から解放されるために熱エネルギーを必要とする．これを**融解熱**とよび，凝固熱と融解熱は同じ大きさである．

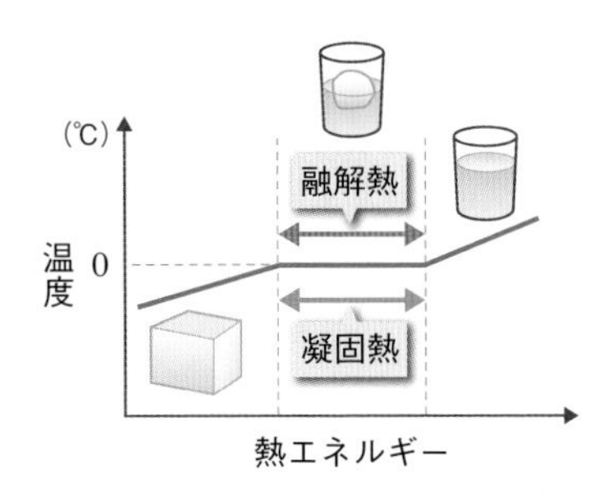

固体の状態でも水分子は一定の位置を中心に振動しており，冷凍庫の温度が0℃より低ければ，その温度まで氷の温度は下がり，振動も小さくなる．温度をさらに下げていくと，ついには水分子の運動が完全に止まってしまう．この温度を**絶対零度**とよび，絶対零度では水に限らず物体を構成するすべての原子や分子の運動が停止すると考えられている．

2 セルシウス温度と絶対温度

私たちが普段から用いている〔℃〕で表される温度を**セルシウス温度**という．セルシウス温度は1気圧のもとで，氷が解ける温度を0℃，水が沸騰する温度を100℃として，その間を100等分した単位である．

物理学や化学では，絶対零度を基準とする**絶対温度**が用いられる．絶対温度の単位はケルビン〔K〕で表し，0 Kは絶対零度で，絶対温度の1目盛りの間隔はセルシウス温度と同じである．絶対温度 T〔K〕とセルシウス温度 t〔℃〕には次の関係がある．

絶対温度

$$T = t + 273$$

絶対温度〔K〕 = セルシウス温度〔℃〕 + 273

絶対零度より低い温度はないので，絶対温度は負の値にならない．セルシウス温度は，厳密には−273.15℃が最低の温度である．窒素の沸点は77 K（−196℃），ヘリウムの沸点は4 K（−269℃）なので，液体の窒素やヘリウムは物体を超低温まで冷やすときに用いられる．

例　題

0℃，100℃を絶対温度で，300 K をセルシウス温度で表しなさい．

解答例　絶対温度をT，セルシウス温度をtとすると，$T=t+273$なので，

0℃は，0＋273＝273 K

100℃は，100＋273＝373 K

また，$t=T-273$なので，

300 Kは，300－273＝27 ℃

答　0℃：273 K
100℃：373 K
300 K：27℃

3 熱量，比熱と熱容量

原子や分子などの粒子の運動が激しくなることは，これらの粒子の運動エネルギーが増加することを意味している．物体に熱を加えると運動エネルギーが増加するので，熱はエネルギーの一つと考えられる．熱のもつエネルギーを**熱エネルギー**とよび，熱エネルギーの大きさを**熱量**という．熱量の単位はジュール〔J〕である．1 gの水の温度を1 K上昇させるのに必要な熱量は4.2 Jで，同じ熱量を1カロリー〔cal〕で表す．

■熱エネルギーの換算　**1 cal＝4.2 J**

物質には，金属のように熱を加えるとすぐに温度が上がるものと，水のように温度が上がるのに時間がかかるものがある．温度が上がりやすい物質は，温度が下がりやすい物質でもある．物質のこのような性質を表す量を**比熱**※1という．比熱は，物質1 gを1 K上昇させるのに必要な熱量で表され，単位はジュール毎グラム毎ケルビン〔J/(g･K)〕である．

ある物体の温度を1 K上げるのに必要な熱量を**熱容量**という．物体の質量をm〔g〕，比熱をc〔J/(g･K)〕とすると，物体の熱容量Cは次のように表される．

●フライパン
比熱の小さい金属でできているフライパンは熱しやすいが，柄の部分の木やプラスチックは比熱が大きく温度が上がりにくいので，手でフライパンの柄を握りながら調理ができる．

※1　比熱が大きいほど熱しにくく，冷めにくい．

表1　物質の密度と比熱

物質名	密度〔g/cm³〕	比熱〔J/(g·K)〕
金	19.3	0.13
銅	8.9	0.39
鉄	7.9	0.46
石英ガラス	2.21	0.72
氷	0.92	2.06
水(25℃)	1.00	4.18
水蒸気(100℃)	6.0×10^{-4}	1.85
空気	1.3×10^{-4}	1.01
水素	9.0×10^{-5}	14.3

注：物質の密度や比熱は圧力や温度によって変化する.

熱容量

$$C=mc$$

熱容量〔J/K〕＝質量〔g〕×比熱〔J/(g·K)〕

熱容量の単位は，ジュール毎ケルビン〔J/K〕である.

熱容量C〔J/K〕の物体の温度をΔT〔K〕上昇させるのに必要な熱量Q〔J〕は，次の式で表される.

熱量

$$Q=C\Delta T=mc\Delta T$$

熱量〔J〕＝熱容量〔J/K〕×温度差〔K〕＝質量〔g〕×比熱〔J/(g·K)〕×温度差〔K〕

質量が大きく，比熱が大きい物体ほど，温度を上げるのに大きな熱量が必要になる.

物質の比熱を比較すると，固体は比熱が小さく，気体は比熱が大きい傾向がある（表1）.

例　題

20℃の水100 Lを40℃まで温めるのに必要な熱量は何Jか求めなさい．ただし，水の密度は1.0 g/mL，水の比熱を4.2 J/(g·K)とする.

解答例　100 Lの水の質量は，$\frac{100\times10^3}{1.0}=1.0\times10^5$ g

よって必要な熱量は$Q=mc\Delta T=1.0\times10^5\times4.2\times(40-20)=8.4\times10^6$

答　8.4×10^6 J

4 熱の伝わり方

熱の伝わり方には，**伝導**，**対流**，**放射**の3つがある．実際には，これらは独立して熱を伝えているのではなく，伝導，対流，放射が複合して熱の移動にかかわっている.

伝導

伝導は，金属棒の一方の端をガスバーナーで熱すると，ガスバーナーで加熱した部分から温度が上がり，順々に遠い位置にある金属棒の温度も上がっていくときの熱の伝わり方である．ガスバーナーで加熱された部分の金属を構成する粒子の熱運動が激しくなり，隣の粒子にぶつかることで隣の粒子の運動が激しくなる．これが順に伝わることで，加熱した部分より遠い位置にある粒子も熱運動が激しくなり，温度が

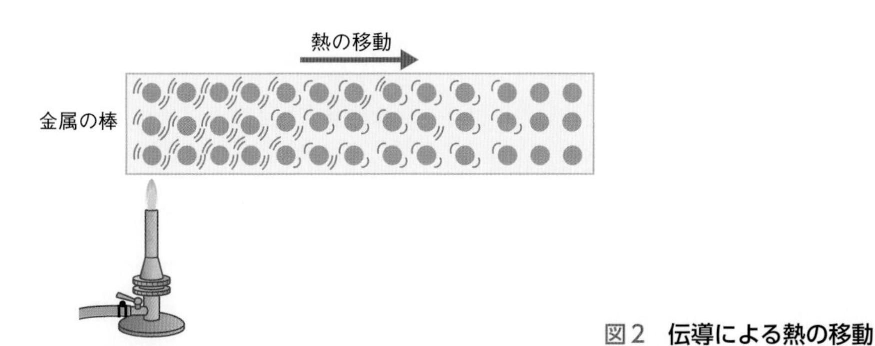

図2　伝導による熱の移動

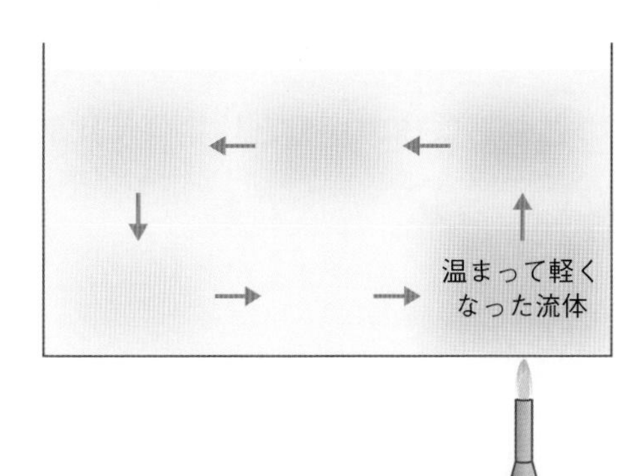

図3　対流による熱の移動

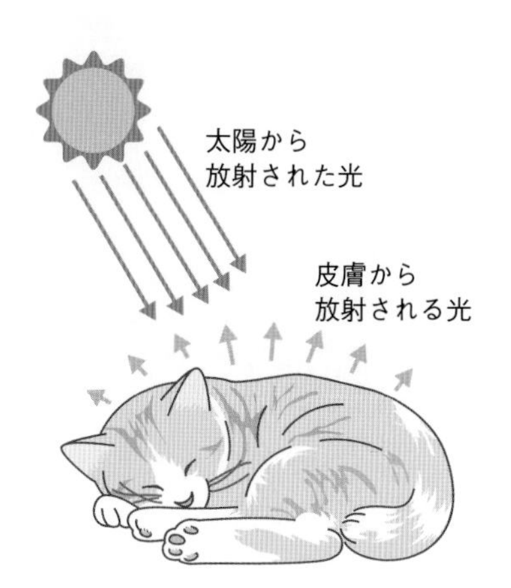

図4　放射による熱の移動
太陽から放射された光によって熱を吸収するとともに，皮膚からも光によって熱を放射している．

上昇する（図2）．

対流

対流は，気体や液体などの流体にみられる熱の伝わり方である．熱せられて温度が上がった流体部分は膨張して密度が小さくなる．それによって流体の上向きの流れが起こり，その流れによって熱が伝わる（図3）．エアコンは，強制的に流体の流れをつくって冷えた空気や暖かい空気を対流で伝えている．

放射

放射では，光（電磁波）によって熱エネルギーが運ばれる．寒い日に陽に当たると暖かく感じるのは，太陽の表面から放射された光が地球に届き，皮膚の表面の原子や分子などの粒子に吸収され，熱運動を生じさせるからである．そして，その粒子の運動の刺激が感覚神経に伝わると，私たちは暖かさを感じる（図4）．私たちの皮膚からも，皮膚の温度に応じた熱エネルギーをもつ光が放射されている．

5 気体の体積，圧力，温度の関係

容器に入った一定量の気体に熱を加えると，気体の温度が上がるとともに気体の体積や圧力が変化する．そのとき，気体の絶対温度 T〔K〕，体積 V〔L〕，圧力 P〔Pa〕の間には，**ボイルの法則**，**シャルルの法則**，**ボイル・シャルルの法則**がおおよそ成り立つことがわかっている（図5）．ボイル・シャルルの法則は，ボイルの法則とシャルルの法則をまとめたものである．

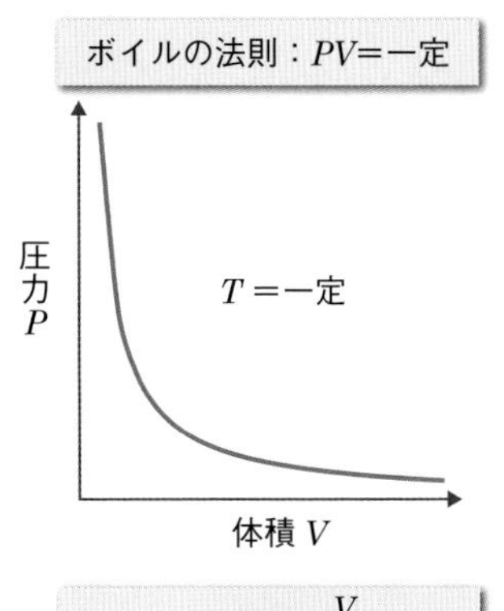

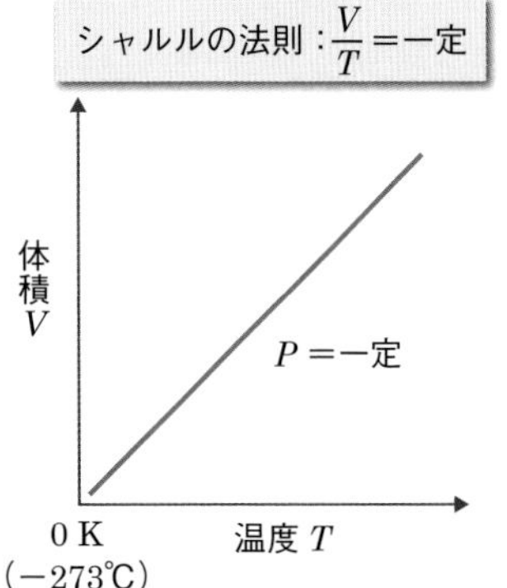

図5　**ボイルの法則とシャルルの法則**

■ ボイルの法則

温度が一定のとき，気体の圧力と体積は反比例する

$$PV = \text{一定}\ \text{（温度}\ T\ \text{は一定）}$$

■ シャルルの法則

圧力が一定のとき，気体の体積は絶対温度に比例する

（圧力が一定のとき，気体の体積と温度の比は一定になる）

$$\frac{V}{T} = \text{一定}\ \text{（圧力}\ P\ \text{は一定）}$$

■ ボイル・シャルルの法則

気体の圧力と体積の積と，絶対温度の比は一定の値になる

$$\frac{PV}{T} = \text{一定}$$

column

魔法瓶による保温

液体の温度を保つ目的で魔法瓶が用いられる．魔法瓶はcolumn図2のような構造をしており，熱の伝導を抑える工夫がなされている．液体の入る部分と魔法瓶の外側との間は真空に近い状態になっており，熱を伝える物質をなくし断熱層とすることで，伝導や対流による熱の移動を抑えている．また，液体を入れる部分の壁面が光を反射する材質でできており，魔法瓶の中の液体から放射される光を反射することで，放射によって熱が外部に移動しないようにしている．

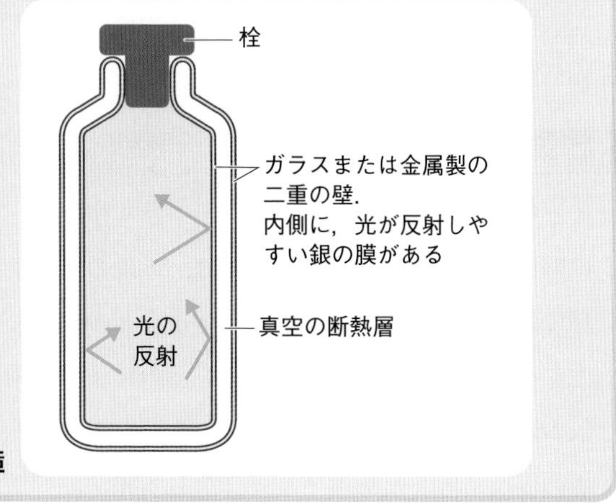

column図2　**魔法瓶の構造**

例　題

1気圧，0℃のもとで，体積1.0 m³の気体がある．この気体に熱を加えて27℃にしたとき，体積は何m³になるか求めなさい．

解答例　0℃は273 K，27℃は273＋27＝300 Kなので，27℃のときの気体の体積をVとすると，シャルルの法則より次の関係が成り立つ．

$$\frac{1.0}{273}=\frac{V}{300}$$

よって，

$$V=1.0\times\frac{300}{273}=1.0\times1.099=1.099$$

答 1.1 m³

温度が27 K上昇すると気体の体積は約10％（$\frac{27}{273}$）増加する．温度が1 K上昇すると約0.37％（$\frac{1}{273}$）増加することになる．

圧力が1気圧（1.013×10^5 Pa），温度が0℃（273 K）の状態を**標準状態**とよび，このとき物質量※1 1 molの気体の体積は2.24×10^{-2} m³（22.4 L）となる．これらの数値をボイル・シャルルの法則に入れると，定数Rの値が得られる．Rは**気体定数**とよばれる．

$$\frac{PV}{T}=一定値：R=\frac{1.013\times10^5\times2.24\times10^{-2}}{273}$$
$$=8.31\ \mathrm{Pa\cdot m^3/(K\cdot mol)}$$
$$=8.31\ \mathrm{J/(K\cdot mol)}$$

気体定数Rを用いると，物質量1 molの気体について次の関係が成り立つ．

$$PV=RT$$

物質量n〔mol〕の気体の体積はn倍になるので，n〔mol〕の気体の気体について次の関係が成り立つ．これを**理想気体の状態方程式**という．

※1　**物質量**：物質は多数の粒子から構成されており，粒子の数で物質の量を表すと非常に大きな数になって扱いにくいので，物質を構成する粒子の6.02×10^{23}個の集まりを1単位として表す．これを物質量とよび，単位はモル〔mol〕で表す．1 molあたりの粒子数である6.02×10^{23}個を**アボガドロ定数**とよび，N_Aで表す．物質を構成する粒子数をNとすると，物質量$n=\frac{N}{N_A}$で計算される．

●●●……●●● = 1 mol

6.02×10^{23}個
＝アボガドロ定数（N_A）

例

粒子数N：$6.02\times10^{23}\times3$個のとき

●●●……●●●
●●●……●●●
●●●……●●●

$$物質量\ n=\frac{N}{N_A}=\frac{6.02\times10^{23}\times3}{6.02\times10^{23}}=3\ \mathrm{mol}$$

column

気体定数Rの単位

気体定数Rは，化学では8.31×10^3〔Pa·L/(K·mol)〕，物理学では8.31〔J/(K·mol)〕と表すことが多い．理想気体の状態方程式$PV=nRT$より，$R=\frac{PV}{nT}$となる．物理の公式の左辺と右辺は同じ単位を示すので，1〔Pa〕は1〔N/m²〕，1〔L〕は1×10^{-3}〔m³〕，〔N·m〕は仕事に相当し単位は〔J〕になるため，

$$8.31\times10^3〔\mathrm{Pa\cdot L/(K\cdot mol)}〕$$
$$=8.31\times10^3\frac{〔\mathrm{N/m^2}〕\times1\times10^{-3}〔\mathrm{m^3}〕}{〔\mathrm{K}〕\times〔\mathrm{mol}〕}$$
$$=8.31\frac{〔\mathrm{N\cdot m}〕}{〔\mathrm{K}〕\times〔\mathrm{mol}〕}$$
$$=8.31〔\mathrm{J/(K\cdot mol)}〕$$

となる．

理想気体の状態方程式 $PV = nRT$

この理想気体の状態方程式が完全に成り立つ気体を**理想気体**という．理想気体は粒子の大きさがなく，粒子間の分子間力がはたらかない粒子からなる仮想的な気体である．酸素や窒素などの実際の気体は，常温ではほぼ理想気体とみなして，温度，圧力，体積などを計算する．精密に計算をするときは粒子の大きさや分子間力を考慮するので，数式が複雑になり，コンピュータによる計算も必要になる．

6 粒子の運動と温度の関係★

★ 発展

気体に熱が加わると温度が変化し，圧力や体積も一定の関係を保ちながら変化する．温度は熱運動の激しさを表す量であり，熱運動をしているのは物質を構成している粒子である．個々の粒子の運動は私たちの目には直接見えない微視的（ミクロ）な現象であり，温度，圧力，体積は私たちが見たり感じたりすることができる巨視的（マクロ）な現象を表す物理量である．このような微視的な現象と巨視的な現象との関係を研究する物理学の領域が統計力学である．ここでは，粒子の運動と温度，圧力，体積との関係の理解を通して，統計力学の基本的な考え方を知ってほしい．

気体の圧力をP，体積をV，気体の粒子の質量をm，速度の２乗の平均を$\langle v^2 \rangle$，粒子の数をNとすると，次の関係が成り立つ．

$$PV = \frac{1}{3}Nm\langle v^2 \rangle$$

理想気体の運動方程式（$PV = nRT$）と上の式から，次の関係が得られる．

$$PV = \frac{1}{3}Nm\langle v^2 \rangle = nRT$$

粒子１つの平均的な運動エネルギーを$\frac{1}{2}m\langle v^2 \rangle$，アボガドロ定数を$N_A$とすると，$n = \frac{N}{N_A}$なので，式への代入や変形を行うと次の関係が得られる．

$$\frac{1}{2}m\langle v^2 \rangle = \frac{1}{2} \times \frac{3nRT}{N} = \frac{3}{2} \times \frac{R}{N_A}T$$

ここで，$\frac{R}{N_A} = k_B$とおくと，

$$\frac{1}{2}m\langle v^2 \rangle = \frac{3}{2}k_BT$$

となる．k_Bは**ボルツマン定数**とよばれる定数で，1.38×10^{-23}〔J/K〕の値をもつ．この式は，気体の温度が気体を構成する粒子１個の平均運動エネルギーに比例することを表している．また，微視的な物理量

である粒子の運動エネルギーと，巨視的な物理量である温度を結びつけている式でもある．

例　題

絶対温度 300 K における水素分子1個の平均運動エネルギーと平均速度を求めなさい．ただし，水素原子の原子量を 1.0，アボガドロ定数を 6.0×10^{23} 個/mol，ボルツマン定数を 1.38×10^{-23} J/K とする．また，平均速度は有効数字1桁で答えなさい．

解答例　粒子1つの平均的なエネルギー $=\frac{1}{2}m\langle v^2\rangle=\frac{3}{2}k_BT$ より，水素原子1個あたりの運動エネルギーは，

$$\frac{3}{2}\times1.38\times10^{-23}\times300=621\times10^{-23}$$

答　平均運動エネルギー：6.2×10^{-21} J

水素は原子2個が結合して水素分子になる．よって，分子1個の質量 m は，

$$m=\frac{2.0\times1.0}{6.0\times10^{23}}\ \mathrm{g}=\frac{2.0\times1.0}{6.0\times10^{26}}\ \mathrm{kg}$$

となる．

$\frac{1}{2}m\langle v^2\rangle=\frac{3}{2}k_BT$ より，

$$\langle v^2\rangle=\frac{3k_BT}{m}$$
$$=\frac{3\times1.38\times10^{-23}\times300\times6.0\times10^{26}}{2.0}$$
$$=3.726\times10^6$$

$2^2=4$ なので，平均速度は 2×10^3 m/s

答　平均速度：2×10^3 m/s

このように，気体分子は常温でも非常に大きな速度で運動している．

7 熱力学第一法則

粒子は熱運動をしているので運動エネルギーをもっている．また，物体を構成する粒子の間には主に電気的な力に由来する分子間力がはたらく（図6）．分子間力は粒子間の位置関係によって決まるので，位置エネルギーと考えることができる．物体を構成している粒子全体がもつ運動エネルギーと位置エネルギーを合わせたものを**内部エネルギー**という※1．

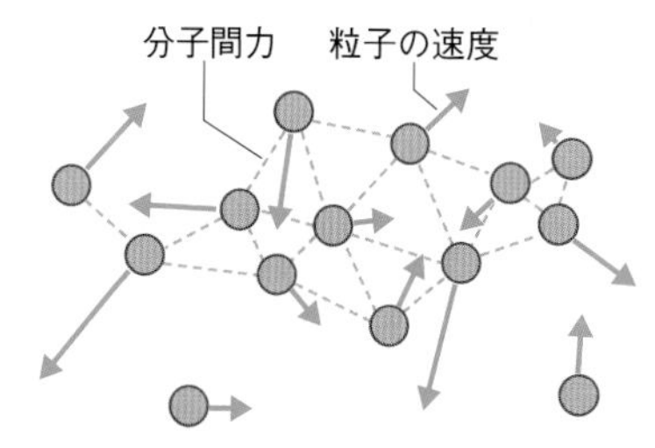

図6　物質を構成する粒子間にはたらく分子間力と粒子の運動の様子
粒子はあらゆる向きに速度をもって運動している．分子間力はすべての粒子間にはたらくが，遠くにある粒子間にはたらく分子間力は小さいので描いていない．

※1　理想気体は分子間力をもたず，運動エネルギーだけをもっており，理想気体の熱エネルギーは運動エネルギーと等しくなる．

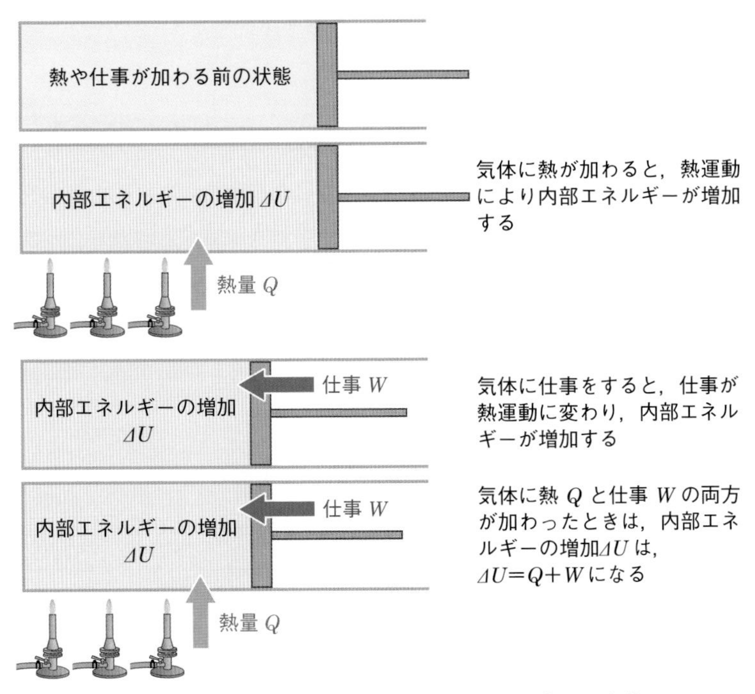

図7　気体に熱や仕事が加わったときの内部エネルギーの変化

■ 内部エネルギー

〈内部エネルギー〉＝〈粒子の運動エネルギー〉＋〈粒子のもつ位置エネルギー〉

理想気体をピストンのついた容器に入れ，外から熱を加える．このとき，気体の内部エネルギーの増加をΔU〔J〕，気体が吸収した熱量をQ〔J〕，気体になされた仕事をW〔J〕とすると，次の関係が成り立つ（図7）．

■ 内部エネルギーの増加　$$\Delta U = Q + W$$ ※2

内部エネルギーの増加〔J〕 ＝ 吸収した熱量〔J〕 × なされた仕事〔J〕

※2　気体が外部にした仕事を扱うときは
$\Delta U = Q - W$
となる．

この関係を**熱力学第一法則**という．熱力学第一法則は，熱エネルギーと力学的エネルギーを含めたエネルギーの保存則である．

8 熱平衡と熱力学第二法則

カップに入れたホットコーヒーを放置しておくと，コーヒーの温度は周囲の温度まで下がって，その後は変化しない．はじめは温度の高

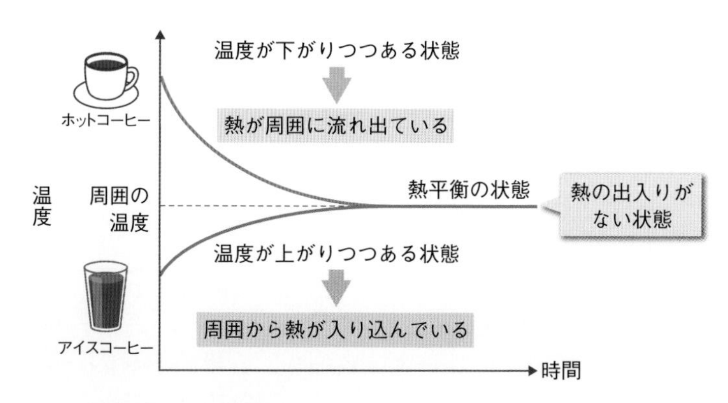

図8　熱の出入りと熱平衡

いホットコーヒーの熱が周囲に放出されて温度が下がるが，最後にはコーヒーから周囲に流れ出る熱量と周囲からコーヒーに入ってくる熱量が等しくなり，コーヒーの温度に変化が生じなくなると考えられる（図8）．このような熱の移動量がつりあって正味の熱の移動がない状態を**熱平衡**という．

反対に，コップに入った冷たいアイスコーヒーを放置しておくと，コーヒーの温度は周囲の温度まで上がり，その後は変化しなくなる．このときは，周囲の熱がコーヒーに流れ込んでコーヒーの温度が上がったと考えられる．このように，熱は高温から低温の向きに流れ，低温から高温の向きには流れない．このことを表したものが**熱力学第二法則**である．熱力学第二法則にはいくつかの表現があるが，本質的には同じ内容を表している．

熱力学第二法則

- **熱は高温の物体から低温の物体に移動し，自然に低温の物体から高温の物体に移動することはない**
- **一定温度をもつ物体から熱を取り出し，これをすべて正の仕事に変える装置は存在しない**

熱の移動やコーヒーに入れたミルクがコーヒー全体に混ざっていく現象など，一方向にのみ進む現象を**不可逆現象**という．熱の不可逆性を表したものが熱力学第二法則である．熱力学第二法則は，自然は無秩序な方向に進んでいくこと，エネルギーを供給しなくても動き続ける永久機関は存在しないこと，生物のような高度に秩序のある存在が生命活動を維持するためにはエネルギーを必要とすることなどを表している．

Taner Söyler によるPixabayからの画像

column

不可逆現象と確率

2つの粒子からなる物体Aと物体Bがある．物体Aの粒子をA1，A2，物体Bの粒子をB1，B2とする．最初，A1，A2，B1，B2は通常状態（－）にある．熱の移動は1単位の熱量ずつ行われ，粒子は1単位の熱を受け取ると活性状態（＋）になり，1単位以上の熱は受け取れないとする．また，熱が他の粒子に移動すると，活性状態（＋）は通常状態（－）に戻るとする．

最初に物体Aに2単位の熱量を加えると，2つの粒子がそれぞれ1単位の熱量を受け取り活性状態（＋）になる．次に物体Aと物体Bを接すると熱が移動する．物体Aと物体Bの熱量の合計は2単位で，2単位の熱量をA1，A2，B1，B2に分配するときの粒子の状態はcolumn図3のようになる．

状態1は物体Aの2つの粒子が活性状態で物体Aの温度が高い状態，状態6は物体Bの2つの粒子が活性状態で物体Bの温度が高い状態，状態2～5は物体Aと物体Bのそれぞれ1つの粒子が活性状態で同じ熱量をもっていて，温度は同じと考えられる．状態2～5は物体Aと物体Bは同じ熱量をもっていて温度が等しいので熱平衡にある．状態1と状態6が現れる確率はそれぞれ$\frac{1}{6}$である．状態2～5が現れる確率もそれぞれ$\frac{1}{6}$なので，合計では$4 \times \frac{1}{6} = \frac{4}{6}$になる．

これは，熱平衡になる確率が大きく，物体Aのみ，または物体Bのみが高い温度になる確率は小さいことを表している．巨視的な現象では非常に大きな数の粒子を扱うので，すべての粒子がある範囲に集まっていたり，物体の一部分だけの温度が高くなっていたりする状態が起こる確率はきわめて小さくなる．不可逆現象は全く不可逆な現象ではなく，逆向きの現象が起こる確率が非常に小さい現象と考えられている．

起こる確率が高い状態とはでたらめで無秩序な状態であり，熱力学第二法則は自然が無秩序な状態に進むことも表している．この無秩序さを表す物理量をエントロピーという．

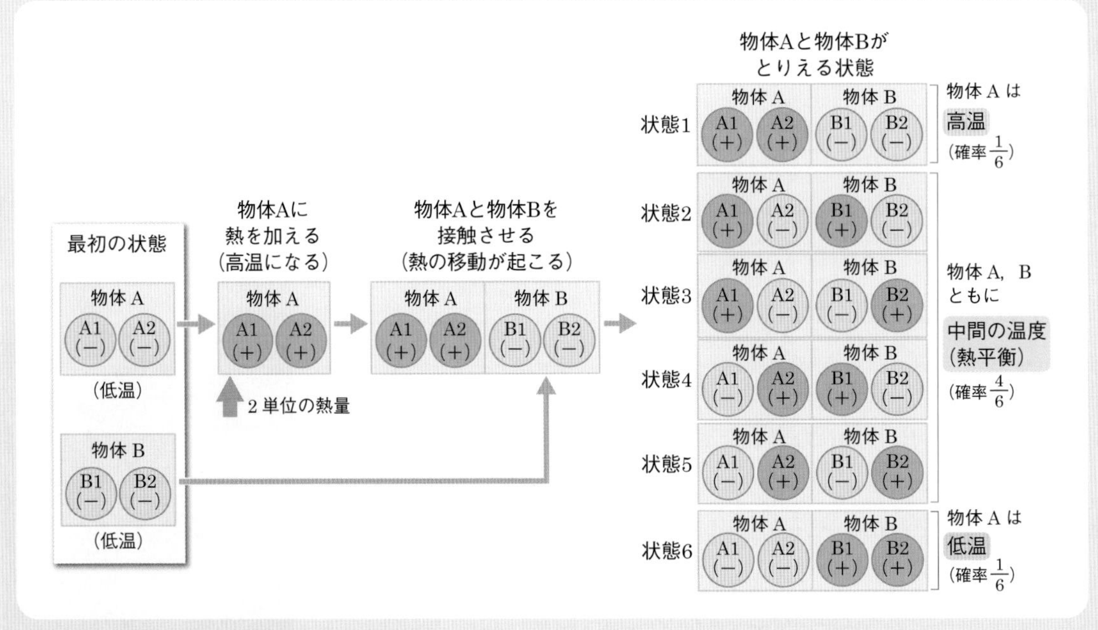

column図3　不可逆現象と確率の関係

学習内容

- 熱が生体に及ぼす作用
- 温熱療法と寒冷療法の種類と作用
- 生体のエネルギー代謝
- 酸素摂取量とエネルギー代謝

基礎編 は132ページ

1 熱が生体に及ぼす影響

生体に対する熱の影響は，生体を構成する原子や分子の熱運動を直接的に変化させる物理的な作用と，熱運動の変化によって産生された化学物質や熱運動の変化に対する神経系の応答による生理学的な作用による．ここでは，熱運動の変化に伴う物理的な影響をみていく．

生体は多数の細胞から構成され，細胞の中には原子やイオンといった粒子から分子量が数百万の生体高分子までさまざまな大きさや形の物質が含まれている．これらの物質が複雑に絡みあって相互作用や化学反応をすることで生命活動が営まれている．

化学反応は，**活性化エネルギー**より大きなエネルギーをもった粒子が，適切な位置関係で衝突することで起こる（図9）．生体の温度が上がると，粒子の熱運動が激しくなる．それによって粒子の速度が大きくなり粒子が衝突する頻度が高くなる．また，運動エネルギーが増加することによって，粒子が化学反応に必要な活性化エネルギー以上のエネルギーを得て，化学反応が促進される（図10）．一般的に，温度が10 K上がると反応速度は2～3倍になり，化学反応による生成物の

活性化エネルギー
酵素があるときの活性化エネルギー
エネルギー
反応前（反応物）のエネルギー
反応熱
反応後（生成物）のエネルギー
時間

図9　化学反応前後でのエネルギーの変化
化学反応が起こるためには，反応物の粒子どうしが適切な向きで衝突すること，活性化エネルギーを超えるエネルギーをもっていることが必要である．温度が上がると，粒子どうしが衝突する頻度が増加し，熱による運動エネルギーが増加することで，生成物の産生が増加する．そして，生成物の増加が生理的な反応を促進する．反応前の全エネルギーが反応後の全エネルギーより大きいと，その差に等しい反応熱を発生する．

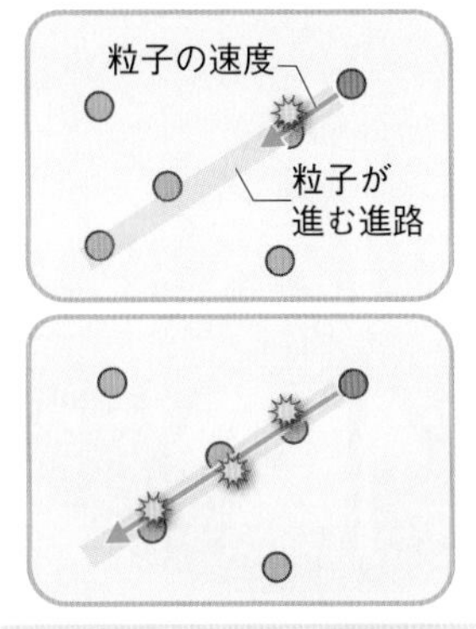

衝突によって粒子の進路が変化しないとすると，粒子の速度が大きくなると衝突する回数が増える

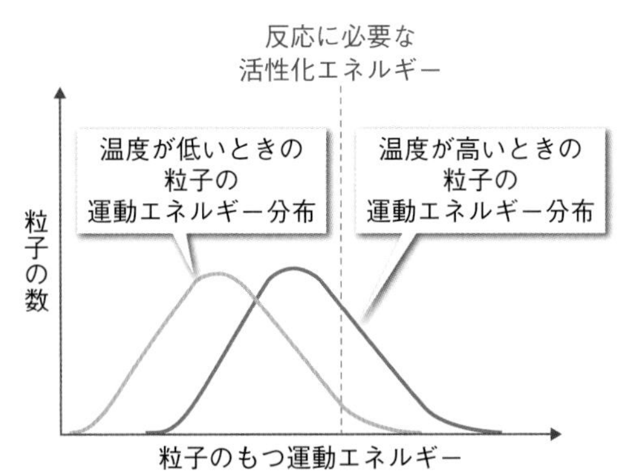

温度が高いと粒子の運動エネルギーの分布がエネルギーの高い側に移動し，反応に必要な活性化エネルギーを超える粒子数が多くなる

図10　温度の上昇による化学反応の促進

産生が高まる．反対に生体の温度が下がると化学反応が抑えられ，生成物の産生が低下する．

生体内では酵素がはたらき，活性化エネルギーを下げて反応を生じやすくしている（図9）．酵素がはたらきやすい温度を**至適温度**とよび，ヒトでは35～40℃の範囲である．酵素はタンパク質でできているので，温度が上がりすぎると熱運動によってタンパク質の立体構造が壊され，酵素の作用は低下する．つまり，一定範囲内の温度上昇は生体内の化学反応を促進し，反応によって生じた物質が生体反応を高めることが期待される．

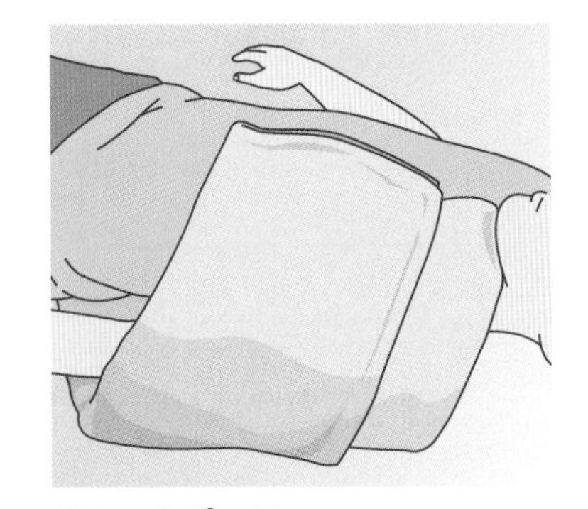

●ホットパック

皮下組織や靭帯，骨格筋などを構成している軟部組織は，温度が上がると軟部組織を構成する分子間の結合力を熱運動が上回り，組織間の結合が緩むことで，組織が伸張しやすくなる．また，温度の上昇により，血液の粘性が低下し血液循環が促進される．このように，組織の温度変化によって，生体反応や組織の伸張性などを変化させることができる．これを応用したものが物理療法における温熱療法や寒冷療法である．

2 温熱療法と寒冷療法の種類と熱伝導

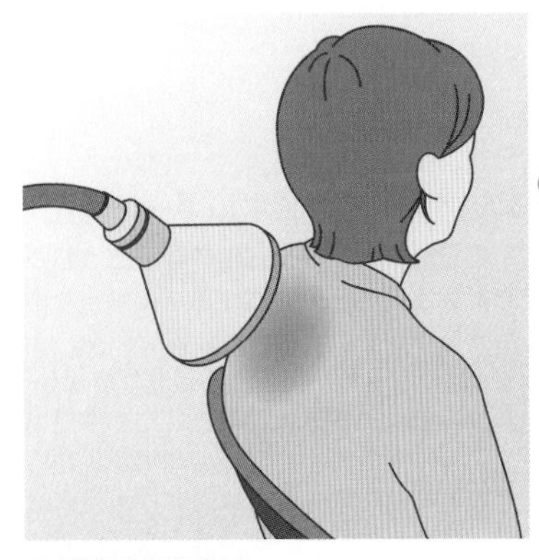

●極超短波療法

生体組織の温度を上げることを目的とする温熱療法には，ホットパック，過流浴，赤外線療法，極超短波療法，超音波療法などがある．反対に，生体組織の温度を下げることを目的とする寒冷療法には，コールドパック，アイスバッグ，クリッカー，アイスバスなどがある．

ヒトの身体の平均比熱は3.5 J/(g･K) で，1.0 kgの生体組織を1 K

表2　主な温熱療法・寒冷療法の種類と主な熱の伝わり方

名称	主な熱伝導	特徴
ホットパック	伝導	水分を含む保温物質（シリカゲルなど）を用いる湿熱ホットパックと，電気的な発熱を用いる感熱ホットパックがある．表在性の温熱効果（疼痛の軽減，代謝の促進など）がある．
パラフィン浴	伝導	50～55 ℃の固形パラフィンと流動パラフィンを溶かしたパラフィン溶液の被膜を重ねて，皮膚表面から加温する．表在性の温熱効果がある．
渦流浴	対流	温水が循環する浴槽内に上肢，下肢，全身を浸し，患部を中心に温めながら運動を行うことが多い．表在性の温熱効果がある．
赤外線療法	放射， エネルギー熱変換	赤外線の波長により，表在から深部に温熱効果がある．患部に接しなくても加温ができる．光エネルギーが熱エネルギーに変換されるので，エネルギー熱変換である．
極超短波療法	放射， エネルギー熱変換	深部を加温できるので，深部組織への温熱効果がある．体内に金属があるときは，熱傷などの危険性がある．光エネルギーが熱エネルギーに変換されるので，エネルギー熱変換である．
超音波療法	エネルギー熱変換	深部を加温できるので，深部組織への温熱効果がある．組織に微細な振動を伝え，その振動によって熱が発生するのでエネルギー熱変換である．温熱効果，軟部組織修復過程の促進作用などがある．
コールドパック，アイスバッグ，クリッカー	伝導	表在性の寒冷療法で，組織温を下げ代謝を抑制することで，疼痛の軽減，炎症の軽減，痙縮や筋スパズムの軽減などの作用がある．

上昇させるには3.5 kJの熱量が必要になる．生体組織を目的とする温度に変化させるために，伝導，対流，放射●によって組織に熱を伝えたり，熱変換によって組織に熱を発生させたりする（表2）．伝導によって組織に熱を伝える温熱療法は，生体の表面付近の温度を変化させる表在性の温熱療法である．深部にある組織の加温には，**エネルギー熱変換**による温熱療法を用いる．また，対流は流体のもつ熱を移動させるが，流体と生体との間の熱の移動は伝導による．実際の生体組織の温度は温熱療法や寒冷療法による熱の移動の他に，血流，組織間の熱伝導，発汗などによる熱の移動があり複雑である．

● 熱の伝わり方→p.136 第6章 基礎編

memo　エネルギー熱変換

生体組織に直接的に熱エネルギーを伝えるのではなく，光（電磁波），超音波など別の形態で生体組織にエネルギーを伝え，生体組織の原子や分子がそのエネルギーを吸収して熱運動が生じることをエネルギー熱変換という．

例　題

物理療法と熱伝達様式との組み合わせで誤っているものはどれか．

1．ホットパック ——— 伝導
2．パラフィン浴 ——— 対流
3．レーザー光線 ——— 放射
4．渦流浴 ——— 対流

5. クリッカー ―― 伝導

（第40回・第45回理学療法士国家試験問題を参考に作成）

解答例 パラフィン浴は，温めた流体のパラフィン浴槽内に治療する身体部位を浸したり，引き上げたりすることを繰り返してパラフィンの被膜をつくり，バラフィンからの熱の伝導で治療する部位を温めるので，対流ではなく伝導によって熱を身体に伝えている．

答 2

3 生体のエネルギー代謝

熱力学第一法則や熱力学第二法則に従って，私たちが生きて運動するためには外部からエネルギーを取り入れる必要がある．生命活動や身体運動の主なエネルギー源は**アデノシン三リン酸（ATP）**であり，私たちはATPを得るために食事をとり，呼吸をする．ATPのもつエネルギーは化学エネルギーであり，化学エネルギー自体を生体内の化学反応に使ったり，化学エネルギーを力学的エネルギーや熱エネルギーに変換したりして生命活動や身体運動が営まれている．ATPの化学エネルギーはリン酸間の結合部分にあり，1ヵ所の結合が加水分解されると30.5 kJ（7.3 kcal）※1のエネルギーを放出する．このリン酸間の結合を**高エネルギーリン酸結合**という（図11）．

※1 1 cal＝4.2 J（→p.135 第6章 基礎編）

ATPを産生するために必要な物質は，三大栄養素の炭水化物，脂質，タンパク質と酸素である．通常の栄養状態では，主に炭水化物と脂質がATP産生のエネルギー源となり，タンパク質の割合は小さい．生体内でのATPの産生，貯蔵，分解の過程を**エネルギー代謝**という．エネルギー代謝の基礎となるのが，グルコース（$C_6H_{12}O_6$）の代謝である．

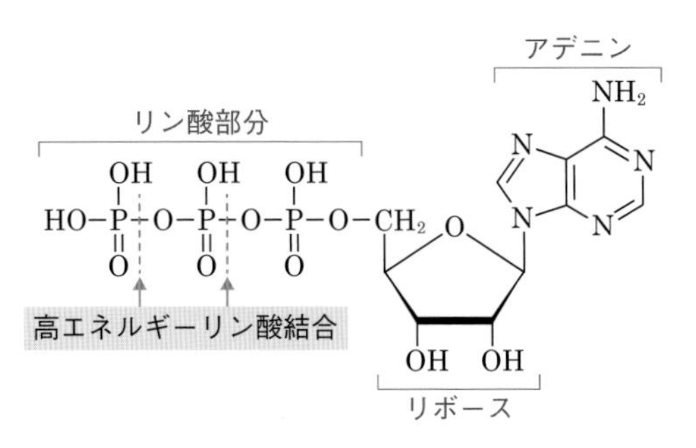

図11 ATPの構造

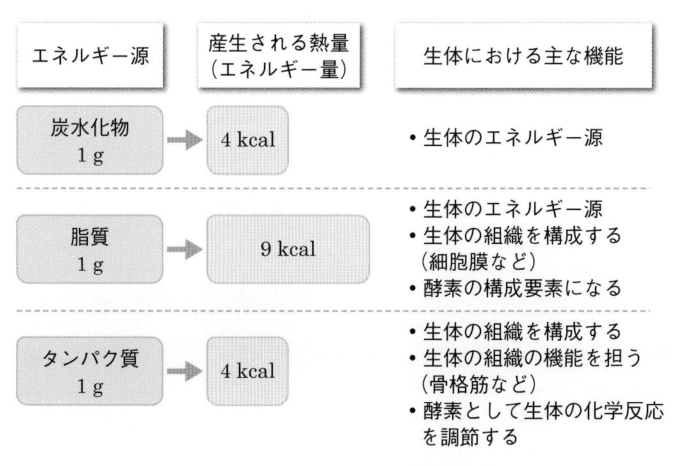

図12　炭水化物・脂質・タンパク質の熱量と主な機能

グルコースが燃焼して水と二酸化炭素が生成される反応は次のように表される．

$$C_6H_{12}O_6 + 6O_2 \rightarrow 6CO_2 + 6H_2O + 686\ \mathrm{kcal}$$

686 kcalはグルコース1 molあたりの反応熱で，グルコース1 gあたりの反応熱は$\frac{686\ \mathrm{kcal}}{180\ \mathrm{g}}$[※2]$= 3.81\ \mathrm{kcal}$になる．つまり，グルコース1 gあたり約4 kcalの熱エネルギーを含むことになる．栄養学では，炭水化物の熱量は4 kcal/g，脂質の熱量は9 kcal/g，タンパク質の熱量は4 kcal/gとして食品の熱量を計算する（図12）．

※2　グルコース1 molの質量は180 gである．

例　題

あるスナック菓子は，100 gあたり炭水化物が70 g，脂質が25 g，タンパク質が5 g含まれている．このスナック菓子100 gの熱量を求めなさい．

解答例　炭水化物の熱量は4 kcal/g，脂質の熱量は9 kcal/g，タンパク質の熱量は4 kcal/gなので，

$$70 \times 4 + 25 \times 9 + 5 \times 4 = 280 + 225 + 20 = 525$$

答　525 kcal

グルコースからATPが産生される経路には，酸素を必要としない**解糖系**と酸素を必要とする**有酸素系**がある．解糖系は細胞質内，有酸素系はミトコンドリア内で反応が進む．これら細胞内のグルコース代謝では，燃焼と違いエネルギーの熱による損失が少なく，エネルギーが効率よく化学エネルギーに変換される（図13）．

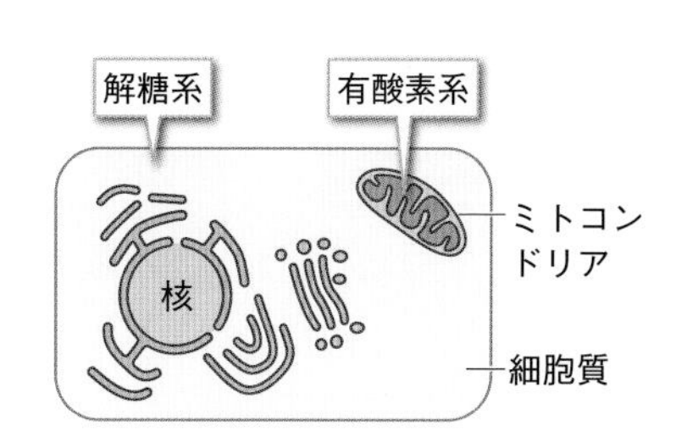

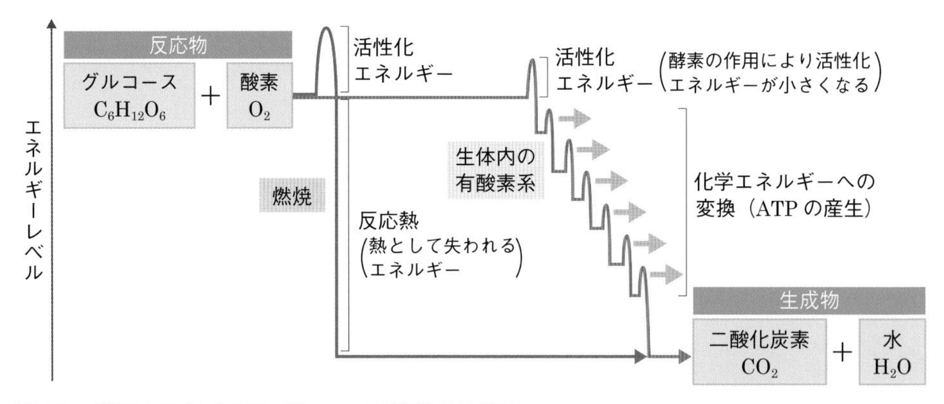

図13　燃焼と生体内でのグルコース代謝の比較

燃焼では外部から活性化エネルギー以上の熱を加えると燃焼反応が起こり，反応熱が発生する．生体内では，酵素によって活性化エネルギーが下がって反応が生じやすくなるとともに，反応が多段階に分かれて進むことで，反応で生じたエネルギーをATPの化学エネルギーに変換できる．

1 molのグルコースから解糖系で正味2 mol，有酸素系で28～30 molのATPが産生され，合計で30～32 molのATPが産生される．グルコースは686 kcalの反応熱を発生するので，このエネルギーすべてがATP合成に使われると仮定すると，1つの高エネルギーリン酸結合のエネルギーが7.3 kcalなので$\frac{686\ \text{kcal}}{7.3\ \text{kcal}}=94$ molのATPが産生されることになる※3．しかし，実際に産生されるATP量は30～32 molなので，エネルギー効率は$\frac{30}{94}\sim\frac{32}{94}=32\sim34$ %になる．ATP産生に使われないエネルギーは熱に変換され，体温の維持にはたらいている．

※3　生体内のATPはADPにリン酸（Pi）がついて産生される．
ADP＋Pi→ATP

骨格筋の収縮の際にATPのエネルギーが力学的なエネルギーに変換されるが，その効率は40 %程度とされるので，グルコースのもつ熱エネルギーに対する効率は13～14 %程度になる．これは，旧式の蒸気機関（10～15 %）と同じくらいであるが，最近のガソリンエンジンの熱効率（約40 %）より小さい．

memo　グルコース1 molからのATPの産生数

グルコース1 molからのATPの産生数は36～38 molとするテキストもあり，その値を用いると生体のATP産生効率は$\frac{36}{94}\sim\frac{38}{94}=38\sim$40 %になる．

このようにして産生されたATPを使用して，生体物質の合成，興奮性細胞の膜電位の維持，細胞内外へのイオンや生体物質の移動などの生体の基本的な機能を維持し，骨格筋を収縮させて運動をしている．

4 酸素摂取量とエネルギー代謝

ATP産生の大部分は酸素が必要な有酸素系のエネルギー代謝で行われているので，酸素の摂取状況から身体のエネルギー消費を推定することができる．安静座位で体重1 kg重あたり，1分間に摂取する酸素量は3.5 mL程度で，これを**代謝当量**（metabolic equivalents：METs）とよぶ．運動を始めると代謝当量は増加し，普通の歩行で3 METs，持久走や水泳では10 METsにもなる．運動負荷の強度をさらに上げていき，耐えられる最大の運動負荷時の酸素摂取量を**最大酸素摂取量**（$\dot{V}O_2max$）とよぶ．$\dot{V}O_2max$は運動耐容能（持久性の能力）の評価指標になる．健常成人の$\dot{V}O_2max$は40 mL/kg/min程度で，マラソンの選手では70 mL/kg/minを超えることもある．

普通歩行の代謝当量3 METsに相当する10 mL/kg/minの酸素摂取量時のエネルギーは，$\frac{10\times10^{-3}\ \text{L/kg/min}}{6\times22.4\ \text{L}}\times686\times10^{3}\ \text{cal}=51\ \text{cal/kg/min}=213\ \text{J/kg/min}$となる[※1]．体重が50 kg重のときは2.55 kcal/min＝10.7 kJ/minとなり，1時間歩くと2.25×60＝135 kcal＝ 564 kJになる．また，炭水化物のみを摂取エネルギー源としたとき，酸素1 Lの摂取は5.1 kcal/kgのエネルギー消費に相当する．

※1 グルコースの燃焼の反応式，
$C_6H_{12}O_6+6O_2\rightarrow6CO_2+6H_2O+686\ \text{kcal}$
より，10 mLの酸素が消費されるとき発生するエネルギー量は，酸素1 molの体積が22.4 Lなので，
$\frac{10\times10^{-3}\ \text{L}}{6\times22.4\ \text{L}}\times686\times10^{3}\ \text{cal}=51\ \text{cal}$
となる．

例　題

体重50 kg重のマラソン選手が20 kmを60分で走った．平均の酸素摂取量は40 mL/kg/minだった．すべてのエネルギー源が炭水化物とすると何gの炭水化物が消費されたか求めなさい．ただし，酸素1 Lの摂取は5.0 kcal/kgのエネルギー消費に相当するものとする．

解答例　炭水化物1 gの熱量（エネルギー量）は4 kcalなので，消費された炭水化物をx〔g〕とすると次の式が成り立つ．

$$4x=60\times40\times10^{-3}\times50\times5.0$$

よって，

$$x=\frac{60\times40\times10^{-3}\times50\times5.0}{4}=150$$

答 150 g

第7章

波の性質と利用

波の性質は何で決まるのか？

水面に浮かぶ木の葉を揺らす波，耳に聞こえるさまざまな音，虹の七色の光など，私たちのまわりには多くの波がある．水面に生じた波や音などの波は，物質を構成している原子や分子といった粒子の集団的な振動が物質内を伝わる現象である．波は，光によって太陽のエネルギーを地球に伝えたり，音や光によって情報を伝達したり，地震などで大きな災害をもたらしたりなど，さまざまなかたちで私たちの生活と関連している．

第7章の 基礎編 では，波を特徴づける基本的な物理量である振幅，波長，振動数（周波数）などについて学習する．そして，重ね合わせの原理とホイヘンスの原理から，回折，干渉，反射，屈折などの波の性質について理解を深める．

臨床編 では，超音波療法と光線療法を例に，波の性質を物理療法として用いる際に必要となる基本的な事項について学習する．

第7章
波の性質と利用

基礎編

学習目標

- 波の性質を決める物理量について説明できる
- 横波と縦波の相違について説明できる
- 反射，屈折，干渉，回折について説明できる
- 音の性質について説明できる
- 光の性質について説明できる

臨床編 は173ページ

1 波とは

静かな水面に水滴を1つ落とすと，水滴が水面に落ちた場所を中心に，水の高まった部分である**波面**（はめん）が円形に広がっていく（図1）．水滴が落ちた場所のように，波面が発生する起点となる場所を**波源**（はげん）という．よく観察すると，水の高まった部分の後には水が低まった部分が続いている．そして，水面に小さな物体が浮いていると，その物体はその場で上下に動いていて，波面が広がる向きにはあまり動かない．このように，ある場所で生じた振動※1が時間とともに周囲に広がっていく現象を**波**（なみ）という．

波が広がっていくためには水のような波を伝える物質が必要で，こ

図1　水面に落ちた水滴によって生じた波

※1　基準の位置から行ったり来たりする運動．水面の場合は上下運動．

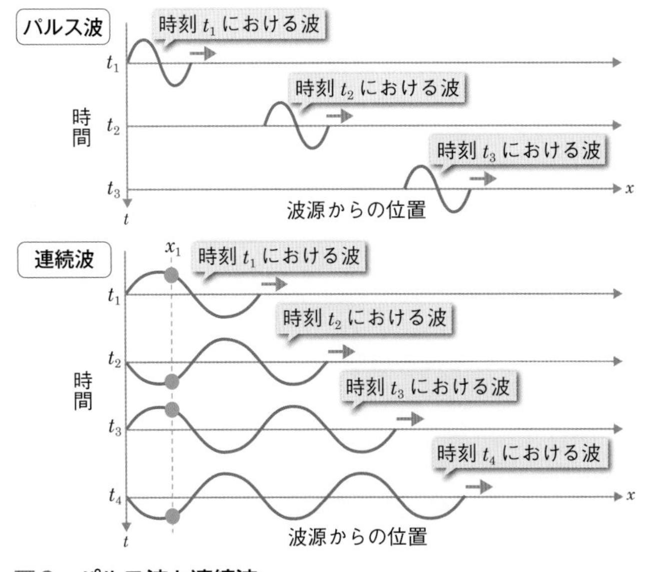

図2　パルス波と連続波

縦軸は時間，横軸は波源からの位置を示す．パルス波は1つまたは少数の波が時間とともに波源から遠ざかる向きに移動する．連続波では周期的な媒質の振動が，連続的に波源から遠ざかる向きに移動する．ある位置における波の変位（媒質の運動）は周期的に変化するが，媒質自体は波が進む向きに移動していない．

れを波の**媒質**という．光を除くと，波は媒質を構成する原子や分子などの粒子の集団的な振動が媒質を伝わる現象である．熱も原子や分子などの粒子が熱運動として振動し，温度が高いほうから低いほうへと振動が伝わるが，個々の粒子の振動の向きや大きさは無秩序である．これに対して波は，粒子の振動が集団として時間的，空間的に規則性を保って媒質を伝わっていく．

水面に水滴を1つだけ落としたときのように，1つまたは少数の波が媒質中を伝わるものを**パルス波**という（図2上）．一定の間隔で連続的に水滴を落とすと，波面が次々と円形に広がっていき，一つの場所では媒質が上下に振動する．このような連続的に生じる波を**連続波**という（図2下）．

2 波の性質を決める物理量

波の形を**波形**とよび，最も基本となる波形は**正弦波**●である．静かな水面のように，基準となる平面上で波の進む向きに引いた直線を**基準線**とよび，基準線からの媒質の位置を**変位**という（図3）．基準線からの変位が最も高いところを**山**，最も低いところを**谷**という．波の性質を決める物理量として，振幅，波長，振動数，周期，速度がある．

● 正弦波→p.157 memo

振幅は，変位の最大値と基準線との間の距離，または変位の最小値と基準線との間の距離である※1．振幅の単位はメートル〔m〕である．

※1　正弦波では，山と谷の間の変位の半分が振幅になる．

波長は，1つの山から次の山までの距離，または1つの谷から次の谷までの距離のように，1つの波の長さを表す量である．波長は λ（ラムダ）というギリシャ文字で表されることが多く，波長の単位はメートル〔m〕である．振幅と波長は，波の空間的な性質を表しており，波の位置と変位の関係（y-xグラフ）から読み取ることができる（図3）．

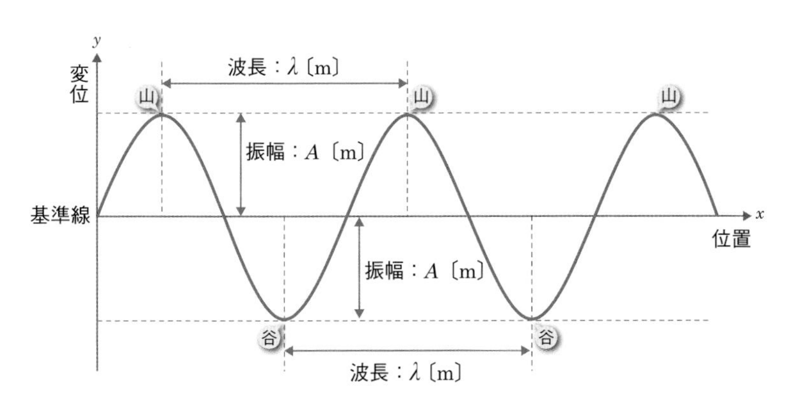

図3　y-xグラフから読み取れる波の性質を表す物理量
y-xグラフは，ある時刻における位置（x軸）と波の変位（y軸）との関係を表し，波についての空間的な物理量である振幅と波長が読み取れる．

●波の性質を決める物理量

物理量	説明	単位
振幅	変位の最大値（最小値）と基準線との間の距離	m
波長	1つの波の長さ	m
振動数（周波数）	1秒間に波が振動する回数	Hz
周期	1つの波の振動に要する時間	s

振動数は単位時間（1秒間）に波が振動する回数で，1つの場所を1秒間に通過する波の数を表し，単位はヘルツ〔Hz〕である．振動数は**周波数**ともよばれる．**周期**は1つの波の振動に要する時間を表し，単位は秒〔s〕である．振動数をf〔Hz〕，周期をT〔s〕とすると，振動数と周期には次の関係がある．

■振動数と周期

$$f=\frac{1}{T}$$

振動数〔Hz〕＝$\frac{1}{周期〔s〕}$

または

$$T=\frac{1}{f}$$

周期〔s〕＝$\frac{1}{振動数〔Hz〕}$

振動数と周期は波の時間的な性質を表しており，波の変位と時間の関係（y-tグラフ）から周期を読み取り，上の式から振動数を計算することができる（図4）．

速度は，波が1秒間に進む距離を表し，振動数がf〔Hz〕の波は1秒間に波長λ〔m〕のf倍の距離を進むので，次の関係が成り立つ．速度の単位はメートル毎秒〔m/s〕である．

■波の速度

$$v=f\lambda$$

速度〔m/s〕＝振動数〔Hz〕×波長〔m〕

例　題

次の波の時間と変位の図（y-tグラフ）を見て，波の振幅，周期，振動数

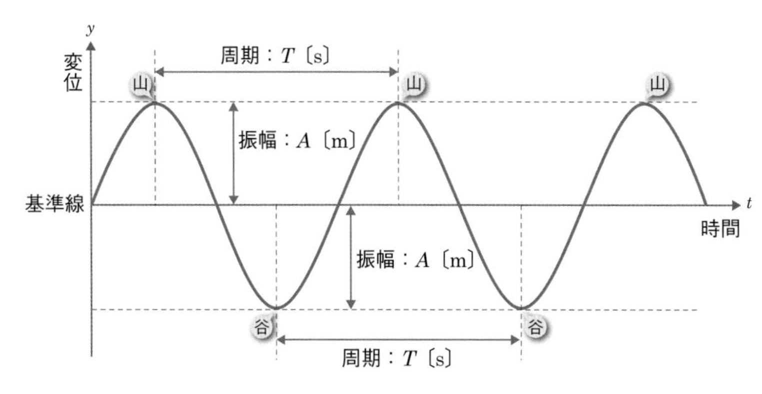

図4　y-tグラフから読み取れる波の性質を表す物理量

y-tグラフは，ある位置における時間（t軸）と波の変位（y軸）との関係を表し，波についての空間的な物理量である振幅，時間的な物理量である周期Tが読み取れる．また，振動数fは$f=\frac{1}{T}$の関係から求めることができる．

を求めなさい．また，波の速度が 8.0 m/s のときの波長を求めなさい．

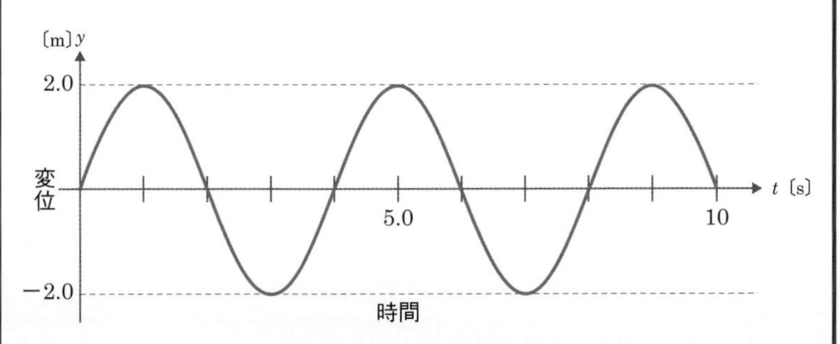

解答例　図より，振幅は基準線と山との距離なので 2.0 m と読み取れる．周期は 1 つの振動に要する時間なので，最初の山の時刻 1.0 秒，次の山の時刻 5.0 秒なので，周期は 4.0 秒となる．

振動数 f は周期 T の逆数なので，

$$f=\frac{1}{T}=\frac{1}{4.0}=0.25\ \mathrm{Hz}$$

となる．波長は，波長を λ，振動数を f，速度を v とすると，$v=f\lambda$ の関係があるので，

$$\lambda=\frac{v}{f}=\frac{8.0}{0.25}=32\ \mathrm{m}$$

となる．

答 振幅：2.0 m，周期：4.0 s，振動数：0.25 Hz，波長：32 m

光を除き[※2]，波は質量をもつ粒子の運動なのでエネルギーをもっている．波のエネルギーは波の振幅が大きいほど，振動数が高いほど大きくなる．同じ媒質における波のもつエネルギーは，振幅の 2 乗，振動数の 2 乗に比例する．

※2　光には質量がないが，エネルギーをもっている．

■ 波のもつエネルギー

波のもつエネルギー ∝ (振幅)²(振動数)²

memo

正弦波

変位（波の高さ）を y，波の振幅を A，周期を T，時間を t とするとき，正弦波は次の式で表される．

$$y=A\sin 2\pi\frac{t}{T} \qquad \cdots\cdots①$$

正弦関数（サイン関数）は角度が 0 のときの値が 0 で，2π ごとに同じ値になる周期関数なので，波の周期を T として時間を t とすると，1 周期ごとに同じ変位を繰り返す波の性質を正弦関数で表すことができる．ラジアンで表した角速度 $\omega=\frac{2\pi}{T}$[※3] を用いると，正弦波の式は次のように表される．

$$y=A\sin\omega t$$

※3　角速度 ω〔rad/s〕は，1 秒間に角度が変化する量を表す．正弦関数は 2π rad ごとに同じ値になるので，波に当てはめると周期 T〔s〕の間に角度が 2π rad 変化するので，$\omega=\frac{角度の変化量}{時間}=\frac{2\pi}{T}$ の関係になる．

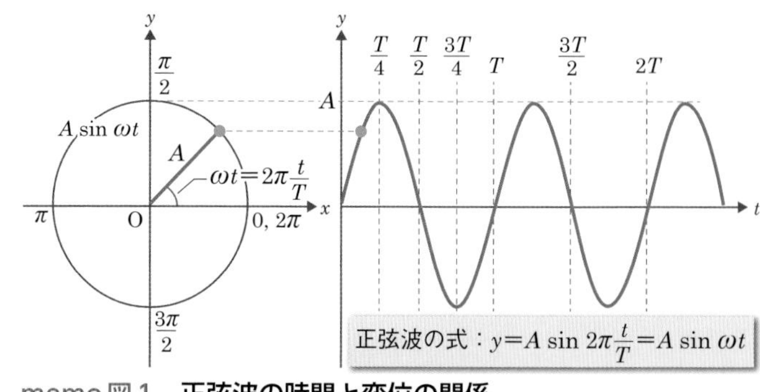

memo図1　**正弦波の時間と変位の関係**

波の速度をv〔m/s〕とすると，波源からx〔m〕離れている位置で生じる波は$\frac{x}{v}$〔s〕遅れて振動する．この差のことを位相という．よって，①の式の時間tを$t-\frac{x}{v}$に代えて※4，

$$y=A\sin 2\pi\frac{t-\frac{x}{v}}{T}=A\sin\frac{2\pi}{T}\left(t-\frac{x}{v}\right)$$

となる．$v=f\lambda=\frac{\lambda}{T}$※5の関係を用いると，次の式が得られる．

位置xにおける正弦波の式：$y=A\sin 2\pi\left(\frac{t}{T}-\frac{x}{\lambda}\right)$

この式から，時間では周期Tごと，位置では波長λごとに位相が同じになって，同じ変位で媒質が振動することがわかる．

※4　波が波源から速度v〔m/s〕でx方向に進むとき，波源からx〔m〕離れた位置をP点とすると，P点では波源の波形が$\frac{x}{v}$〔s〕遅れて現れる．P点での時刻をt〔s〕とすると，その時刻の波形はtより$\frac{x}{v}$〔s〕だけ早い時刻の波形になるので，tを$t-\frac{x}{v}$に置き換えると時刻tにおける波の変位を表すことができる．

※5　$f=\frac{1}{T}$より．

3 横波と縦波

波には，横波と縦波がある．**横波**は波の進む方向と波が変位する方向が垂直な波で，水面を伝わる波，地震のS波，光などがある．**縦波**は波の進む方向と波が変位する方向が平行な波で，音，地震のP波※1などがある（図5）．

波は媒質を構成する粒子の集団の振動が伝わっていく現象である．縦波では粒子の集団が波の進行方向に振動するので，媒質を構成する粒子が順に押されることで波が進行するため，縦波は固体，液体，気

※1　**地震のP波とS波**：地震の波（地震波）には，最初に到達する揺れを伝えるP波（primary wave）と遅れて揺れを伝えるS波（secondary wave）の2種類がある．P波は縦波で，地殻中を伝わる速さは5～7 km/s，S波は横波で地殻中を伝わる速さは3～4 km/sであるため，P波のほうが震源から遠い場所に早く伝わる．

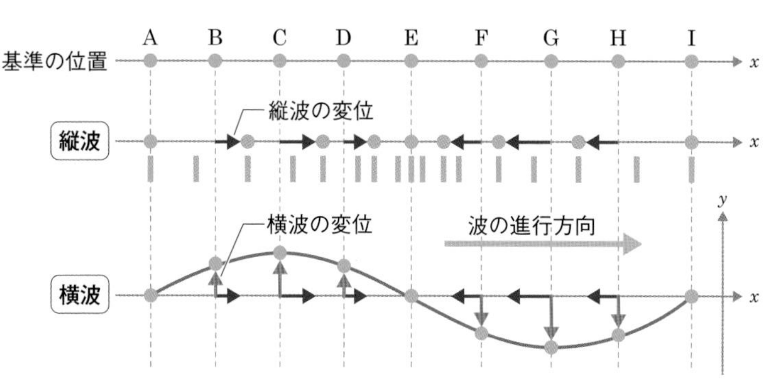

図5　縦波と横波

縦波は波の進行方向と波の変位の方向が平行な波，横波は波の進行方向と変位の方向が垂直な波である．縦波は視覚的にわかりにくいので，基準点を中心に縦波の変位を反時計回りに90°回転して，横波に置き換えることができる．縦波の下の短い縦線（‖）は，媒質の密度の濃淡を表す．

体のどの媒質でも生じる．横波では，波の進行方向に垂直な方向の粒子の集団的な振動が媒質を伝わる．粒子間の結びつきが強い固体の媒質では，隣の粒子が振動している粒子の運動に引きずられるように，振動と垂直な方向にも波が伝わる．しかし，粒子間の結びつきが弱い液体や気体の媒質では，振動と垂直の方向には力が伝わりにくいので，特殊な場合を除き横波は生じない．水を伝わる波である**水面波**は横波に近い運動をするが，媒質中を伝わる波ではなく媒質の表面を伝わる表面波である．

4 波の性質

波が示す特徴的な現象として，干渉，反射，屈折，回折がある（図6）．それらを説明する基礎となるのが，重ね合わせの原理とホイヘンスの原理である．

重ね合わせの原理

2つの波が重なると，2つの波の変位はそれぞれの波の変位を足し合わせた大きさになる．このことを**重ね合わせの原理**とよび，重ね合わせによって生じた波を**合成波**という．波Aの変位をy_A，波Bの変位をy_Bとすると，波Aと波Bが重ね合わさったときの合成波の変位yは次のように表される．

合成波の変位

$$y = y_A + y_B$$

合成波の変位 ＝ 波Aの変位 ＋ 波Bの変位

振幅，波長，周期が同じ波が逆向きから進行するとき，山と山がちょうど重なると波が強めあって山の高さは2倍になり，山と谷が重なる

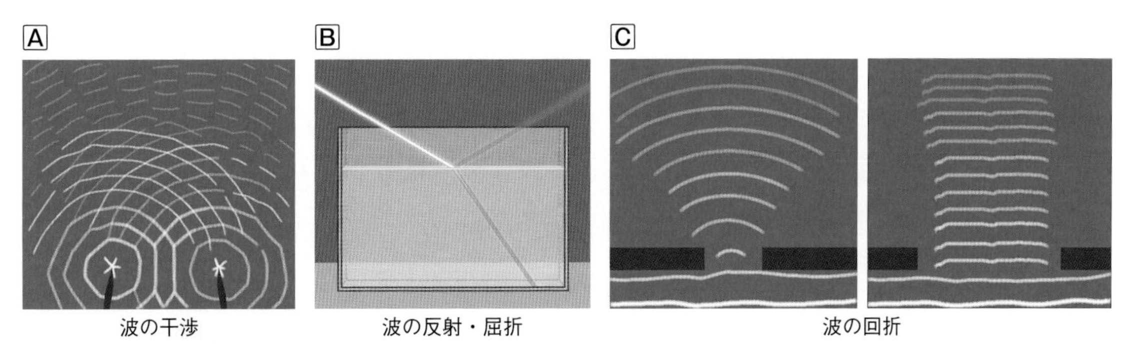

図6　波の示す特徴的な現象
（「波の干渉」「波の回折」の図：『PT・OTゼロからの物理学』（望月 久，棚橋信雄／編著，谷 浩明，古田常人／編集協力），羊土社，2015より引用）

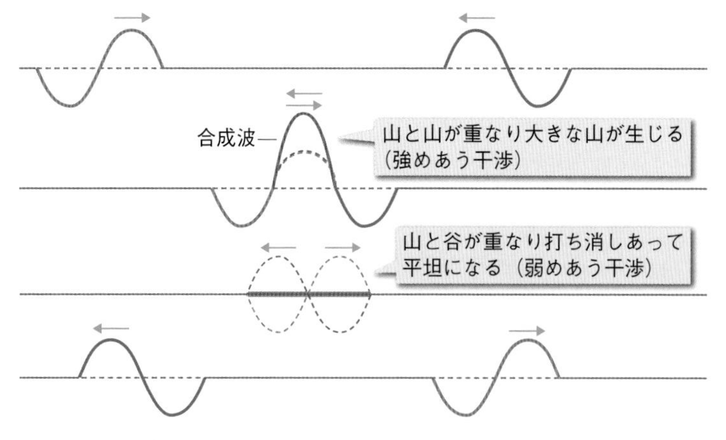

図7　重ね合わせの原理

振幅，波長，周期が同じ波が逆向きから進行するとき，山と山がちょうど重なると山の高さは2倍になり，山と谷が重なると変位が打ち消し合い変位が0の水平な面になる．

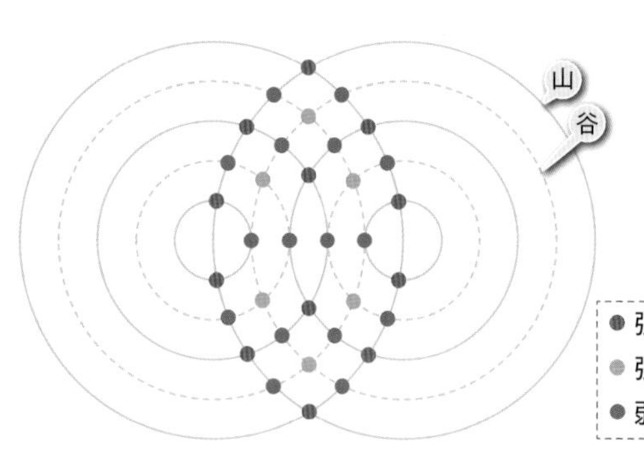

図8　波の干渉

2つの波があるとき，重ね合わせの原理から波が強めあって変位が大きくなる場所と，変位が打ち消しあって変位がなくなり水面が動かない場所ができる．

と波が弱めあって変位が0の水平な面になる．2つの波が重なったのち，それぞれの波は重なりによる影響を受けず，重なりの前と同じように進行する．これを**波の独立性**という（図7）．

波の干渉

複数の波源をもつ波が媒質中を広がると，重ね合わせの原理によって波が強めあって変位が大きくなる場所と，波が弱めあって変位が0になり水面が動かない場所ができる．このように，複数の波が重なって波を強めあったり，弱めあったりする現象を**干渉**という（図6A，図8）．干渉によって波の変位が大きくなると，船の転覆などの海難事故を引き起こすことがある．反対に，ノイズキャンセリング機能のあるヘッドホーンでは，マイクで外部の音（騒音）を収集し，電気的に音の変位を逆向きにした音を音楽と一緒に流すことで，波の干渉の弱めあう作用を利用して騒音を打ち消している．

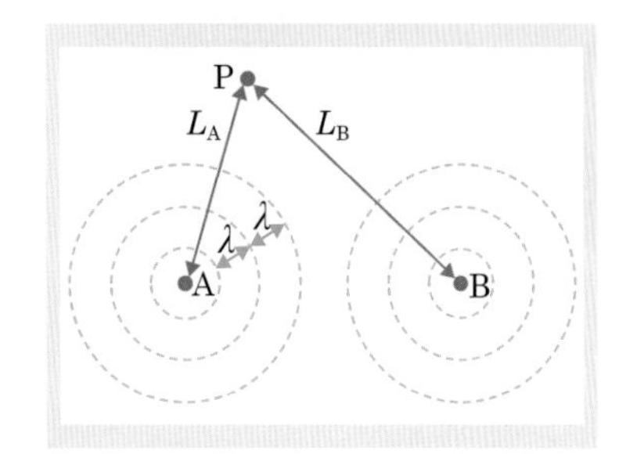

例　題

水面上に2つの波源A，Bがあり，同時に同じ振幅，波長，周期の連続波が生じている．波源Aからの距離がL_A，波源Bからの距離がL_Bの水面上の点Pにおいて，波が強めあう条件と打ち消しあう条件を求めなさい．ただし，2つの波の波長はλとする．

解答例　強めあう条件は，2つの波の山と山が重なる位置になる．波は1波長ごとに同じ波形を繰り返すので，L_AとL_Bの差が波源Aと波源Bから生じた波の波長の整数倍になれば強めあうことになる．よって，mを整数とすると，波が強めあう条件は次の関係になる．なお，$|L_B-L_A|$は，L_B-L_Aの差の絶対値を表す．

$$|L_B-L_A|=m\lambda \quad (\text{m は整数})$$

波が打ち消しあう条件は，2つの波の山と谷が重なる位置になる．波は1波長ごとに同じ波形を繰り返し，山と谷は波長の半分の位置関係になるので，L_AとL_Bの差が波源Aと波源Bから生じた波の波長の整数倍＋$\frac{1}{2}$になれば強めあうことになる．よって，mを整数とすると，波が打ち消しあう条件は次の関係になる．

$$|L_B-L_A|=\left(m+\frac{1}{2}\right)\lambda \quad (\text{m は整数})$$

答　波が強めあう条件：$|L_B-L_A|=m\lambda$　（mは整数），
波が打ち消しあう条件：$|L_B-L_A|=\left(m+\frac{1}{2}\right)\lambda$　（mは整数）

ホイヘンスの原理

波の進み方や，屈折，回折などの波の現象を説明するときの基礎となるのが**ホイヘンスの原理**である．ホイヘンスの原理では，波は**素元波**とよばれる小さな波の重ね合わせと考える．

■ ホイヘンスの原理

①波面上の無数の点が新しい波源になる．
②新しい波源を中心に，半径λの小さい円形の波である素元波が生じる．
③素元波に共通して接する面（包絡面）が次の瞬間の波面になる．

ホイヘンスの原理を用いて，平行に進む波である**平行波**と波源から円形に進む波である**円形波**の進行する様子を描くと図9のようになる．

波の反射と屈折

媒質Aの中を進む波が別の媒質Bに出会うと，その境界で**反射**と**透過**が起こる．このとき，媒質Aを媒質Bとの境界に向かって進む波を

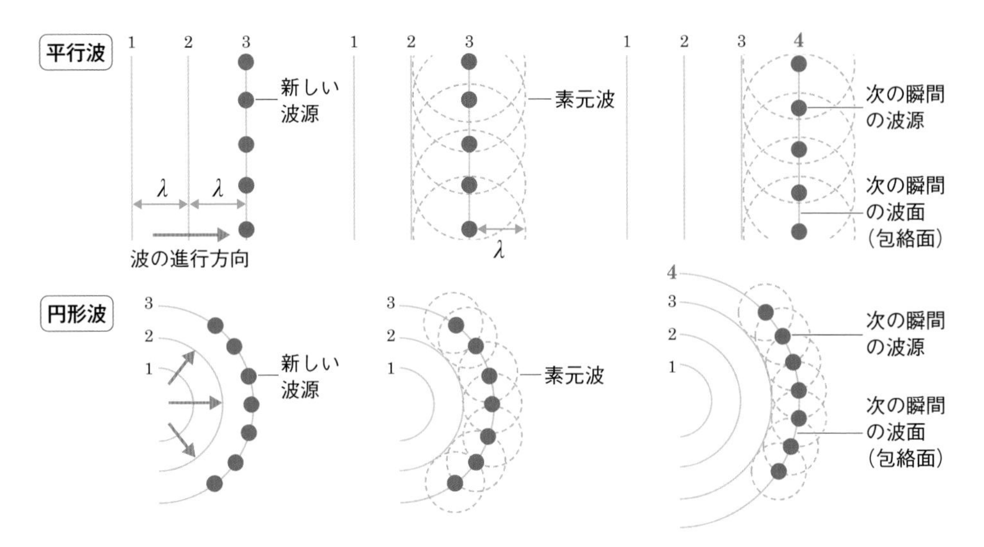

図9　ホイヘンスの原理による平行波と円形波の進み方
新しい波源から素元波が発生し，素元波に共通して接する面が新しい波面となる．新しい波面には，次の瞬間の波源が生じ，次の素元波が発生する．この繰り返しによって波が進行する．

入射波，境界で反射して境界から離れる向きに媒質Aを進む波を**反射波**，媒質Bの中を進む波を**透過波**という．透過波は，媒質Aと媒質Bの境界で波が曲がって進むので**屈折波**ともよばれる（p.159 図6B）．媒質の境界面に対して垂直な線を**法線**とよび，法線と入射波がなす角度を**入射角**，法線と反射波がなす角度を**反射角**，法線と屈折波のなす角度を**屈折角**という（図10）．入射角と反射角は等しいが，媒質が異なると入射角と屈折角は異なる．

媒質Aから媒質Bに波が進むとき，媒質Aでの波（入射波）の速度をv_A，波長をλ_A，媒質Bでの波（屈折波）の速度をv_B，波長をλ_Bとする．そして，入射角をα，屈折角をβ，媒質Aに対する媒質Bの屈折率をn_{AB}とすると，次の屈折の法則が成り立つ．

屈折の法則

$$\frac{\sin\alpha}{\sin\beta}=\frac{v_A}{v_B}=\frac{\lambda_A}{\lambda_B}=n_{AB}$$

$$\frac{\sin(入射角)}{\sin(屈折角)}=\frac{入射波の速度}{屈折波の速度}=\frac{入射波の波長}{屈折波の波長}=屈折率$$

屈折率は物質（媒質）によって異なる（表1）．媒質Aに対する媒質Bの屈折率が1より大きいときは，入射角αは屈折角βより大きくなり，媒質Bでの波の速度は遅くなり，波長は短くなる．波の振動数は媒質Aでも媒質Bでも同じで，変化しない．

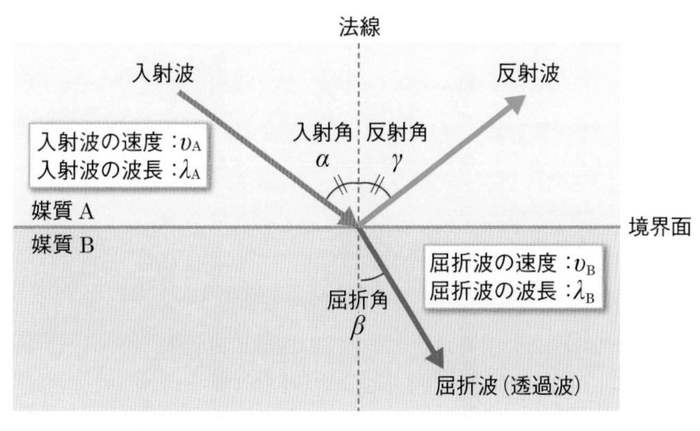

図10　波の反射と屈折

表1　さまざまな物質の屈折率（空気に対する値）

物質名	屈折率
水	1.33
パラフィン油	1.48
氷	1.31
石英ガラス	1.46
ダイヤモンド	2.42

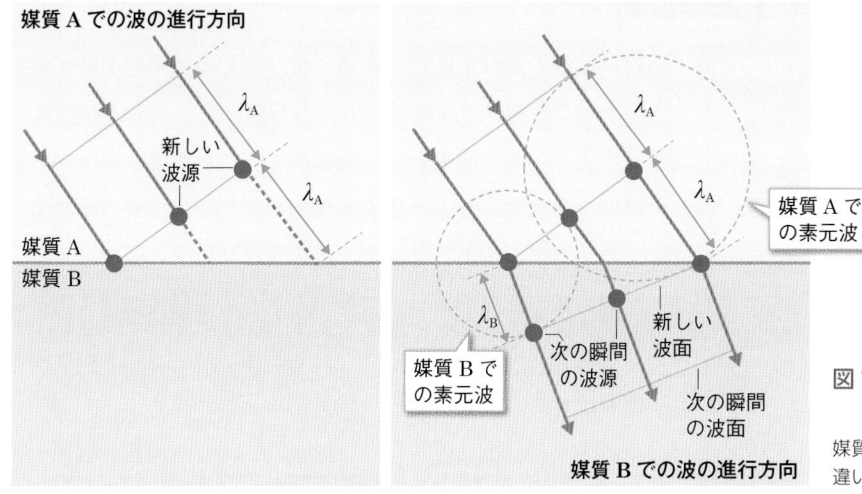

図11　ホイヘンスの原理による波の屈折の説明
媒質Aと媒質Bの波長，または速度の違いが波の屈折の原因になる．

平行波が媒質Aから媒質Bに進むときの波の屈折を，ホイヘンスの原理を用いて考えてみよう．平行波が境界面に向かって斜め方向に進み，波面の片側が境界面に達したとき，新波源は図11の左の図のようになる．ここまでは，波の波面は媒質A内を平行に進行する．媒質Aに対する媒質Bの屈折率が1より大きいとき，媒質Bでの波長λ_Bは媒質Aでの波長λ_Aより短い．そのため，媒質Bの新しい波源から生じる素元波の重ね合わせによってできる新しい波面は，図11の右の図のように媒質Aでの波面とは平行にならず，波の進行方向が変化する．これが波の屈折として観察される．媒質Bにすべての波面が入った次の瞬間の波面で生じる素元波は同じ波長になるので，ここから先の媒質B内では波面が平行な波として進行する．

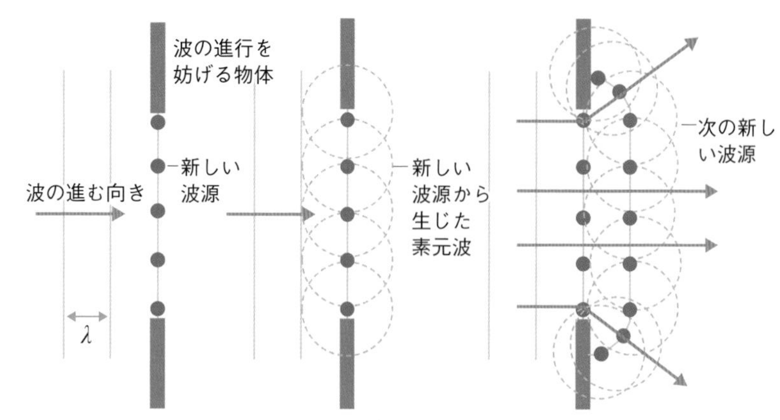

図12　ホイヘンスの原理による回折

波の回折

波の**回折**は，波の進行を妨げる物体の横や物体間の隙間を波が通過したとき，波がその物体の裏側に回り込む現象である（p.159 図6C）．波の回折もホイヘンスの原理を用いて説明することができる．平行波が物体の隙間を通過するとき，隙間の部分の新しい波源から生じる素元波を考える．隙間の中央を進む素元波の重なりによる波面は平行に進むが，隙間の端の部分の新しい波源から生じる素元波による次の瞬間の波面は円形状に進むため，物体の裏側に回り込む（図12）．隙間に対して波の波長が長いと，回折の影響が強く現れる．

5 音の性質

音とは

音は空気を媒質として，空気を構成する粒子の密な部分と疎な部分が伝わっていく縦波である．音叉（おんさ）※1を例にとると，音叉はU字形の部分が振動しており，音叉の先が広がるときにまわりの空気を圧縮して，空気を構成する粒子が密になる．音叉の先の間隔が狭くなるとき，空気が膨張して，空気を構成する粒子が疎になる（図13）．音叉は固有の振動数で振動しているので，近くに同じ振動数の音叉を置くと，圧縮された空気が次々と近くに置いた音叉に当たり，その音叉を振動させる．このような現象を**共鳴**という．音は空気中だけでなく，金属のような固体や水のような液体中も伝わる．

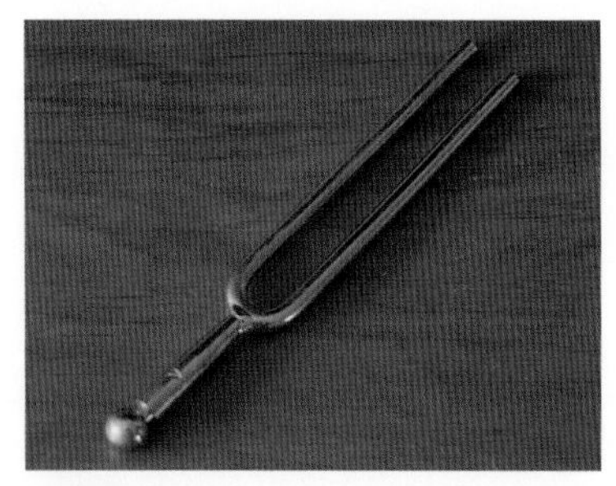
●音叉

※1　音叉は金属でできている．音叉のU字形の腕の外側を小さなハンマーなどで叩くと，腕は閉じる向きに曲がり，ひずみが生じる．このひずみによって弾性力が発生し，弾性力によって腕は開く向きに曲がる．腕が開くと，弾性力は腕を閉じる向きにはたらくので，腕は閉じる向きに曲がる．この過程を繰り返すことで音叉は振動する．音叉の振動数は，腕の長さが短いほど大きくなる．

音の伝わる速さを**音速**とよび（表2），空気中の音速 V〔m/s〕は気温が高くなると速くなる．温度が t〔℃〕のときの空気中の音速は次の

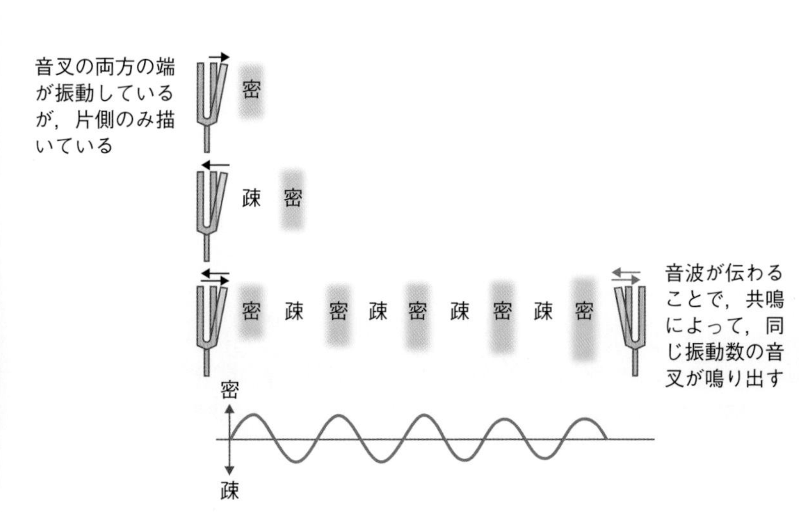

図13　音叉による音の発生
音叉の外側への振動によって媒質である空気が押されると，周囲の空気を構成する粒子が圧縮されて密になり，密な部分の運動が媒質を伝わっていく．音叉の振動によって，媒質の圧縮と膨張が周期的に生じるので，それが縦波である音として媒質中を伝わる．近くに振動数が同じ音叉があると，共鳴して振動し，鳴り出す．

表2　さまざまな媒質中の音速

媒質	条件	密度（kg/m³）	音速（m/s）
空気	0℃，1気圧	1.29	331.5
ヘリウム	0℃，1気圧	0.18	970
水	23〜27℃	1.00×10^3	1,500
脂肪	—	0.92×10^3	1,450
筋肉	—	1.04×10^3	1,580
骨	—	2.23×10^3	3,500
氷	—	0.92×10^3	3,230
鉄	—	7.86×10^3	5,950
金	—	19.32×10^3	3,240

—：条件不明

式で表される．

音速

$$V = 331.5 + 0.6t$$

音速〔m/s〕＝ 331.5 ＋ 0.6 × 温度〔℃〕

例　題

温度が0℃と30℃のときの空気中の音速を求めなさい．

解答例　温度が0℃のときの音速は，$331.5 + 0.6 \times 0 = 331.5$ m/s

温度が30℃のときの音速は，$331.5 + 0.6 \times 30 = 349.5$ m/s

答　温度0℃：331.5 m/s，30℃：349.5 m/s

夏の暑い日のほうが音は速く進む．夏の花火のほうが，花火が光ってから音が聞こえるまでの時間が少し短くなる．

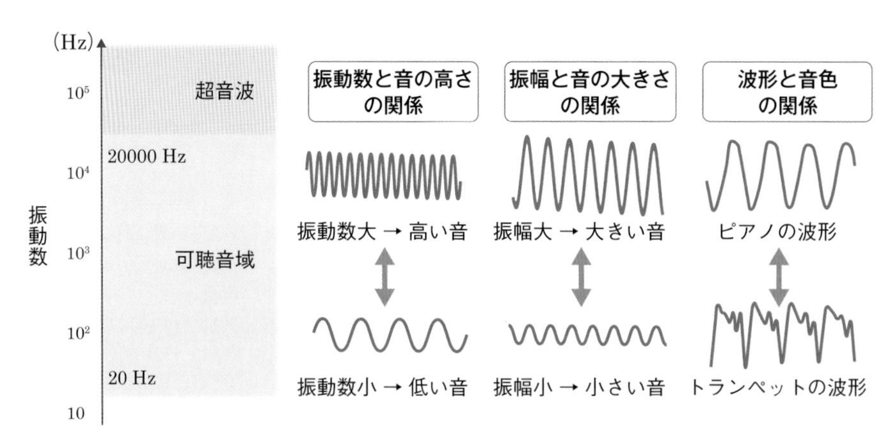

図14　ヒトの可聴音域と音の3要素

音の高さ，大きさ，音色の3つの性質を音の3要素という．音の高さは振動数，大きさは振幅，音色は波形と関係している．

音の3要素

人の耳に聞こえる音の振動数は，20 Hz〜20000 Hzとされる．音にはさまざまな性質があるが，基本的な音の性質には，音の高さ，大きさ，音色の**音の3要素**がある（**図14**）．

音の高さは音の高低を表し，音の振動数によって変化する．振動数が小さいときは低音，振動数が大きいときは高音として聞こえる．ヒトは音の3要素を聞き分けることによって外界からの情報を得たり，コミュニケーションをとったりしている．20000 Hz以上の振動数の音は**超音波**とよばれ，ヒトには聞こえないが，コウモリやイルカは超音波をパルス波として発して，物体や獲物に反射した超音波を頼りに障害物を回避したり，獲物を捕食したりしている．

音の大きさは，いわゆる「大きい音」と「小さい音」のことで，音の強弱を表している．同じ振動数の音では，音の振幅が大きいほど，私たちに聞こえる音は大きくなる．音の大きさは，空気の密な部分が移動することによって生じる音圧を用いて，**音圧レベル**●で表される．

● 音圧レベル→p.168 column

音色は音の聞こえ方で，音の質的な側面を表している．楽器の音，虫の鳴き声や羽ばたき音，ヒトの声など，私たちが聞く音にはそれぞれの特徴があり，この音の多様性が音色である．

音のドップラー効果

音が波であることによって生じる現象として，**ドップラー効果**がある．救急車やパトカーがサイレンを鳴らして近づいてくるときはサイレンの音が高く聞こえるが，遠ざかり始めると急にサイレンの音が低

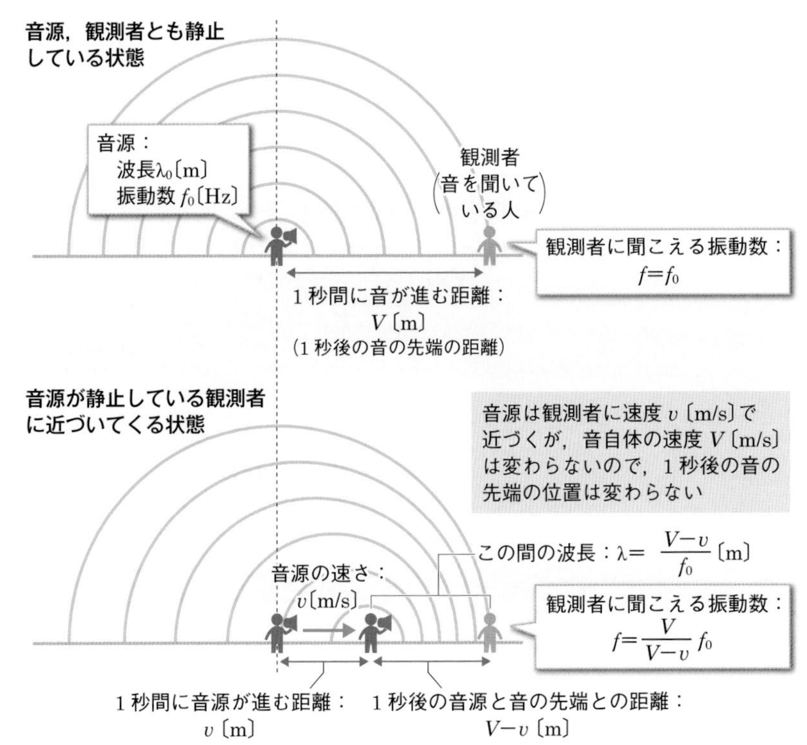

図15　ドップラー効果
音源が観測者に近づくとき振動数は大きくなり，音源が観測者から遠ざかると振動数は小さくなる．
（『PT・OTゼロからの物理学』（望月 久，棚橋信雄／編著，谷 浩明，古田常人／編集協力），羊土社，2015より引用）

くなる．このように，音の発生源である音源や音を聞く観測者の相対的な運動によって，観測者に聞こえる音の振動数が変化する現象をドップラー効果という．

音源も観測者も静止しているとき，音源から発した音波は速度（音速）Vで音源を中心に円形に広がっていく（図15上）．このとき波は一定の間隔で伝わるので，観測者が聞く音の波長λは音源の波長λ_0と等しくなり，観測者が聞く音の振動数fも音源の振動数f_0と等しい（$f=f_0$）．

音源が速度vで観測者に近づくときは，音速Vは変わらないので，1秒後の音源の位置と観測者の距離は$V-v$となり，波の間隔が縮まる（図15下）．そのため，その間の波長λは短くなり，$\lambda=\frac{V-v}{f_0}$※2となる．よって，観測者に聞こえる音の振動数fは，$f=\frac{V}{\lambda}=\frac{V}{V-v}f_0$となり，音源の振動数より大きくなって高い音として聞こえる．

反対に音源が遠ざかるときは，1秒後の音源の位置と観測者の距離は$V+v$となり，音源と観測者間の波長が長くなるので，観測者に聞こえる音の振動数fは，$f=\frac{V}{\lambda}=\frac{V}{V+v}f_0$となり，音源の振動数より小さくなって低い音として聞こえる．

※2　波の速度の式，$v=f\lambda$より$\lambda=\frac{v}{f}$（→p.156）

■ ドップラー効果による静止している観測者に聞こえる音の振動数

音源が速度vで観測者に近づくとき

$$f=\frac{V}{V-v}f_0$$

音源が速度vで観測者から遠ざかるとき

$$f=\frac{V}{V+v}f_0$$

V：音速，f_0：音源の振動数

ドップラー効果は音源の速度を振動数の変化として測定できるので，天体の星の速度，海中の魚の速度，血流の速度などの測定に利用されている．

例　題

飛行機が水平に近づいてくるとき，飛行機から発せられた**1000 Hz**の音が**2000 Hz**の振動数として聞こえた．音速を**340 m/s**とするとき，この飛行機の速度は時速何**km**か求めなさい．

解答例　飛行機の速度をv〔m/s〕とすると，音源が近づくときのドップラー効果の式より，次の関係が成り立つ．

$$2000=\frac{340}{340-v}\times1000$$

column

音圧レベル

音の大きさを表す物理量に音圧レベルがある．音圧は音が伝わっていくときの空気の圧力で，単位は圧力と同じパスカル〔Pa〕で表す．音圧レベルは，1 kHzの振動数（周波数）でヒトが聞くことのできる限界の大きさの音の音圧P_0(2×10^{-5} Pa)を基準として，ある音の音圧（P）がその何倍かを常用対数を用いて表したもので，次の式で表される．

$$音圧レベル=20\log_{10}\frac{P}{P_0}$$

音圧レベルの単位はデシベル〔dB〕である．

column表　**音圧レベルの例**

音の例	音圧〔Pa〕	音圧レベル〔dB〕
ヒトが聞くことのできる限界の音（1 kHz）	2×10^{-5}	0
ささやき声	2×10^{-4}	20
普通の大きさの声	2×10^{-2}	60
交通量の多い道路	2×10^{-1}	80
電車のガード下	2	100
近くで聞くジェット機の離陸音	2×10	120
音として聴ける限界	2×10^{2}	140

ヒトが感じる音の大きさは主観的な量で，音圧は客観的に測定できる物理量である．一般に，主観的な量は物理量の対数に比例する傾向があり，フェヒナーの法則とよばれる．

よって，

$$v=340-340\times\frac{1000}{2000}=170\ \mathrm{m/s}$$

時速に直すと，

$$170\times60\times60=6.12\times10^5\ \mathrm{m/h}=612\ \mathrm{km/h}$$

答 時速612 km

6 光の性質

光とは

光の正体は第9章で学習する電磁波●である．光は横波で，原子や分子のない真空中でも伝わる特殊な波である．光には質量がなく，真空中の速度は秒速 3.0×10^8 m で一定の値をもち，光より速いものは存在しないと考えられている．真空中の光の速度を**光速**とよび，c〔m/s〕で表すことが多い．生物は太陽からのエネルギーを光として受け取り生存に必要なエネルギーを吸収し，光を感受して外界の情報を得ている．

● 電磁誘導と電磁波→p.226 第9章 基礎編

ヒトが見ることができる光を**可視光線**とよび，虹の七色として知覚される．可視光線の振動数は380 nm（紫）～780 nm（赤）で，可視光線より波長の短い光を**紫外線**，波長の長い光を**赤外線**という（図16）．光の速度は一定なので，紫外線は赤外線より振動数が大きい．振

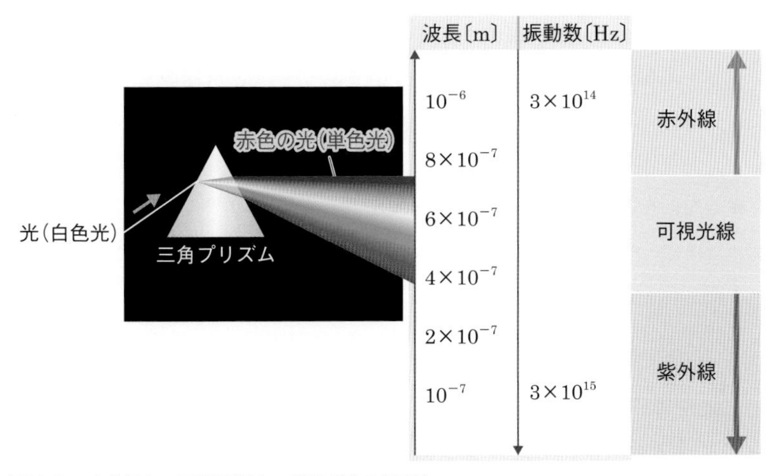

図16 赤外線，可視光線，紫外線の関係
（『PT・OTゼロからの物理学』（望月 久，棚橋信雄／編著，谷 浩明，古田常人／編集協力），羊土社，2015より引用）

動数が大きいほど波のもつエネルギーが大きいので，紫外線は日焼けを起こしたり，DNAの結合を破壊して皮膚がんの原因になったりして生体に及ぼす影響が大きい．赤外線の作用は主に温熱効果で，生体に及ぼす影響は紫外線に比べて穏やかである．

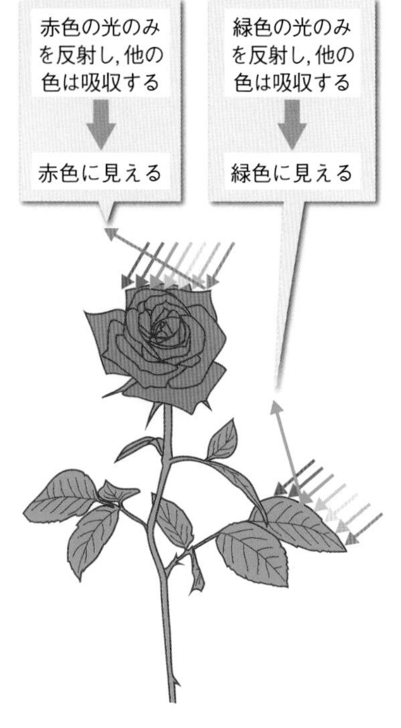

図17　物体の色
物体の色は，物体に吸収される波長の光と反射される波長の光の関係によって決まる．

物体の色

私たちのまわりにはたくさんの色がある．物体の色は，物体が発したり，光が物体から反射したりするときの光の波長で決まる．さまざまな波長の可視光線が均等に混ざり合った白色の光を**白色光**という．太陽光は白色光で，プリズムを通すと七色の光に代表されるさまざまな色（波長）が混ざっていることがわかる（図16）．赤いバラや緑の若葉が特定の色を示すのは，その物体がさまざまな波長の光のうち特定の波長の光を吸収したり，反射したりするためである（図17）．

光の直進性，反射，屈折

光のもつ重要な特性として，直進性と，媒質の境界における反射と屈折がある．光は均質な媒質の内部では直進する．これを**光の直進性**という．光の直進性は**フェルマーの定理**としても示される．光が直進することで，ヒトは物体の形を正確に捉えることができる．

memo　フェルマーの定理

フェルマーの定理は，「光は2点間を最小時間で結ぶ経路を進む」で表される（memo図2）．同じ媒質中で2点間を最小時間で結ぶためには，速度が一定のときは2点間の最小距離を進む必要があり，直線を進むことになる．

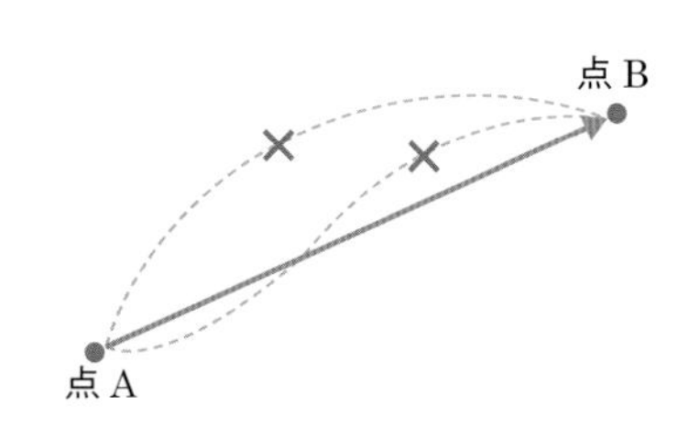

memo図2　フェルマーの定理

反射と屈折は波の一般的な特性で，光も媒質の異なる面で反射や屈折を起こす．光は空気中や水中，固体（可視光のときは透明な固体）などの媒質の中も進むことができ，そのときの光の速度v〔m/s〕は真空に対する媒質の屈折率に反比例して小さくなる．

真空に対する屈折率nの媒質中の光の速度

$$v = \frac{c}{n}$$

$$\text{光の速度〔m/s〕} = \frac{\text{光速〔m/s〕}}{\text{屈折率}}$$

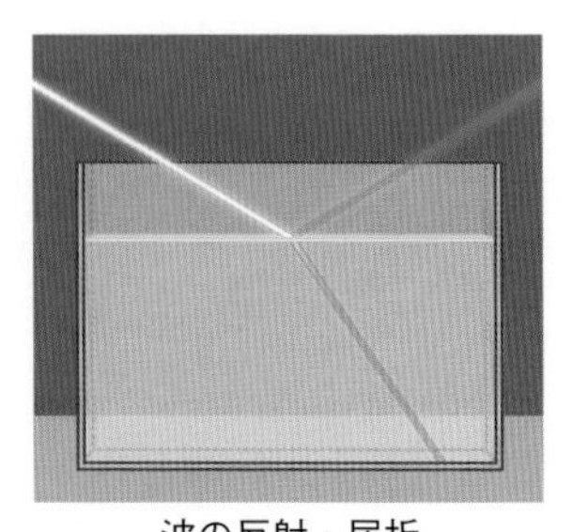

波の反射・屈折
（図6Bを再掲）

鏡やよく磨いた金属などは光を反射し，プリズムやレンズは光を屈折させて光の進行方向を変える作用をもち，眼鏡，顕微鏡，望遠鏡をはじめさまざまな光学機器に利用されている．

レンズは光を集めたり，広げたりする作用をもつ．**凸レンズ**は光を集める（収束させる）作用をもち，**凹レンズ**は光を広げる（発散させる）作用をもつ（図18）．**光軸**に平行な光が凸レンズを通過すると，光が凸レンズの光軸に集まる方向に進み，**焦点**で一点に集まってから再び広がっていく．ヒトの眼を構成して光の通路となる水晶体も凸レンズとしてはたらき，網膜に光の焦点が結ぶように厚さが調節されている．

光軸に平行な光が凹レンズを通過すると，光は光軸から遠ざかる向きに広がっていく．この凹レンズを通過していった光の進む直線を逆向きにたどると，光軸上の一点に集まる．この点を凹レンズの焦点とする．光軸に平行に凹レンズを通過した光は，凹レンズの焦点から発して直進するように広がって進む．

column

光の偏光

光を，細い線状のスリット構造をもつ2枚の偏光板に通過させると，2枚の偏光板を90°回転させるごとに光が通過して明るく見えたり，光が遮断されて暗く見えたりする．これは光が，進む方向に対して垂直にさまざまな向きに振動していて最初の偏光板と同じ角度の光だけが通過するので，2枚目の偏光板が最初の偏光板と水平なときのみ明るく見えて90°回転させたときには光は透過しないので暗くなることによる（column図）．偏光は，光が横波であることによって生じる現象である．

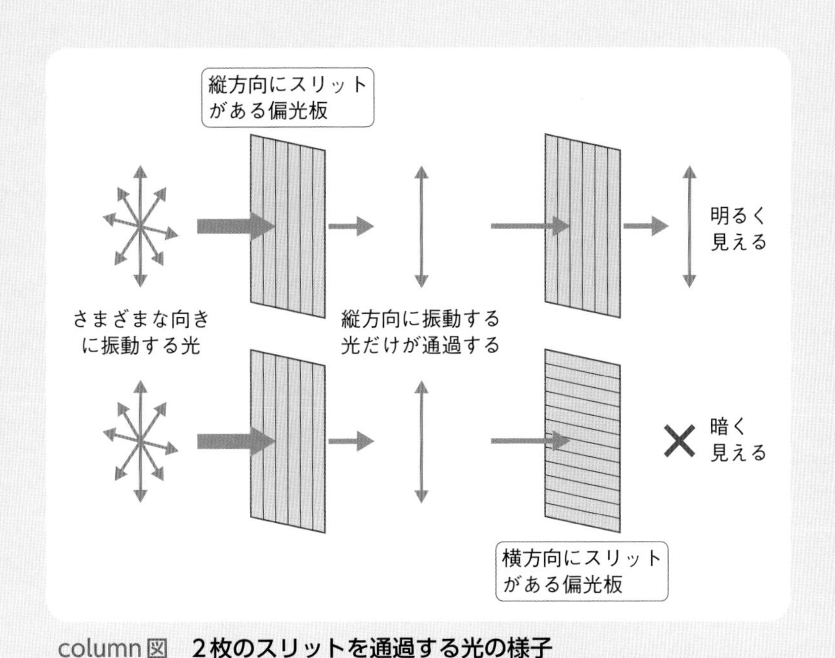

column図　**2枚のスリットを通過する光の様子**

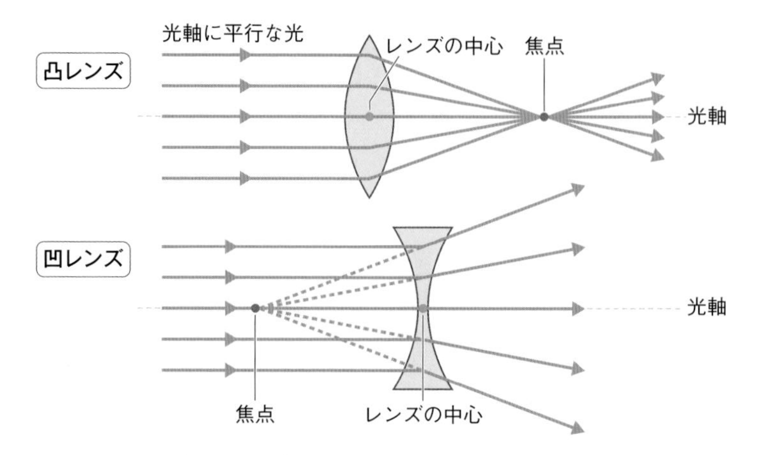

図18　凸レンズと凹レンズの作用

凸レンズは光を集める作用，凹レンズは光を広げる作用をもつ．

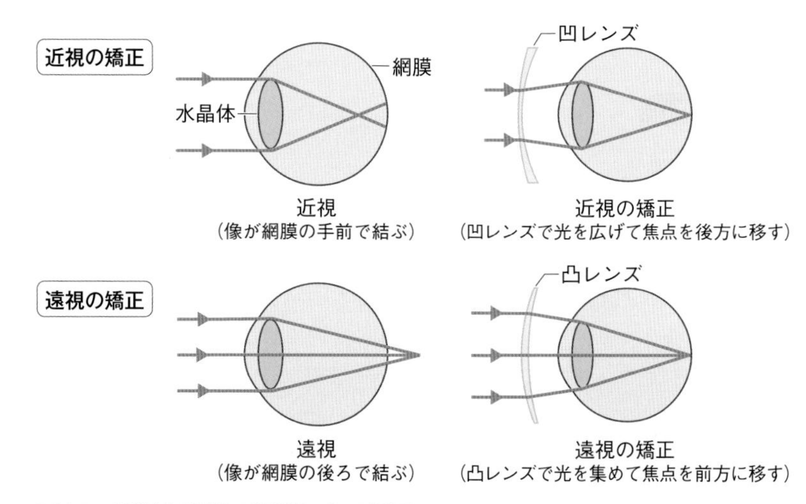

図19　近視と遠視の眼鏡による矯正

近視では平行な光が入ったとき網膜より前で焦点を結ぶので，視力の矯正のために凹レンズの入ったメガネを用いて，焦点が後方に結ぶようにする（図19上）．反対に遠視では，平行な光が入ったとき網膜より後ろで焦点を結ぶので，凸レンズの入った眼鏡を用いて焦点が前方で結ぶようにしている（図19下）．レンズを組み合わせると，顕微鏡や望遠鏡のように物体を拡大して見ることができ，私たちの見ることのできる能力を拡大し，科学の進歩につながっている．

学習内容

- 超音波療法の基礎
- 光線療法の基礎

基礎編 は154ページ

1 超音波療法の基礎

超音波の作用

超音波療法は，超音波を皮膚表面から生体組織に照射することで，組織や細胞に微細な振動を加える物理療法である．微細な振動は組織や細胞を構成する分子を運動させ，それらが衝突して分子の運動を激しくするので，組織の温度を上げて代謝を促進するとともに，微細な振動自体がさまざまな生理学的作用を引き起こす（表3）．超音波療法には，**温熱効果**と振動刺激の作用（**非温熱効果**）の両方を目的とするものと，主に振動刺激による作用を目的とする**低出力パルス超音波**（low intensity pulsed ultra-sound：LIPUS）がある．

超音波療法を適切に実施するためには，反射，屈折，吸収などの超音波がもつ波としての性質と生体組織との関係を理解する必要がある．

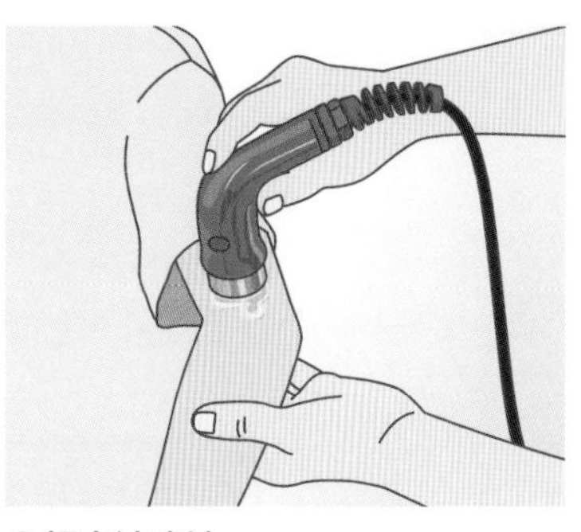

●超音波療法

表3　超音波療法の主な生理学的作用と臨床的効果

	生理学的作用	臨床的効果
温熱効果 ● 組織温の上昇	● 組織代謝の促進 ● 局所血流の促進 ● 軟部組織の伸張性増加 ● 軟部組織の粘弾性の変化 ● 疼痛閾値の上昇	● 軟部組織柔軟性向上 ● 筋スパズム, 筋硬結の軽減 ● 疼痛の軽減 ● 筋疲労の軽減 ● リラクセーション
非温熱効果 ● 組織，体液の微細振動 ● キャビテーション（気泡の発生） ● マイクロストリーミング（体液の流動促進）	● 細胞の活性化 ● 細胞膜透過性の亢進 ● 組織代謝の促進	● 創傷治癒の促進 ● 軟部組織の治癒促進 ● 骨癒合の促進 ● 浮腫の軽減 ● 疼痛の軽減

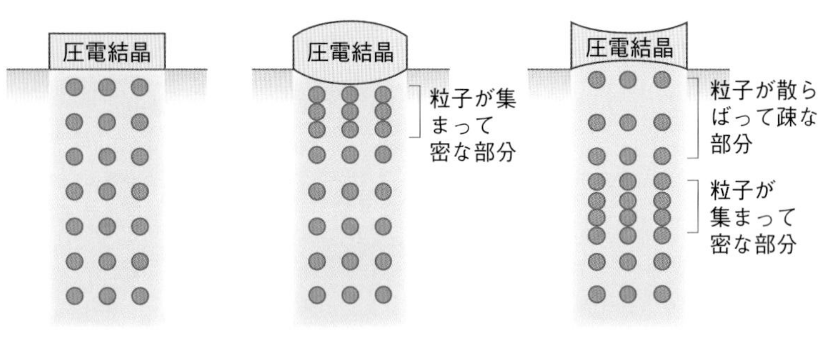

図20　圧電結晶の変形による超音波の発生と組織内への伝わり方

超音波の発生

水晶やチタン酸バリウムなどの結晶に一定の向きに圧力をかけると，変形して電圧が発生する．この現象を**圧電効果**とよび，圧電効果をもつ結晶を圧電結晶という．反対に，圧電結晶に電圧をかけると圧電結晶は変形する．これを**逆圧電効果**という．超音波療法では，圧電結晶に交流の電圧をかけ，逆圧電効果によって圧電結晶が周期的に変形するときの微細な振動を超音波の発生源として用いている．

電圧がかかり圧電結晶が変形して組織の表面を押すと，組織を構成する分子が押されることで集まって密になり，電圧が逆になって変形が逆向きになると分子が逆向きに引かれることで散らばって疎になる（図20）．これが繰り返されることで粗密波が組織内を伝わっていくのが超音波療法の原理である．

超音波の振動数

超音波療法では，1 MHzまたは3 MHzの振動数（周波数）の超音波が多く用いられる．超音波のエネルギーが組織に吸収されて生理学的な作用が生じるので，超音波のもつエネルギーの大きさと，有効な量のエネルギーが到達する皮膚からの距離が重要である．

超音波のエネルギーはワット毎平方センチメートル〔W/cm^2〕で表され，1 cm^2あたりの仕事率（パワー）に相当する．超音波療法に用いられる超音波のエネルギーは0.1～2 W/cm^2程度である．超音波のもつエネルギーは波と同じように振動数の2乗と振幅の2乗に比例するので，振動数が大きい超音波は大きなエネルギーをもち，3 MHzの超音波のほうが1 MHzの超音波より，組織に与える影響が大きくなる．

表4　主な生体組織の超音波吸収係数

組織	吸収係数（dB/cm）	
	1 MHzの超音波	3 MHzの超音波
皮膚	0.62	1.86
脂肪	0.14	0.42
筋（筋と垂直方向に照射）	0.76	2.28
腱	1.12	3.36
軟骨	1.16	3.48
骨	3.32	

同じ振動数の超音波のエネルギーは，振幅によって調節される．

反対に，有効な量のエネルギーの到達距離は，振動数が小さく波長が長い1 MHzの超音波のほうが大きく，治療に有効なエネルギーが到達する距離は，1 MHzの超音波では皮膚表面から6 cm程度，3 MHzでは2.5 cm程度とされる．

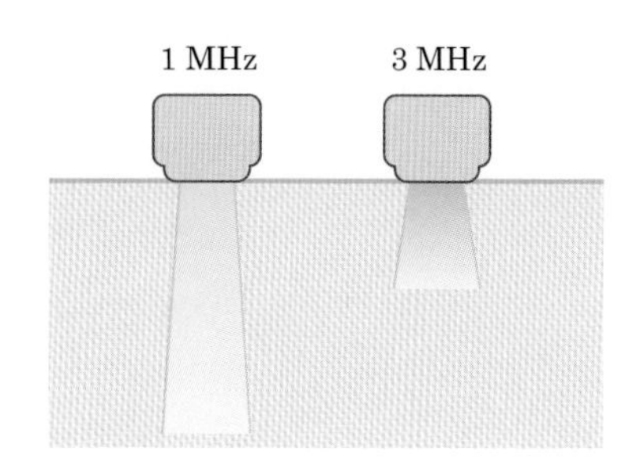

組織が吸収するエネルギー量は組織の種類によって異なり，コラーゲン線維の多い骨，軟骨，腱の吸収率が高い（表4）．

例　題

超音波療法について正しいのはどれか．

❶電磁波を用いた物理療法である．

❷3 MHzより1 MHzの超音波のほうが，深い位置の組織を治療できる．

❸3 MHzより1 MHzの超音波のほうが，エネルギーの減衰が大きい．

❹腱は筋より超音波のエネルギー吸収率が低い．

❺超音波には温熱作用はない．

解答例

❶超音波は電磁波ではない．（×）

❷正しい．（○）

❸振動数が高いほうが組織におけるエネルギーの吸収が大きく，減衰率が大きい．（×）

❹腱のほうがコラーゲン線維の含有率が高く，エネルギー吸収率が高い．（×）

❺振動によって熱が発生するので，温熱作用がある．（×）

超音波の吸収，反射，屈折，干渉

超音波も波のように反射，屈折，干渉を起こす．四肢への超音波の照射を考えると，表面から順に皮膚，皮下脂肪，筋膜，筋，骨膜，骨の生体組織がある（図21）．超音波が生体組織を媒体として進行するとき，生体組織にエネルギーを吸収されるので超音波のエネルギーは減衰する．筋膜や骨のところで超音波は反射され，組織に入る超音波と反射した超音波が干渉する．超音波診断装置では，照射した超音波と組織の境界で反射された超音波を比較することで画像を得ている（図22）．超音波から得られる画像の解像度※1は，おおよそ波長の長さになる．超音波診断装置に用いられる超音波の振動数は2〜20 MHzであり，超音波療法に用いられる振動数より大きい．

※1　**解像度**：2つの位置を異なる位置として見分けられる程度．

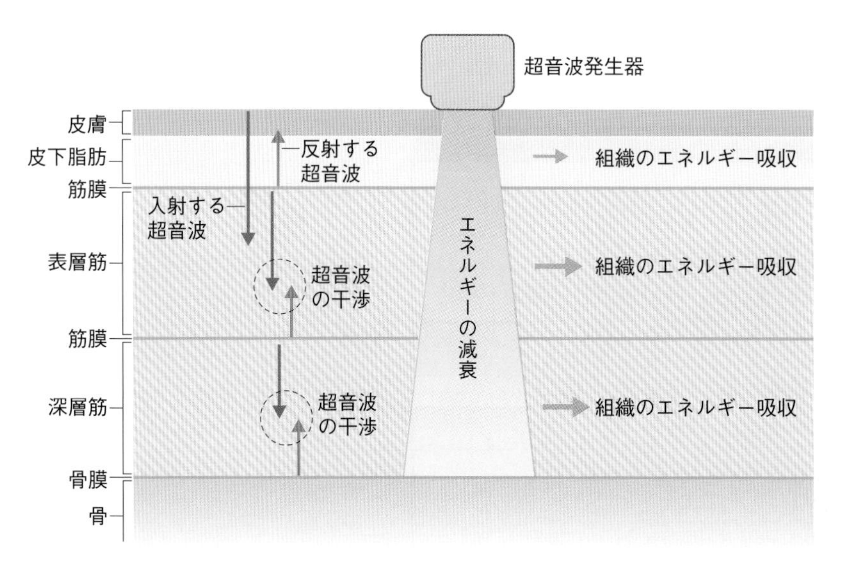

図21　生体組織への超音波の照射

超音波発生器から生体組織に照射された超音波は，皮膚，皮下脂肪，筋膜，筋，骨膜，骨など，身体の表面から深部に向かってさまざまな組織を通過する．その間で，組織にエネルギーが吸収され，超音波のもつエネルギーは減衰する．また，組織を通過する過程で，反射，屈折，干渉などが生じる．

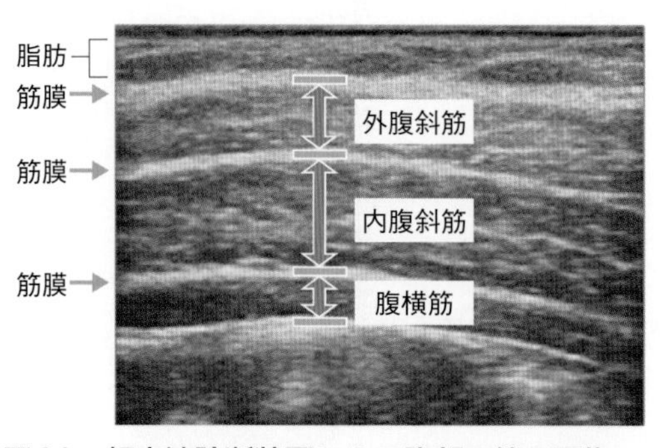

図22　超音波診断装置による腹部の筋の画像

例　題

超音波診断装置では，5つ程度の波を連ねたパルス波●を発している．このパルス波の幅（波長の5倍）が超音波診断装置から得られる画像の解像度になる．パルス波の波数5，振動数10 MHzの超音波を用いて，超音波の伝導速度が1.5×10^3 m/sの組織を検査したときの解像度はいくらか計算しなさい．

● パルス波→p.155 第7章 基礎編

解答例　超音波の波長をλ〔m〕とすると，波の速度v〔m/s〕，振動数f〔Hz〕のときの波の速度の式$v=f\lambda$●より，

● 波の速度→p.156 第7章 基礎編

$$\lambda=\frac{v}{f}=\frac{1.5\times10^3}{10\times10^6}=1.5\times10^{-4}\ \mathrm{m}$$

となる．解像度はこの5倍になるので，

$$5\lambda=5\times1.5\times10^{-4}=7.5\times10^{-4}\ \mathrm{m}$$

答　7.5×10^{-4} m（または0.75 mm）

おおよそ，1 mm程度の解像度になる．

2 光線療法の基礎

光線療法には，**赤外線療法**，**紫外線療法**，**レーザー療法**などがある（表5）．光線療法によって得られる生理学的作用には，**光化学作用**と**温熱作用**がある．光化学作用は光のエネルギーが細胞を構成するタンパク質などに吸収され，化学反応を起こすことで生理学的作用が生じ

表5　光線療法による生理学的作用

光線療法の種別	主な生理学的作用	臨床的効果
赤外線療法	● 軟部組織伸張性増加 ● 組織代謝亢進 ● 局所循環改善 ● 光化学作用	● 軟部組織柔軟性向上 ● 創傷治癒の促進 ● 褥瘡，皮膚潰瘍などの治癒促進 ● 疼痛緩和 ● リラクセーション
紫外線療法	● 日焼け（紅斑形成） ● 色素沈着 ● 細胞傷害作用 ● ビタミンD生成作用 ● 免疫抑制作用 ● 光化学作用	● 殺菌作用 ● アレルギー性・感染性皮膚疾患回復促進 ● 円形脱毛症の回復促進
レーザー療法	● 軟部組織伸張性増加 ● 組織代謝亢進 ● 局所循環改善 ● 光化学作用	● 軟部組織柔軟性向上 ● 疼痛軽減 ● 筋緊張亢進抑制 ● 消炎作用

光源

強度 1

強度 1/4

強度 1/9

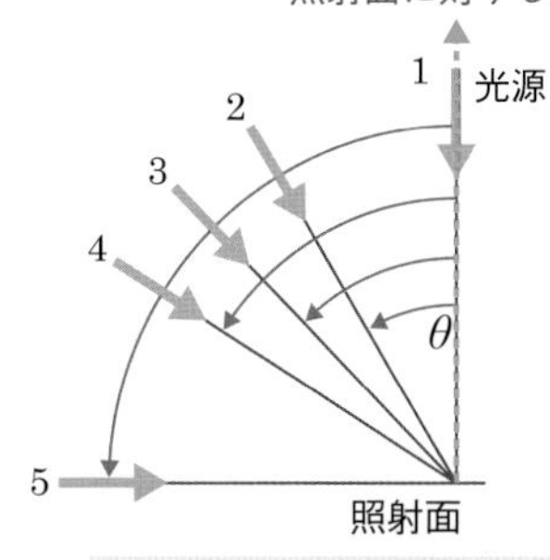

余弦（cos θ）による光の強さの変化

光源	θ	cos θ
1	0°	1.00
2	30°	0.87
3	45°	0.71
4	60°	0.50
5	90°	0.00

逆 2 乗の法則
光の強さは，光源からの距離の 2 乗に反比例して弱くなる

ランバートの余弦の法則
光の強さは，光源から光が進む向きと照射面の法線とのなす角度が大きくなると余弦（cos）に比例して小さくなる

図23　光の強さに関する逆 2 乗の法則とランバートの余弦の法則

る．温熱作用は主に赤外線によって得られ，赤外線のエネルギーが分子に吸収され熱エネルギーに変換されることで組織の温度が上昇して生理学的作用が生じる．

光の強さの光源からの距離による変化 ――逆２乗の法則

点状の光源から発する光は球面上に広がっていく．光の強さは，単位面積あたりを１秒間に通過する光のエネルギーなので，球の表面積 S に反比例して小さくなる．半径 r の球の表面積は $4\pi r^2$ なので，光の強さ $I \propto \frac{1}{S} = \frac{1}{4\pi r^2}$ となり，光の強さは半径の２乗に反比例して小さくなる．これを**逆２乗の法則**という（図23左）．

光の強さの光線の角度による変化 ――ランバートの余弦の法則

光の強さは光線の角度によって変化する．光の強さは単位面積あたりを１秒間に通過する光のエネルギーなので，光が照射される面の垂線と光線との角度を θ として，$\theta = 0°$ のときの光が照射される面積を S_0 とすると，角度が θ のときの照射される面積 S は，$S = \frac{S_0}{\cos\theta}$ ※1 になる．光の強さは照射される面積に反比例するので，$I \propto \frac{1}{S} = \frac{1}{\frac{S_0}{\cos\theta}} = \frac{\cos\theta}{S_0}$ となり，照射面の法線と光線の角度（θ）が大きくなると，光の強さは $\cos\theta$ に比例して小さくなる．これを**ランバート（Lambert）の余弦の法則**という（図23右，図24）．光線療法を行う際は，照射する面積に合わせて，光の強さ（強度），光源と照射面との距離，光線の

※1　$S_0 = S\cos\theta$
$S = \frac{S_0}{\cos\theta}$

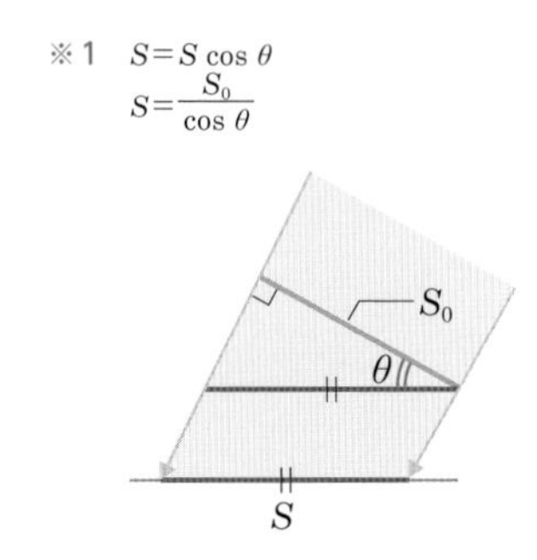

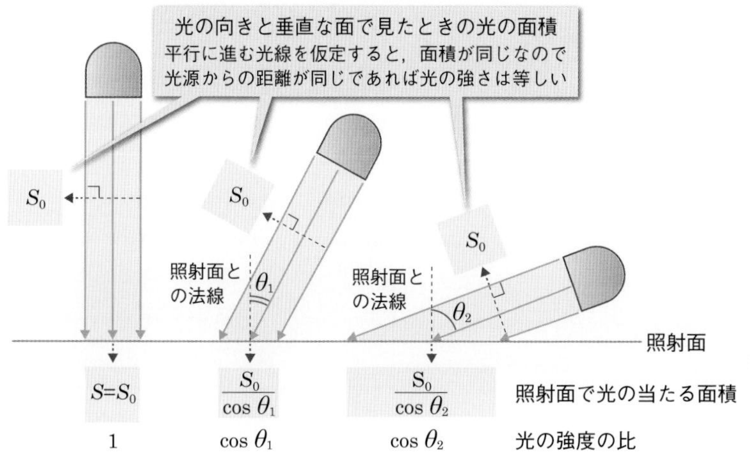

図24 ランバートの余弦の法則の説明図
ランバートの余弦の法則は，照射面に斜めに入ることによる光の強さの低下と考えることができる．

角度を適切に設定する必要がある．

例 題

図BのX点に照射される赤外線の強度は，図AのX点に照射される赤外線の強度の何倍か．ただし，赤外線は図の点線の端から照射する．

（第40回理学療法士国家試験問題を参考に作成）

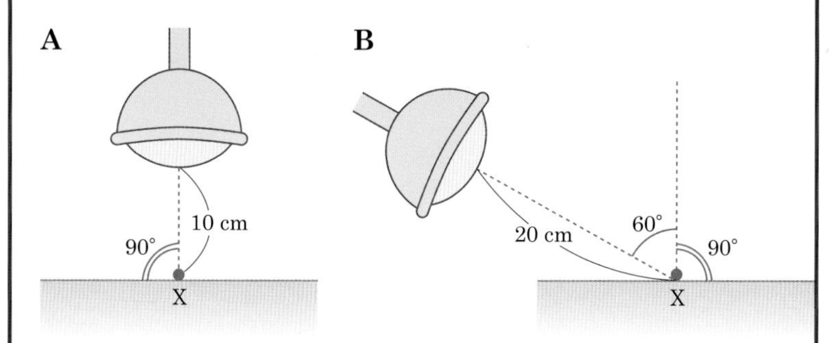

解答例 赤外線の強度（強さ）は，逆2乗の法則より光源から照射面までの距離の2乗に反比例する．そのため，図AのX点での赤外線の強度をI_A，図BのX点での光線に垂直な面での強度をI_Bとすると，

$$I_A : I_B = \frac{1}{0.10^2} : \frac{1}{0.20^2} = 100 : 25$$

よって，

$$I_B = I_A \frac{25}{100} = 0.25 I_A$$

さらに，図Bの赤外線は照射面の法線に対して60°傾いているので，ランバートの余弦の法則から強度は$\cos 60^\circ$に比例する．よって，図BのX点の赤外線の強度は，

$$0.25 I_A \times \cos 60^\circ = 0.25 I_A \times 0.5 = 0.125 I_A = \frac{1}{8} I_A$$

答 0.125倍（または$\frac{1}{8}$倍）

第8章

電気の性質と利用

電子，イオンの動きと電気

物体がもつ電気，すなわち電荷には正と負の2種類があり，正負の組み合わせによって引きあう力と反発する力が生じる．また，原子や分子の大きさのレベルでは電荷による力は重力よりも大きいため，化学や分子生物学的な現象には電気の力が強くかかわっている．

第８章の 基礎編 では，静止している電荷の間にはたらく静電気力，電荷があることで生じる電場，電気的な位置エネルギーである電位，そして電荷の流れである電流について学習する．電流は第９章の磁気とも密接に関係する．

臨床編 では，電気機器の安全な取り扱い，電子の運動を中心とする電気素子のはたらきと基礎的な電気回路について学習する．そして電気回路の理解をもとに，生体の電気現象として細胞の膜電位と表面筋電図について学習する．

第8章
電気の性質と利用

基礎編

臨床編 は198ページ

学習目標

- 原子の構造と電気の性質について説明できる
- 電荷の間にはたらく力について説明できる
- 電場，電圧について説明できる
- 電流，電圧，抵抗の関係について説明できる

1 原子の構造と電気

質量は物体がもつ一つの性質と考えることができる．質量をもつ物体には万有引力がはたらき，2つの物体があると互いに近づく向きに力がはたらく．重力も地球と地上にある物体の間にはたらく万有引力であり，地球の中心に向かってはたらくので，地表に対しては鉛直下向きの力になる●.

● p.43 第2章 基礎編 column 参照.

質量と同じように**電気**も物体がもつ一つの性質と考えることができる．物体がもつ電気を**電荷**という．電荷の量（電気量）を表す単位は**クーロン**〔C〕である．質量と異なり，電荷には正と負の2種類がある．2つの電荷があるとき，正と正，負と負のように，同じ符号の電荷の間には，互いに遠ざかる向きの力である**斥力**がはたらく．正と負，負と正のように，異なる符号の電荷の間には互いに近づく向きの力である引力がはたらく．電荷をもたない物体の間には，電気による力は生じない．このことが，質量と電気の大きな違いである．

物体は多くの原子から構成され，原子は**原子核**と**電子**から構成される．原子の最も簡単なモデルは，太陽系のように太陽に相当する原子核が中心にあり，惑星に相当する電子が原子核のまわりを回っている原子モデルである（図1）．原子核は正の電荷をもち，電子は負の電荷をもっている．電子1個のもつ電気量は-1.6×10^{-19} Cであり，この絶対値である1.6×10^{-19} Cを**電気素量**という．原子核は水素の原子核を除くと**陽子**と**中性子**から構成されており，陽子は正の電荷をもち，中性子は電荷をもっていない．陽子1個のもつ電気量は$+1.6\times10^{-19}$ Cで，電気素量と同じ大きさである．原子のもつ電子の数と陽子の数が同じとき，正の電気量と負の電気量の和が0 Cになり，原子は電気的に中性である．

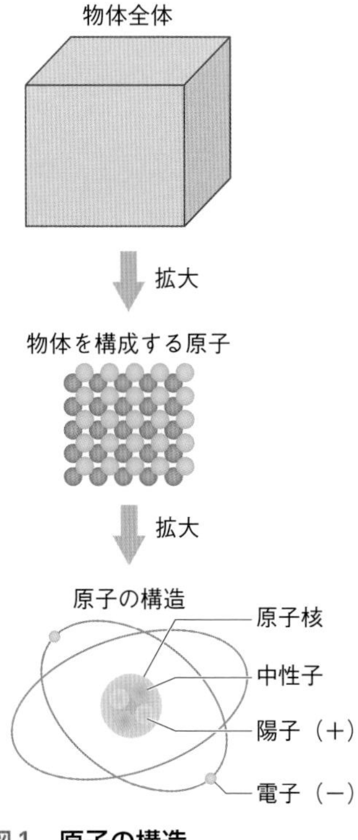

図1 原子の構造
物体（物質）は多数の原子から構成される．原子は，正の電荷をもつ陽子と電気的に中性な中性子から構成される原子核と，負の電荷をもつ電子から構成されている．

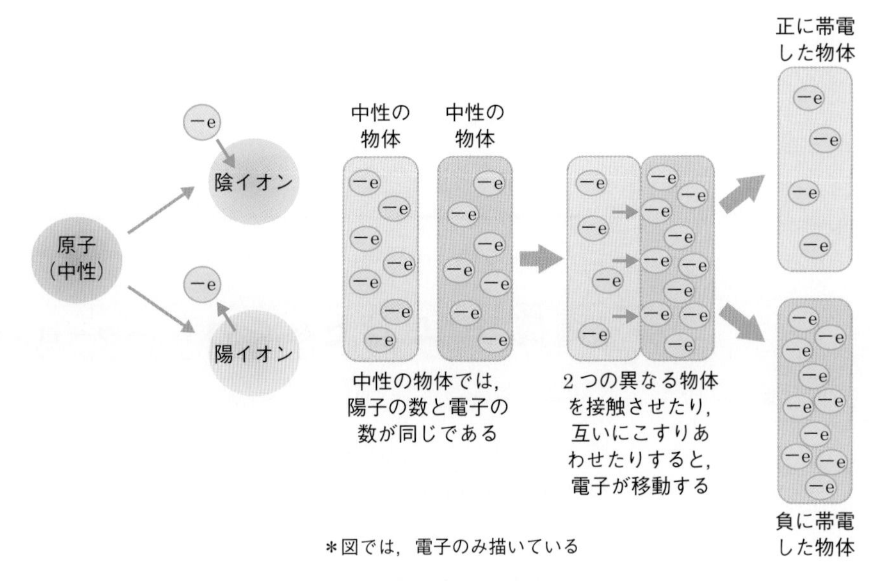

図2　電子の移動によるイオンの生成と物体の帯電
原子や分子，物体の電荷は，正の電荷と負の電荷の過不足によって決まる．原子では，原子に電子が入ると陰イオンになり，電子が原子から出ると陽イオンになる．物体と物体を接触させたときは，電子が入ってきた物体は負に帯電し，電子が出ていった物体は正に帯電する．

原子から電子が出ると正の電気量が多くなり，陽イオンになる．反対に電子が原子に入ると負の電気量が多くなり，陰イオンになる．多数の原子から構成される物体全体の電荷の正負は，物体に含まれる正の電気量と負の電気量の過不足によって決まる．物体に電気量の過不足が生じているとき，物体は**帯電**しているという．

エボナイト棒[※1]を毛皮でこすると，毛皮からエボナイト棒に電子が移動して，エボナイト棒のもつ負の電荷が多くなって負に帯電する（図2）．このとき，電子がエボナイト棒と毛皮の間だけで移動したとすると，エボナイト棒に入った電子の数と毛皮から出た電子の数は等しくなり，全体の電気量は変わらない．これを，**電気量保存の法則**という．

※1　**エボナイト棒**：エボナイト棒は，生ゴムに硫黄を加えてつくられるエボナイトを棒状にしたもの．エボナイトはプラスチックに近い性質があり，電気を通しにくく帯電しやすい．

例　題

ある物体に含まれる電子の総数は 1.02×10^{24} 個，陽子の総数は 1.00×10^{24} 個とするとき，この物体の電荷は正か負か．また，電気量はいくらか．ただし，電気素量は 1.6×10^{-19} C とする．

解答例　電気量は物質全体の正の電気量と負の電気量の差によって決まり，電子と陽子のもつ電気量は等しいので，物体の電荷は総数の多い電子と同じ負になる．

電気量は，

$$(1.02\times10^{24}-1.00\times10^{24})\times(-1.6\times10^{-19})$$
$$=0.02\times10^{24}\times(-1.6\times10^{-19})$$
$$=-3.2\times10^{3}$$

答 電荷：負，電気量：-3.2×10^{3} C

2 電荷の間にはたらく力[※1]——クーロンの法則

※1　電荷の間にはたらく力を計算するときに，点電荷という考え方を使う．点電荷は電荷をもつ物体の大きさが非常に小さいので，1つの点に電荷があるとみなして計算することができる．

電荷（点電荷）q_1〔C〕とq_2〔C〕が，r〔m〕離れて位置しているとき，この2つの電荷の間には，q_1とq_2の正と負の組み合わせによって引力または斥力がはたらく．この電荷によって生じる力を**静電気力**または**クーロン力**という（図3）．静電気力をF〔N〕とすると，2つの電荷の間にはたらく静電気力は次の式で表される．

クーロンの法則

$$F=k\frac{q_1\times q_2}{r^2}$$

k：クーロン定数（$k=9.0\times10^{9}$〔$\mathrm{N\cdot m^2/C^2}$〕）

静電気力〔N〕＝クーロン定数〔N・m²/C²〕×$\dfrac{\text{電気量〔C〕}\times\text{電気量〔C〕}}{(\text{電荷間の距離〔m〕})^2}$

kはクーロン定数で$k=9.0\times10^{9}$〔$\mathrm{N\cdot m^2/C^2}$〕である．上の式は，静電気力は電荷の電気量の積に比例し，2つの電荷間の距離の2乗に反比例することを示している．この関係を**クーロンの法則**とよぶ．

例　題

2.0 m離れた1.0×10^{-6} Cと-2.0×10^{-6} Cの2つの電荷がある．こ

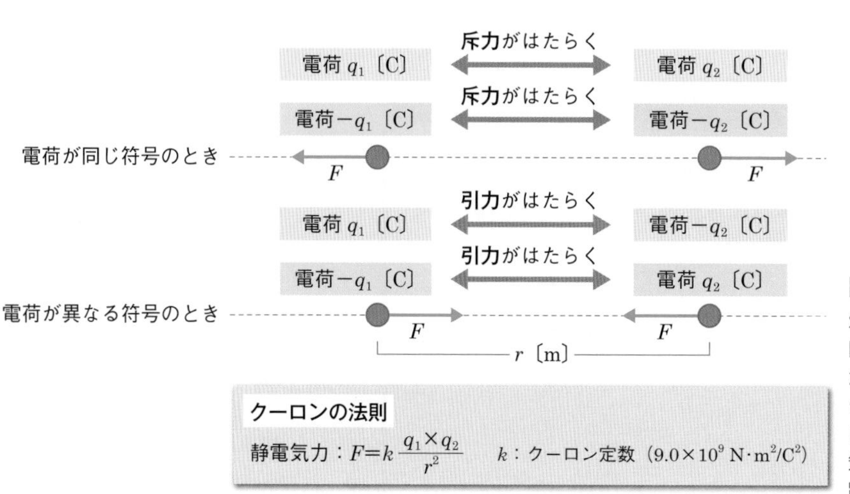

図3　クーロンの法則

2つの電荷の間には，電荷の符号が同じときは斥力，異なるときは引力がはたらき，これを静電気力またはクーロン力という．静電気力はクーロンの法則に従い，2つの電荷の電気量の積に比例し，2つの電荷間の距離の2乗に反比例する．

の2つの電荷の間にはたらく静電気力の種類と大きさを求めなさい.

解答例　電荷の符号が異なるので，2つの電荷の間には引力がはたらく.

静電気力Fの大きさはクーロンの法則より，

$$F = 9.0 \times 10^{9} \times \frac{1.0 \times 10^{-6} \times 2.0 \times 10^{-6}}{2.0^{2}} = 4.5 \times 10^{-3}$$

答　引力がはたらき，静電気力の大きさは4.5×10^{-3} N

3 電場

電荷が2つあるとき，2つの電荷の間には静電気力がはたらく※1. 電荷によって生じ，他の電荷に静電気力を及ぼす空間を**電場**という.

電場の様子は，小さい電荷をもつ**試験電荷**を空間内に置き，その試験電荷が受ける力の大きさと向きから知ることができる．この電場の様子を表したものが**電気力線**である．電気力線は正の電荷から出て，負の電荷に入る向きで描かれる．電気力線は交わることがなく，単位面積あたりの電気力線の数（電気力線の密度）が電場の強さを表す（図4）．電気力線のもつ性質は，表1のようにまとめることができる.

電場の中に電荷q〔C〕を置くと，電荷は静電気力F〔N〕を受けるので，電場をEで表すと次の関係が成り立つ.

※1　物理学では，1つの電荷があるとそのまわりの空間が特別な性質をもつようになり，その空間に他の電荷をもってくると静電気力が発生するという考え方をする.

電荷のない空間

静電気力ははたらかない

正の試験電荷

・電場がない空間では，電荷を置いても静電気力ははたらかない

正の電荷があるときの空間（電場）の様子

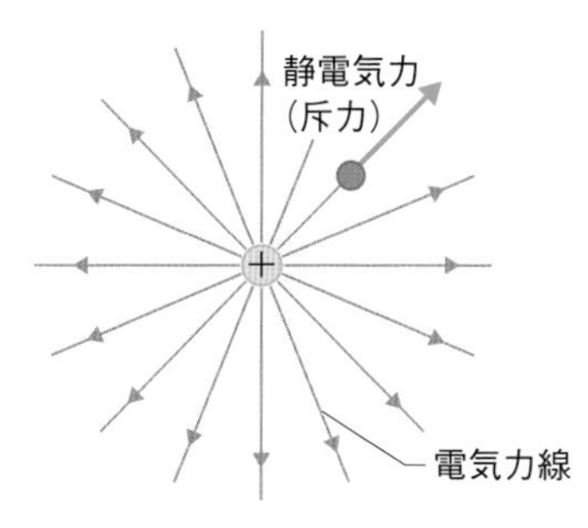

・正の電荷があると，電場は正の電荷を中心に放射状に発散する向きに生じる
・電場の中に正の電荷を置くと，静電気力（斥力）がはたらく

負の電荷があるときの空間（電場）の様子

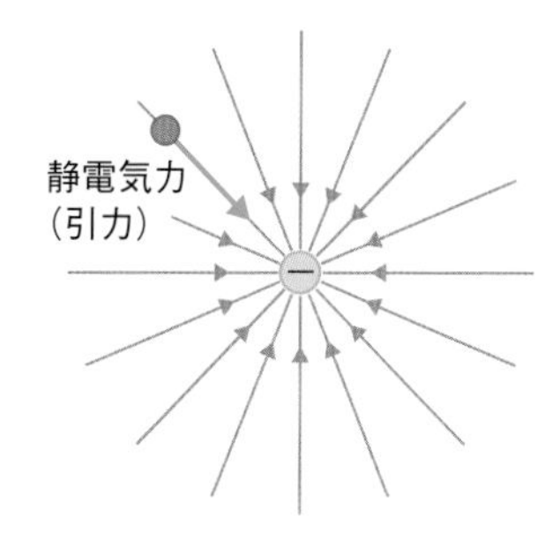

・負の電荷があると，電場は負の電荷に向かって集まるように生じる
・電場の中に正の電荷を置くと，静電気力（引力）がはたらく

図4　点電荷によって生じる電場

電荷のない空間に正の試験電荷をおいても静電気力ははたらかない．固定された正の電荷や負の電荷があると，電荷のまわりに電場が生じる．電場の中に試験電荷を置くと，試験電荷には電場の作用を受けて静電気力がはたらく．電場の様子は電気力線で表すことができる.

表1　電気力線の性質

①	電気力線は正電荷から出て負電荷に入る
②	電気力線は途切れたり急に始まったりしない
③	電気力線は交わったり枝分かれしたりしない
④	電場の強さは，電気力線の密度によって表される
⑤	1本の電気力線には，縮まろうとする性質がある
⑥	電気力線どうしは反発しあう性質がある

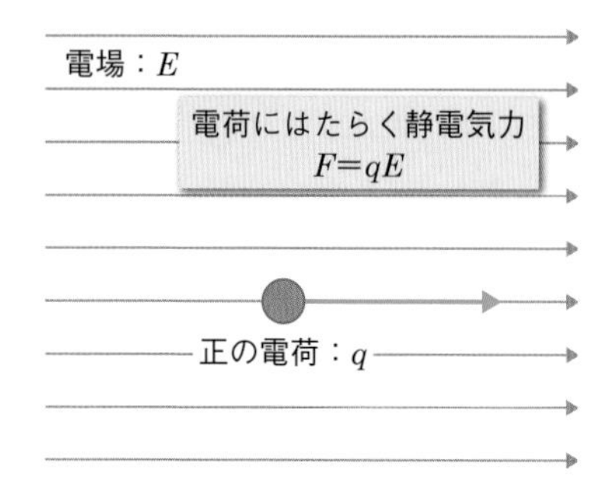

図5　電場の中の電荷にはたらく力
電場Eの中に電荷qが置かれると，静電気力$F=qE$が電荷にはたらく．

電場内の静電気力

$$F=qE$$

静電気力〔N〕＝ 電荷〔C〕× 電場〔N/C〕

電場の単位は，ニュートン毎クーロン〔N/C〕である．

電場の向きは，電場の中に正の試験電荷を置いたときに力を受ける向きと同じとする（図5）．電場は大きさと向きをもつのでベクトル量である．

4 点電荷によって生じる電場

点電荷によって生じる電場を求めてみよう．点電荷によって生じる電場は，前ページ図4のように正の点電荷からは放射状に出て，負の点電荷では電荷に向かって集まってくる．点電荷の電気量をq〔C〕として，点電荷によって生じた電場の大きさをE〔N/C〕とする．電場Eの中に試験電荷q_0〔C〕を置くと，試験電荷q_0にはクーロンの法則による静電気力F〔N〕がはたらく．2つの電荷間の距離をr〔m〕とすると，静電気力Fは次の式で表される．

$$F=k\frac{q\times q_0}{r^2} \quad \cdots\cdots①$$

電場Eの中に電荷q_0を置いたときに電荷にはたらく静電気力Fは，次の式で表される．

$$F=q_0E \quad \cdots\cdots②$$

静電気力Fは同じ力なので，①，②より，次の関係が成り立つ．

$$q_0E=k\frac{q\times q_0}{r^2}$$

$$E=k\frac{q}{r^2} \quad \cdots\cdots③$$

③が，点電荷qのまわりに生じる電場を表す式になる．

点電荷 q のまわりに生じる電場

$$E=k\frac{q}{r^2}$$

$$電場〔N/C〕 = クーロン定数〔N\cdot m^2/C^2〕 \times \frac{電気量〔C〕}{(電荷間の距離〔m〕)^2}$$

点電荷のまわりに生じる電場は，点電荷の電気量に比例して増加し，点電荷からの距離の２乗に反比例して減少する．距離の２乗に反比例して減少するので，電場の大きさは電荷から離れると急激に小さくなる．

5 帯電した１組の金属板の間に生じる電場

２枚の金属板を短い距離を隔てて平行に配置する．そして，１枚の金属板に正の電荷，もう１枚の金属板に負の電荷を帯電させると，金属板の間に金属板と垂直に一様な電場が生じる．電場の向きは正に帯電した金属板から負に帯電した金属板に向かい，金属板間の電場の強さは一定になる（図6）．金属板を２枚平行に配置したものを**コンデンサー**とよび，電気を蓄えることができる．

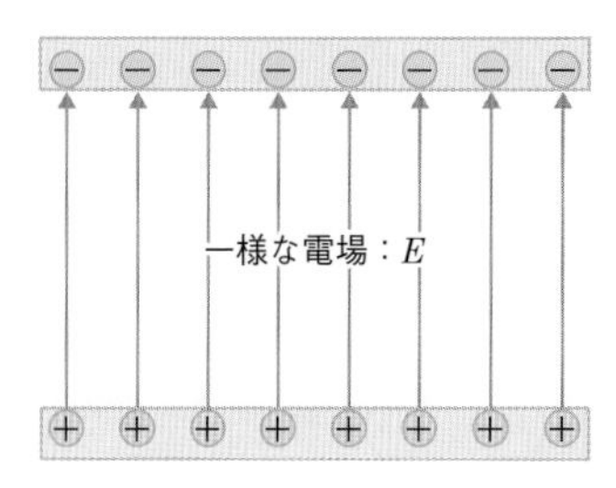

図6　帯電した平行な２枚の金属板の間に生じる一様な電場
実際には，金属板の端のほうはやや外側に膨らむ電気力線になる．

例　題

地面に対して平行に配置した２枚の金属板の間に一様な電場 $E=4.0\times 10^{-2}$ N/C が生じている．この一様な電場の中に質量 m〔kg〕，電荷＋2.0×10^{-6} C をもつ物体を置いたところ，物体は静止した．重力加速度 $g=10$ m/s² とするとき，物体が受ける静電気力の大きさと電場の向き，および物体の質量を求めなさい．

解答例　重力は鉛直下向きにはたらくので，物体が静止するためには静電気力は上向きにはたらく必要がある．正の電荷なので，電場と静電気力の向きは等しくなるので，電場の向きは重力と逆向きの鉛直上向きになる．

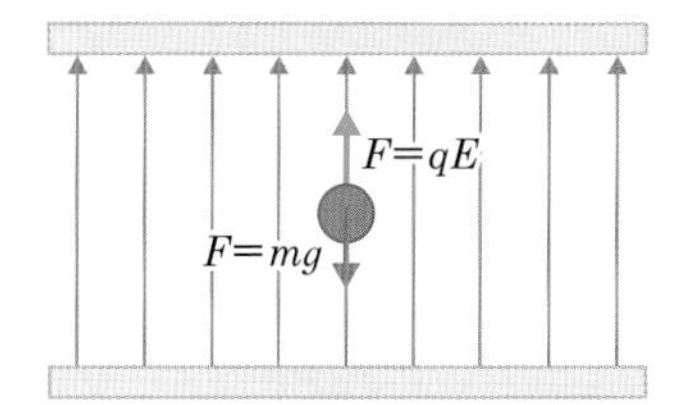

静電気力の大きさは $F=qE$ より，

$$2.0\times 10^{-6}\ \mathrm{C}\times 4.0\times 10^{-2}\ \mathrm{N/C}=8.0\times 10^{-8}\ \mathrm{N}$$

重力と静電気力がつりあっているので，

$$mg=qE=F$$

$$m=\frac{F}{g}=\frac{8.0\times 10^{-8}}{10}=8.0\times 10^{-9}\ \mathrm{kg}$$

答　静電気力の大きさ：8.0×10^{-8} N，電場の向き：鉛直上向き，物体の質量：8.0×10^{-9} kg

6 電位

重力による位置エネルギーと電位

重力がある場所に物体を置くと物体に力がはたらくので，重力についても電場と同じように**重力場**を考えることができる．電場や重力場は一般的に**場**とよばれ，場は位置によって場を表す物理量が定まっている空間である．

質量 m〔kg〕の物体を重力加速度 g〔m/s^2〕の重力場の中で基準面から h〔m〕の高さに置いたとき，物体には力 $F_G = mg$〔N〕がはたらき，位置エネルギー U〔J〕をもつ．位置エネルギーは，物体を基準面から高さ h まで移動させるのに必要な仕事 W〔J〕と同じ大きさで，次の式で表される（図7左）．

$$U = mgh = F_G h = W$$

一様な電場 E〔N/C〕の中に電荷 q〔C〕を置くと，静電気力 $F = qE$〔N〕がはたらく．基準面からの距離を d〔m〕とすると，電荷 q を基準面から距離 d だけ移動するために必要な仕事 W〔J〕は $W = Fd$〔J〕となる．これが電場内の基準面に対する電気的な位置エネルギー U_E〔J〕と等しくなるので，次の関係が成り立つ（図7右）．

$$U_E = Fd = qEd = W$$

電場内の位置エネルギー U_E は，単位電気量（1 C）あたりのエネルギーで表すことになっており，これを**電位**とよぶ．電位の単位はボルト〔V〕である．電場内のある位置の電位と別の位置の電位の差を**電**

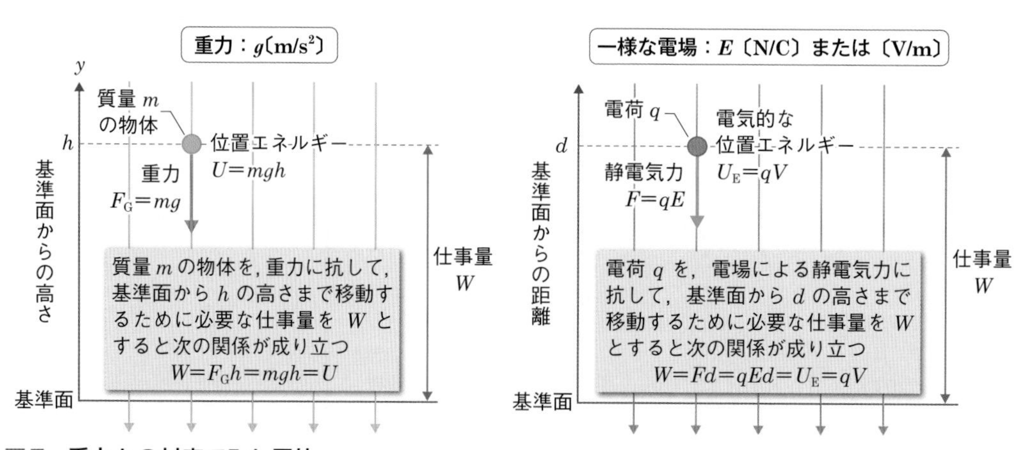

図7　重力との対応でみた電位

電位は単位電気量（1 C）あたりの電気的な位置エネルギーを表す．電位の単位はボルト〔V〕または〔J/C〕である．質量と電気量を対応させると，gh が電位に相当して，重力場における単位質量（1 kg）あたりの位置エネルギーになる．

位差または**電圧**という．電位差や電圧の単位にもボルト〔V〕を用いる[※1]．一様な電場をE〔N/C〕，電場の方向の2つの位置の間の距離をd〔m〕，電圧をV〔V〕とすると，次の関係が成り立つ．

※1　電圧は，「電池の電圧は1.5ボルト」，「パソコンの電源ユニットの電圧は12ボルト」などのように，日常生活でもよく用いられる．

電圧

$$V=\frac{U_E}{q}=Ed$$

電圧〔V〕＝$\frac{\text{電気的位置エネルギー〔J〕}}{\text{電気量〔C〕}}$＝電場〔N/C〕× 距離〔m〕

電荷qがもつ電気的位置エネルギー

$$U_E=qV$$

電気的位置エネルギー〔J〕＝電気量〔C〕× 電圧〔V〕

上の式から，電圧の単位はジュール毎クーロン〔J/C〕でも表されることがわかる．

$V=Ed$の関係から，一様な電場Eは次のように表すこともできる．

$$E=\frac{V〔\mathrm{V}〕}{d〔\mathrm{m}〕}$$

この関係は，電場は電圧が距離によって変化するときの傾きであり，電場の単位はボルト毎メートル〔V/m〕でも表せることを示している．電位と電場の関係は，地図上の等高線（電位）と斜面の傾き（電場）の関係に似ている（図8）．2点間の電位差が大きいほど，傾斜の大きな下り坂と同じように，電荷を電場の向きに動かす作用が大きくなる．

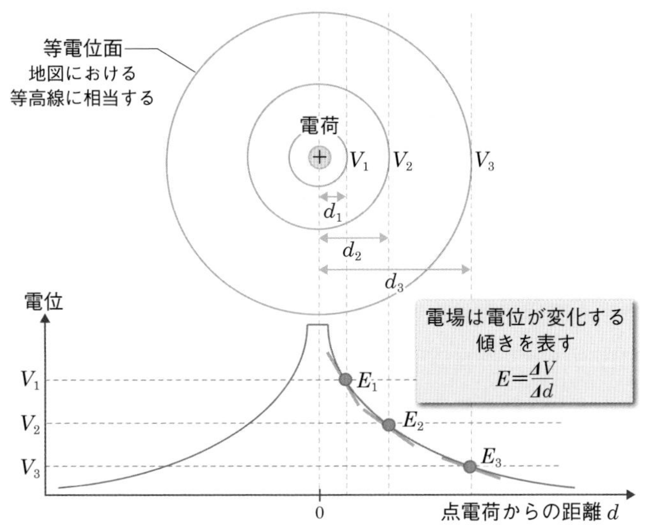

図8　電荷によって生じる電位と電場の関係
電位と電場の関係は，地図における等高線と斜面の傾きの関係に似ている．電荷から距離d_1，d_2，d_3だけ離れた位置の電場E_1，E_2，E_3はその位置での電位の変化の傾き（傾斜角度）になる．図の電位は点電荷から無限に遠い位置での電位を0 Vとしたときの電位を表す．

7 電流

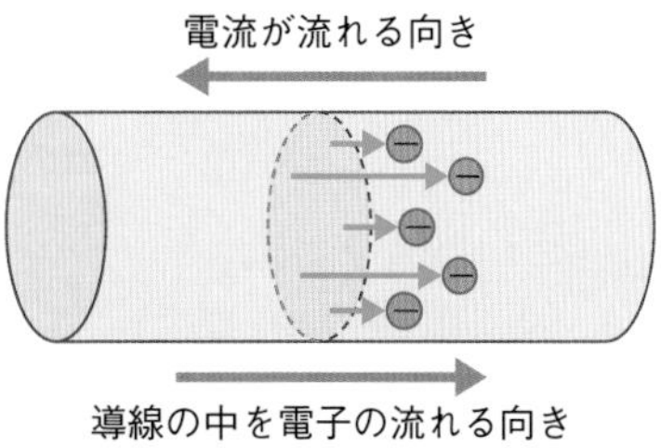

電荷が全体として一定の向きに移動することを**電流**という．電流は電位が高い側から低い側に流れ，正の電荷が流れる向きを「プラス（＋）」と定めている．電流として流れるのは，電子やイオンなどの電荷をもった粒子である．電気が流れやすい金属では，電子が電流の担い手になっている．電子は負の電荷をもつので，電子の流れる向きと電流の向きは逆になる．電流の単位は**アンペア**〔A〕であり，物体の断面を1秒間に1Cの電荷が通過するときの電流の大きさが1Aである（図9）．電流には大きさと向きがあるので，電流はベクトル量である．

電流が流れる向き

導線の中を電子の流れる向き

1アンペア〔A〕の電流は，導体の横断面を1秒間に1クーロン〔C〕の電荷が通過する

図9　電流の流れる向きと電流の単位

電量は正の電荷が移動する向きを「プラス（+）」として流れる．金属などの導体中を流れるのは負の電荷をもつ電子なので，電子の移動する向きと電流の向きは逆になる．

例　題

導体に1.0 Aの電流が流れているとき，導体の断面を1秒間に通過する電子の数は何個になるか求めなさい．ただし，電気素量を1.6×10^{-19} Cとする．

解答例　1.0 Aの電流は，導体の断面を1秒間に1.0 Cの電荷が流れる．よって，電子数をn個とすると，

$$1.6\times10^{-19}n=1.0$$

$$n=\frac{1.0}{1.6\times10^{-19}}=6.25\times10^{18}$$

答　6.3×10^{18}個

電流には直流と交流があり，**直流**は電流の流れる向きが常に同じ向きであるのに対して，**交流**は電流の流れる向きが周期的に変化する（図10）．乾電池から流れる電流は直流で，家庭のコンセントから流れる電流は交流である．

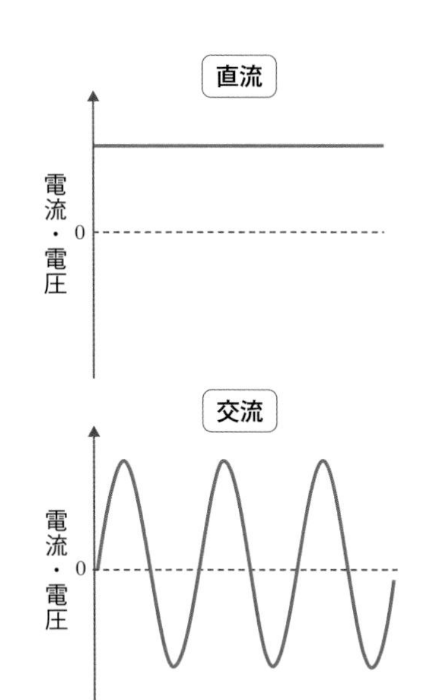

図10　直流と交流

8 導体と不導体の性質

導体と不導体

物質には電気を通しやすい物質と通しにくい物質がある．電気を通しやすい物質を**導体**，電気を通しにくい物質を**不導体**または**絶縁体**という．金属は導体で，金属の中を流れるのは負の電荷をもつ電子である．金属の中には**自由電子**とよばれる，原子核との結びつきが弱い電子が多く含まれている．自由電子は原子核との結びつきが弱いので，電場から受ける静電気力によって容易に移動できるために電流をよく

通す．

不導体は原子核と電子との結びつきが強く，電場をかけても電子が移動しくいため，電流を通しにくい．絶縁体にはガラス，プラスチック，陶器などがあり，電気の流れを防止する性質がある．

導体と不導体の中間で，ゲルマニウムやシリコンなどのように比較的電気を通しやすい物質を**半導体**という．半導体は，ダイオードやトランジスターなどの電気回路を構成する素子として広く利用されている．

静電誘導と誘電分極

導体に正に帯電した物体を近づけると，導体の中の自由電子が帯電体のほうに移動し，導体の表面に負の電荷が現れ，反対側には正の電荷が現れる．導体に負に帯電した物体を近づけたときは，逆の現象が起こる．この現象を**静電誘導**という．静電誘導により，帯電した物体と導体の間に引力がはたらく（図11左）．

不導体に正に帯電した物体を近づけたときも，不導体の表面には負の電荷が現れる．不導体には自由電子がないので，現れた電荷は電子の移動によるものではない．原子や分子のそばに電荷があると，原子や分子内の電子に静電気力がはたらき，原子核と結びついているが，位置が少しずれて電荷に近い側と遠い側に小さな正負の電荷が現れる．

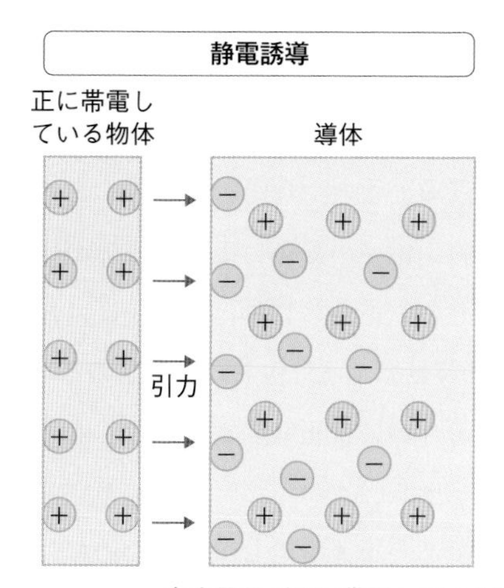

自由電子が正に帯電している物体に引かれて移動し，正に帯電している物体側の導体の表面に負の電荷が現れる．導体の反対側には正の電荷が現れる．

極性分子や分極した分子の負の電気を帯びた部分が，正に帯電している物体の方向を向くことで，正に帯電している物体側の不導体の表面に電荷が現れる．

図11　静電誘導と誘電分極

静電誘導も誘電分極も物体の表面に電荷が現れ，帯電体との間に引力がはたらくが，表面に電荷が現れるしくみが異なる．

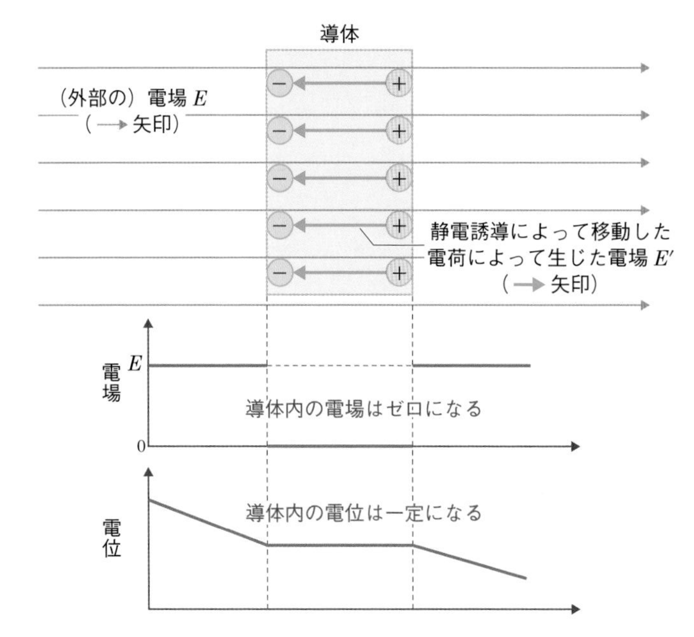

図12　導体内の電場と電位
導体内では静電誘導によって移動した電荷がつくる電場が外部の電場を打ち消し，導体内の電場はゼロになり，電位は一定になる．

この現象を**分極**という．また，分子には原子の配置によってもともと電気的な正負の偏りがある分子があり，これを**極性分子**という．極性分子は，そばに電荷があると，その電荷の正負に応じて静電気力を受けて分子が回転し，分極の向きがそろって不導体の表面に電荷が現れる．この現象を**誘電分極**という（図11右）．不導体は誘電分極を起こすので**誘電体**ともよばれる．

導体内の電場と電圧

電場の中に導体を置くと，導体の自由電子には電場によって静電気力がはたらき，静電誘導によって負の電荷をもつ自由電子は電場と逆の向きに移動する．自由電子の移動によって導体の中には最初の電場と逆向きの電場が生じる．電子の移動は，電子にはたらく正味の電場（最初の電場と電子の移動によって生じた逆向きの電場の差）がゼロになるまで続くので，導体内には正味の電場はなくなり導体内の電圧は等しくなる（図12）．

導体に電子の移動である電流を流し続けるためには，導体内に電場を生じさせる電位差（電圧）が必要であり，電位差を生成する装置が**電池**である．

誘電体内の電場と電圧

電場の中に不導体を置くと，不導体に誘電分極が生じ，不導体の表

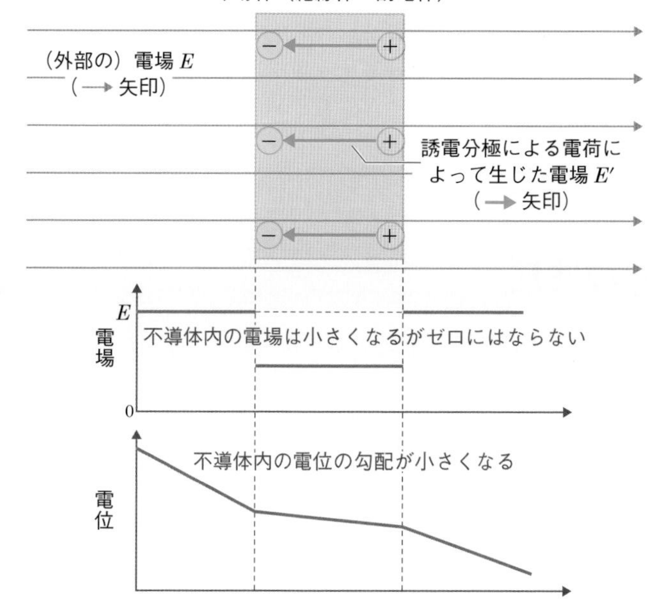

図13 不導体内の電場と電位

不導体内では誘電分極によって生じた電荷がつくる電場が不導体内の電場を小さくし，電位の勾配が小さくなる．

column

静電遮蔽

脳波計や筋電図など，生体の微弱な電位差を測定する機器は，部屋全体を金属の網などで覆われた検査室で測定をすると安定した測定ができる．これは，導体である金属の網の中の自由電子が移動することによって内部に電位差がなくなり，外部からの電場の作用を打ち消すことによる．これを静電遮蔽（静電シールド）という（column 図1）．

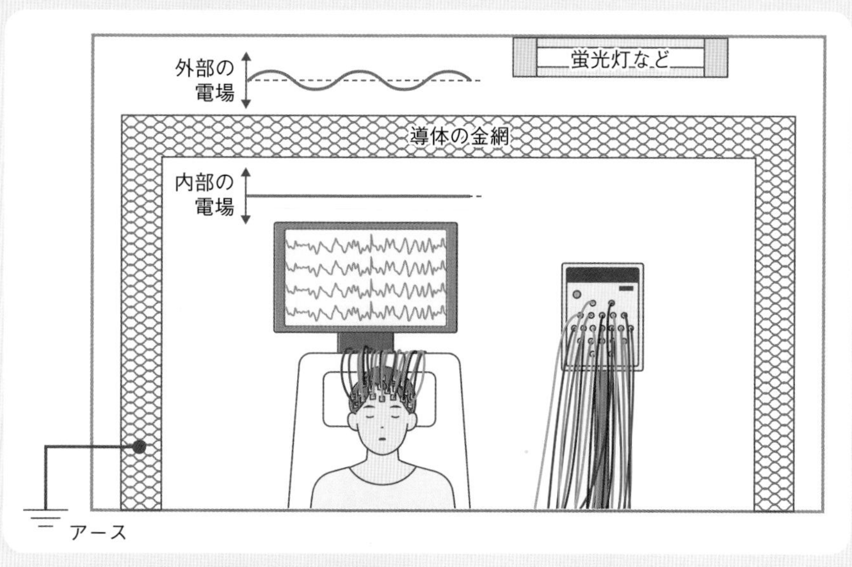

column 図1 脳波検査室の静電遮蔽

面に現れた電荷によって不導体の中に最初の電場とは逆向きの電場が生じる．不導体には電場によって容易に移動する自由電子がないので，不導体の中で生じる電場は最初の電場を打ち消すまでは大きくならず，不導体内に電場が残る．そのため，不導体内では電位の勾配が小さくなる（前ページ図13）．

9 オームの法則

物体に電流を流すためには，電場をつくり，電子に静電気力を与える電圧が必要になる．物体にかけた電圧 V〔V〕と物体に流れる電流 I〔A〕の関係は，図14のような比例関係になる．比例定数を R とすると，次の関係が成り立つ．これを**オームの法則**という．

■ オームの法則

$$V = RI$$

電圧〔V〕＝ 抵抗〔Ω〕× 電流〔A〕

比例定数 R を**抵抗**とよび，単位は**オーム**〔Ω〕である．オームの法則は次のようにも表され，電流を扱うときに基本となる重要な公式である．

■ オームの法則

$$R = \frac{V}{I}$$

$$I = \frac{V}{R}$$

memo　電池，抵抗，導線から構成される回路の表し方

一般の電気製品に当てはめると，電圧は電池（電源）によって与えられ，抵抗は電球，電熱器，モーターなどのエネルギーを変換する装置に相当し，それらが導線で接続している．電池，抵抗，導線から構成される電気回路はmemo図1のように描かれる．理想的な回路では導線の抵抗はゼロ（0 Ω）として計算するので，抵抗の部分のみに電圧がかかる．電池の正極（＋）と負極（－）の表し方などは知っておく必要がある．

例　題

次の電池と抵抗から構成される回路について答えなさい．

❶抵抗が 3.0 Ω，電流が 2.0 A のとき，電池の電圧を求めなさい．

❷電圧が 3.0 V，抵抗が 2.0 Ω のとき，電流の大きさを求めなさい．

〔V〕
電圧
抵抗が大きいとき
抵抗が小さいとき
電流　〔A〕

図14　抵抗のある回路を流れる電圧と電流の関係

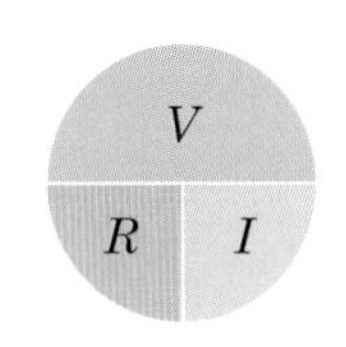

●オームの法則

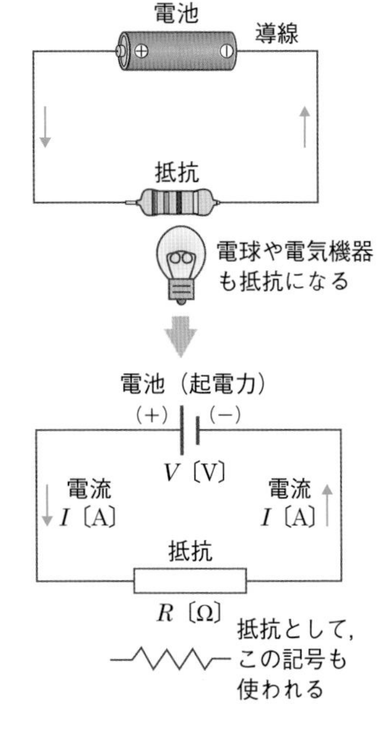

memo図1　電池と抵抗から構成される電気回路

❸電圧が 12.0 V，電流が 0.50 A のとき，抵抗値を求めなさい．

解答例　電圧を V〔V〕，抵抗を R〔Ω〕，電流を I〔A〕とする．

❶オームの法則 $V=RI$ より，$3.0\times2.0=6.0$

答 6.0 V

❷オームの法則 $I=\dfrac{V}{R}$ より，$\dfrac{3.0}{2.0}=1.5$

答 1.5 A

❸オームの法則 $R=\dfrac{V}{I}$ より，$\dfrac{12.0}{0.50}=24$

答 24 Ω

抵抗の大きな物体は電気が流れにくく，物体の運動における摩擦と同じように，電流からエネルギーを得て熱を発生する．また，物体の断面積が大きく，長さが短いほど抵抗は小さくなる．物体の断面積を S〔m^2〕，長さを L〔m〕，抵抗を R〔Ω〕とすると，次の関係が成り立つ（図15）．

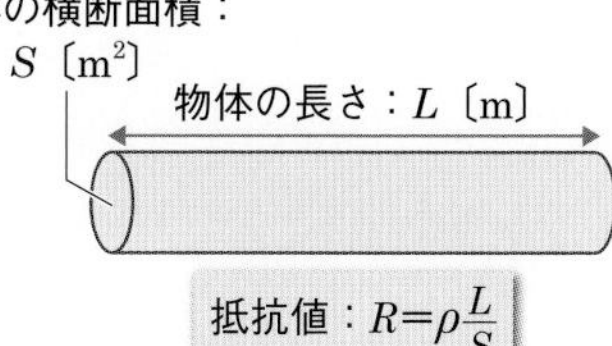

図15　抵抗率が ρ〔Ω・m〕の物体の抵抗値

■抵抗値

$$R=\rho\frac{L}{S}$$

$$抵抗〔\Omega〕=抵抗率〔\Omega\cdot m〕\times\frac{長さ〔m〕}{断面積〔m^2〕}$$

ρ（ロー）は**抵抗率**とよばれ，単位はオーム毎メートル〔Ω·m〕である．抵抗率は，物質の電気的性質を表す重要な物理量である．銅は抵抗率が小さく安価なので，送電線やさまざまな電気回路に導線として用いられている（表2）．

表2　物質の抵抗率

物質名	抵抗率〔Ω・m〕
金	2.44×10^{-8}
銀	1.59×10^{-8}
銅	1.68×10^{-8}
アルミニウム	2.65×10^{-8}
鉄	1.00×10^{-7}
炭素	1.65×10^{-5}
純水	1.50×10^{5}
ヒトの皮膚	$\sim5\times10^{5}$
ポリエステル	$10^{12}\sim10^{14}$
磁器（硬質ガラス）	3.00×10^{14}

（20℃における値）

例題

抵抗率が ρ〔Ω・m〕の物質でつくられた，長さ L〔m〕，断面積 S〔m^2〕，抵抗値が R〔Ω〕の抵抗が2つある．2つの抵抗を直列に2つ接続したときと，並列に2つ接続したときの，合成した抵抗値を求めなさい．

解答例　抵抗の長さを L，断面積を S，抵抗率を ρ とすると，次の関係が成り立つ．

$$R=\rho\frac{L}{S}$$

2つの抵抗を直列に接続すると長さが2倍の $2L$ になるので，このときの抵抗値を R_1 とすると，

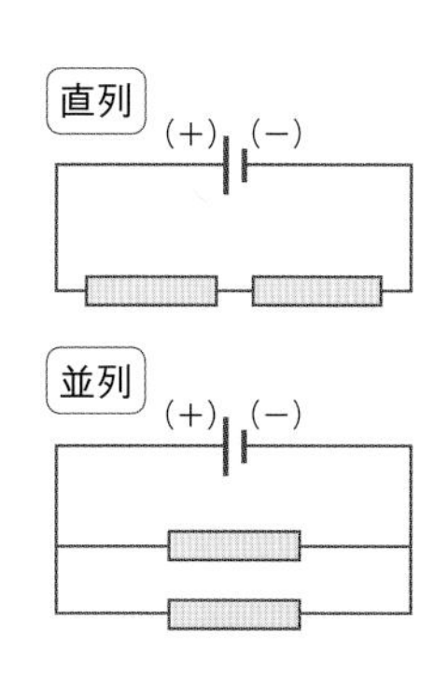

$$R_1 = \rho\frac{2L}{S} = 2R$$

2つの抵抗を並列に接続すると，断面積が2倍になるので，このときの抵抗値をR_2とすると，

$$R_2 = \rho\frac{\mathrm{L}}{2S} = \frac{R}{2}$$

となる．

答 直列に接続したとき：$2R$〔Ω〕
並列に接続したとき：$\frac{R}{2}$〔Ω〕

一般に抵抗を直列に接続すると合成した抵抗値は大きくなり，並列に接続すると合成した抵抗値は小さくなる●．

● 詳しくはp.200 第8章 臨床編参照．

10 電力と電気量

ジュール熱

導体に電流が流れているとき，自由電子は周囲の陽イオン（原子）と衝突して運動エネルギーを陽イオンに与える．電流が流れ続けると多数の自由電子が陽子と衝突するので，陽イオンの熱運動が激しくなり温度が上がる．このような，電流が導体中を流れるときに発生する熱を**ジュール熱**という．

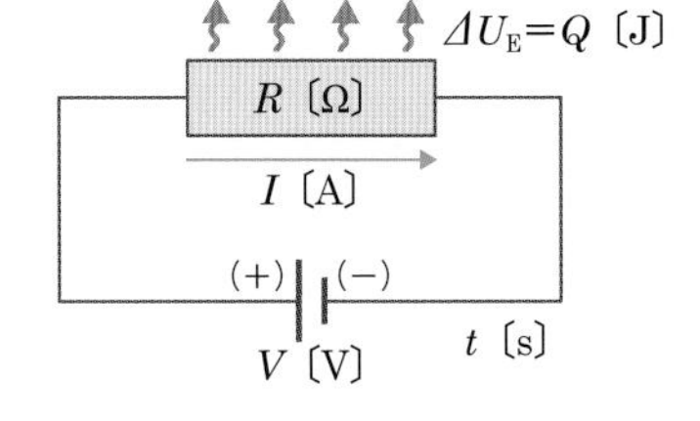

電流が流れる部分の導体の電位差をV〔V〕，流れる電流をI〔A〕＝I〔C/s〕，電流が流れた時間をt〔s〕とすると，この間の電気量q〔C〕はIt〔C〕になるので，電気的な位置エネルギーの差$\varDelta U_E$〔J〕は，$\varDelta U_E = qV = ItV$〔J〕となる．この電気的な位置エネルギーがすべてジュール熱Q〔J〕に変換するとして，電流が流れる部分の抵抗をR〔Ω〕とすると，オームの法則※1から次の関係が得られる．これを**ジュールの法則**という．

※1　$V=RI$，$I=\frac{V}{R}$（p.194参照）

■ジュールの法則

電圧V〔V〕，抵抗R〔Ω〕の導線を電流I〔A〕がt〔s〕間流れたときに，導線に発生する熱量Q〔J〕は次の式で表される．

$$Q = IVt = I^2Rt = \frac{V^2}{R}t$$

電力量と電力

電圧 V〔V〕によって生じる電場から受ける力によって電荷 q〔C〕が移動するとき，電気的な位置エネルギー●は qV〔J〕減少するが，それはその間に電流がした仕事 W〔J〕と等しい．この電流がした仕事を**電力量**という．また，単位時間あたりの電力量を**電力**という．電流 I〔A〕が t〔s〕間流れたときの電気量 $q=It$ なので，電力量 W〔J〕と仕事率に相当する電力 P〔W〕は次の式で表される．電力の単位は仕事率と同じワット〔W〕である．

● 電荷 q がもつ電気的位置エネルギー→p.189

電力量

$$W=IVt=Pt$$

電力量〔J〕 ＝ 電流〔A〕 × 電圧〔V〕 × 時間〔s〕 ＝ 電力〔W〕 × 時間〔s〕

電力

$$P=IV$$

電力〔W〕 ＝ 電流〔A〕 × 電圧〔V〕

オームの法則より $V=RI$ なので，電力 P は次のようにも表される．

$$P=IV=I^2R=\frac{V^2}{R}$$

実用的な電力量の単位としては，1時間あたりの電力量であるキロワット時〔kWh〕が用いられる．1 kWh は，3.6×10^6 J になる．

例　題

1 kWh が 3.6×10^6 J になることを計算し，500 W の電子レンジを3分間，1日20回使用したときに消費した電力量をキロワット時〔kWh〕で求めなさい．

解答例　$W=Pt$ より電気量〔J〕は電力〔W〕×時間〔t〕で求められる．1時間は $60\times60=3.6\times10^3$ s，1 kW＝10^3 W なので，

$$1\ \text{kWh}=3.6\times10^3\times10^3=3.6\times10^6\ \text{J}$$

500 W の電子レンジを3分間，20回使用したとき消費した電力量を W〔J〕，$W=Pt$ より，

$$W=500\ \text{W}\times3\times60\ \text{s}\times20=1.8\times10^6\ \text{J}$$

電力量をキロワット時〔kWh〕で求めるので，1 kWh＝3.6×10^6 J より，

$$\frac{1.8\times10^6}{3.6\times10^6}=0.50\ \text{kWh}$$

答　0.50 kWh

第8章
電気の性質と利用

臨床編

基礎編 は182ページ

学習内容
- 電気機器の取り扱い
- 電子の動きからみた電気回路の基礎
- 静止膜電位と活動電位
- 膜電位と筋電図

1 電気機器の取り扱い

私たちのまわりは，照明器具，家電製品，パソコンなど，さまざまな電気機器，電子機器（まとめて電気機器とする）であふれている．理学療法や作業療法においても，検査機器，運動療法機器，物理療法機器として，多くの電気機器が用いられている．電気機器は，電子の位置や運動をコントロールする技術が基盤になっている．電流は電子の流れであり，電子の位置や運動がエネルギーに変換されたり，情報を担ったりしている．これらの電気機器を適切に安全に使用するために必要な基本的事項についてみていこう．

漏電と感電

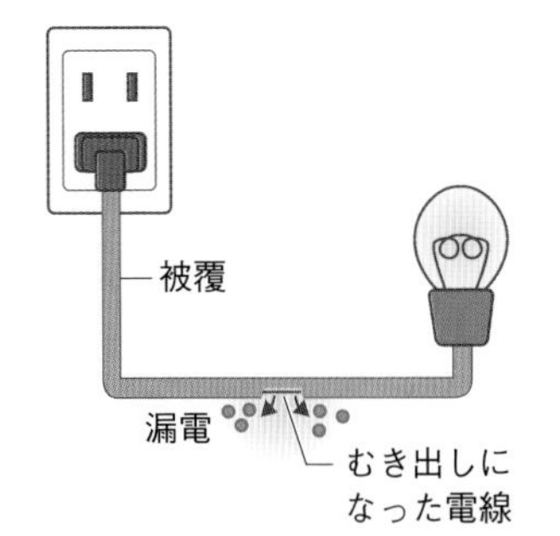

ヒトの身体は金属のような典型的な導体ではないが，ある程度電気を通す導体である．電気を伝える導線の役割をする金属の電線は，ポリ塩化ビニルなどの絶縁体によって電流が電気回路外に流れないように被覆されている．この被覆が劣化して電線がむき出しになっていると，電流が電気回路の外に流れてしまう．このような現象を**漏電**とい

表3　身体に流れる電流量とその影響

身体に流れる電流量	身体への影響（感覚）
0.5〜1 mA	ビリッと感じる程度（最小感知電流）
5 mA	強い痛みとして感じる程度（苦痛電流）
10 mA	耐えられないくらい強くビリビリするが，自らの意思で感電部位から四肢を離すことができる（可随電流，離脱電流）
20 mA	感電により筋が収縮してしまい，感電部位から四肢を離すことができない．呼吸も困難になり，感電が続くと死に至ることもある（不随電流，膠着電流）．
50 mA	感電により心筋が収縮してしまい，心室細動を起こし，短時間での感電でも死に至る（心室細動電流）．

う．漏電によって電気機器は帯電して，電位差をもつ状態になっている．このとき，漏電部位や帯電している電気機器を手で触ったりすると，電流が身体を流れる．身体に電流が流れることを**感電**という．身体を通る電流量によって感電が身体に及ぼす影響が異なり，流れる電流量が大きいほど危険である（表3）．物理療法や運動療法で電気機器を使用するときも，感電による事故が起きないように，「電源コードの導線がむき出しになっていないか」，「電線の被覆が摩耗していないか」，「器具や床が濡れていないか」，などに注意が必要である．

例　題

乾燥しているヒトの皮膚の抵抗は5.0 kΩ程度，ぬれた状態の皮膚の抵抗は500 Ω程度である．家庭用の100 V電源によって感電したとき，身体に流れる電流量はそれぞれいくらか求めなさい．

解答例　オームの法則●より，電圧をV〔V〕，抵抗をR〔Ω〕，電流をI〔A〕とすると，抵抗値が5.0 kΩのとき流れる電流Iは，$I=\dfrac{V}{R}=\dfrac{100}{5.0\times10^3}=20\times10^{-3}\ \mathrm{A}=20\ \mathrm{mA}$

抵抗値が500 Ωのとき流れる電流Iは，$I=\dfrac{V}{R}=\dfrac{100}{500}=200\times10^{-3}\ \mathrm{A}=200\ \mathrm{mA}$

答 皮膚が乾燥しているとき：20 mA，ぬれているとき：200 mA

家庭用の100 Vの電流でも，皮膚が乾燥しているときは不随電流に相当する20 mAの電流が流れ，皮膚がぬれていると心室細動電流の50 mAを超える電流が流れ，非常に危険なことがわかる．

● オームの法則→p.194 第8章 基礎編

アース

感電を防ぐための方法に**アース**がある．アースは電気機器に電線を接続し，電線の片側を地中（地球：earth）に差し入れる．アースを接続することによって帯電している電荷が地中に流れるので，電位差がなくなり身体に電流が流れるのを防ぐことができる（図16）．また，アースを接続することによって，地球の電位と電気機器の電位が等しくなり，そこを基準電位とすることができる．

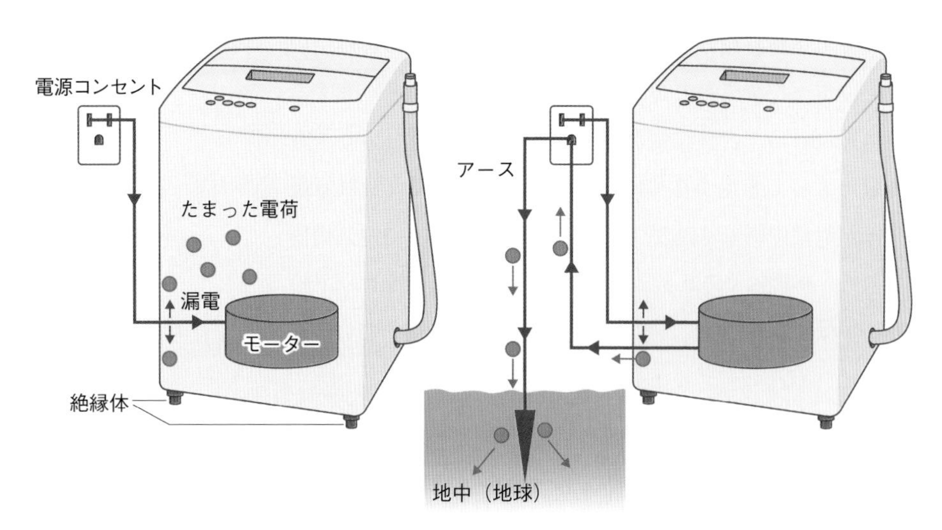

図16　アースの役割

漏電が起こると電気機器に電荷がたまり，電位差が生じる．この状態で電気機器に触ると感電が起こる．アースを電気機器に接続することによってたまった電荷を地中に流すことで，電位差がなくなり感電を防止することができる．

2 抵抗のはたらきと接続

抵抗のはたらき

電流は電子の集団的な移動であり，電子が移動するときに電子と陽イオンが衝突して電子の運動を妨げるのが抵抗である．電子との衝突によって陽イオンの熱運動が激しくなり，電流のエネルギーは陽イオンに吸収されて熱エネルギーに変換される※1．電気回路において，抵抗は電気エネルギーから熱エネルギーへの変換，電流量の調節，電圧の配分などの機能をもつ．電気ストーブ，トースター，ヘアドライヤーなどは，電気エネルギーを熱エネルギーへ変換して利用する電気機器である．

※1　電気回路で導線として用いる物質はエネルギーの減少が小さいほうがよいので，銅のような抵抗率が小さい物質がよい．

抵抗の直列接続

抵抗値 R_1〔Ω〕と R_2〔Ω〕の2つの抵抗を，電圧 V〔V〕の電池に直列に接続すると，2つの抵抗には同じ大きさの電流 I〔A〕が流れる．このとき，抵抗 R_1 の両端間の電圧を V_1〔V〕，抵抗 R_2 の両端間の電圧を V_2〔V〕とすると，オームの法則より次の関係が成り立つ．

$$V_1 + V_2 = V \quad \cdots\cdots①$$

$$V_1 = R_1 I \quad \cdots\cdots②$$

$$V_2 = R_2 I \quad \cdots\cdots③$$

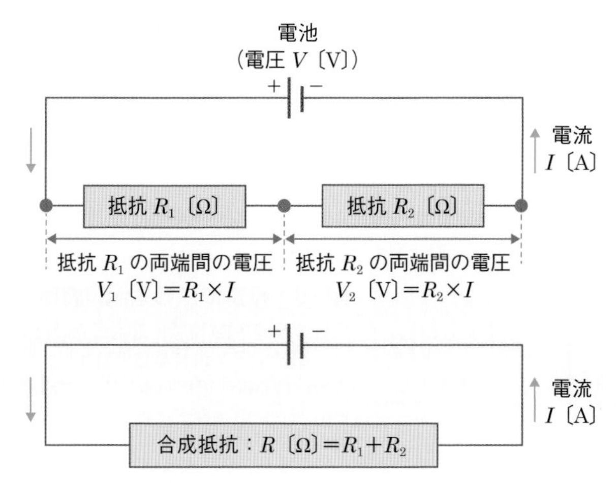

図17　**抵抗の直列接続**

②と③は，抵抗R_1とR_2によって，電圧を$V_1:V_2=R_1:R_2$の関係で分配できることを示している．次に，②，③を①に代入すると，

$$R_1I+R_2I=(R_1+R_2)I=V \qquad \cdots\cdots④$$

となり，$R=R_1+R_2$とすると，④は次のように表される．

$$V=RI \qquad \cdots\cdots⑤$$

Rは2つの抵抗を1つの抵抗として表しており，**合成抵抗**という．一般に，抵抗を直列に接続したときの合成抵抗はおのおのの抵抗値の和になり，抵抗値が大きくなると逆比例して電流は小さくなる（図17）．

n個の抵抗を直列に接続したときの合成抵抗

$$R=R_1+R_2+\cdots\cdots+R_n$$

抵抗値が大きくなると電流は反比例して小さくなるので，電気回路に接続する抵抗値を変えることで，電流値を調整することができる．電気回路に接続している電気素子※2に許容される電流量があるとき，抵抗と電気素子を直列に接続しておけば電気素子に流れる電流量を制限することができ，ある程度電圧が変化しても電気素子が安定してはたらく（図18）．

また，抵抗を直列に接続することによって電圧を分配できるので，一定の電圧を得たり，電圧の変化によって電気機器の出力を調節したりすることができる（図19）．このはたらきを**分圧**という．スピーカーの音量はダイアル式のつまみを回して，図19のAの位置を変化させて出力側の電圧（出力電圧）を調整している．このような電気素子を**可変抵抗器**という．

※2　**電気素子**：回路を構成する電気的な機能をもつ部品を，電気素子または電子素子（回路素子ともよばれる）という．電気素子には，抵抗，コンデンサー，ダイオード，トランジスターなどがある．

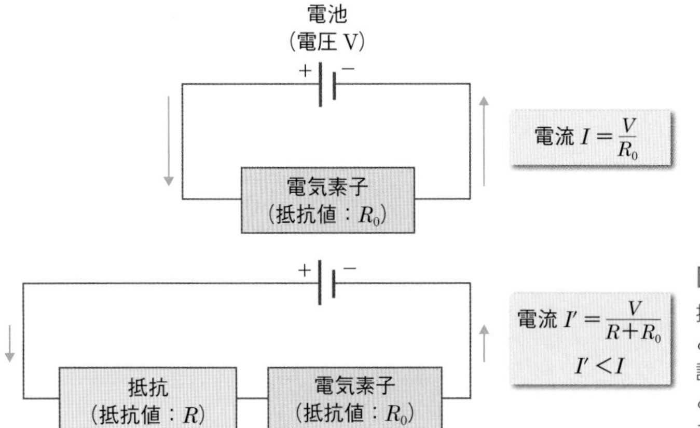

図18　抵抗による電流の調整

抵抗値 R_0 の電気素子に抵抗値 R の抵抗を直列に接続すると，電気素子を流れる電流量が小さくなる．電気素子に許容される電流量があるときに，抵抗を直列に接続することによって電気素子に流れる電流量を制限することができる．

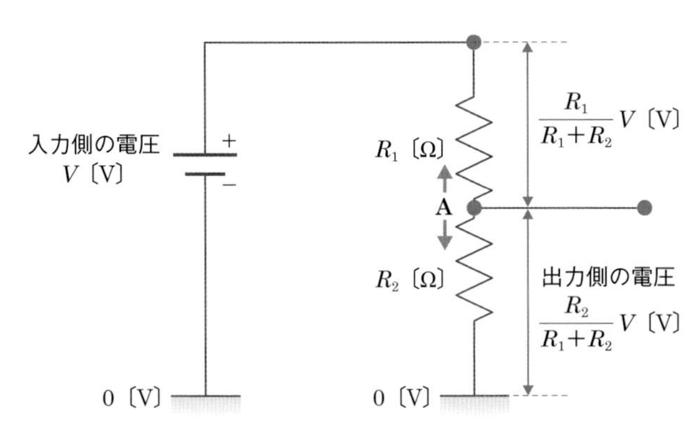

図19　抵抗による分圧

抵抗を直列に接続すると，電圧を分配すること（分圧）ができる．可変抵抗器は，抵抗値を変えることによって出力電圧を調整することができる．

抵抗の並列接続

抵抗値 R_1〔Ω〕と R_2〔Ω〕の2つの抵抗を，電圧 V〔V〕の電池に並列に接続するとき，回路全体を流れる電流 I〔A〕は抵抗 R_1 を流れる電流 I_1〔A〕と抵抗 R_2 を流れる電流 I_2〔A〕に分かれる．抵抗 R_1 と R_2，それぞれの両端間の電圧 V〔V〕は同じである（図20）．これらの関係は，関係は次の式で表される．

$$I_1+I_2=I \qquad \cdots\cdots⑥$$

$$R_1I_1=R_2I_2=V \qquad \cdots\cdots⑦$$

⑦を⑥に代入すると，

$$\frac{V}{R_1}+\frac{V}{R_2}=I$$

$$V\left(\frac{1}{R_1}+\frac{1}{R_2}\right)=I \qquad \cdots\cdots⑧$$

ここで，$\frac{1}{R}=\frac{1}{R_1}+\frac{1}{R_2}$ とすると，⑧から次の関係が成り立つ．

$$\frac{V}{R}=I \qquad \cdots\cdots⑨$$

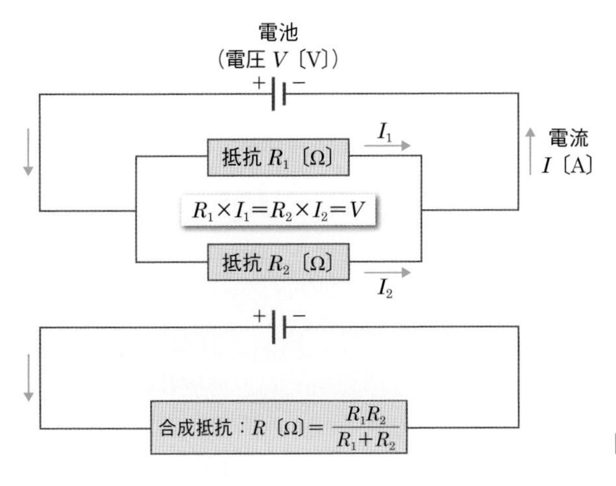

図20　**抵抗の並列接続**

$$R = \frac{R_1R_2}{R_1+R_2} \qquad \cdots\cdots⑩$$

RはR_1とR_2を並列に接続したときの合成抵抗で，一般にR_1，R_2，……，R_nのn個の抵抗を並列に接続したときの合成抵抗をRとすると，

column

可変抵抗器による電流調整

可変抵抗器をcolumn図2のように接続すると，電流量を調整することができる．可変抵抗器の端子をA点に接続したとき電流は①→②のように流れ，合成抵抗はAB間の抵抗R_1〔Ω〕とBC間の抵抗R_2〔Ω〕の直列接続R_1+R_2（Ω）になる．電圧をV〔V〕とすると，このときの電流値I_0は$\frac{V}{R_1+R_2}$になる．可変抵抗器の端子がB点で接続しているときは，電流は抵抗のない導線部分③を流れ，AB間（①）は流れない．そのため，電流は③→②を流れる．これを**短絡**という．B点の電圧はAB間の抵抗を通らないので，V〔V〕のままである．流れる電流値Iは，$I=\frac{V}{R_2}$となる．I_0との比較のため$I_0=\frac{V}{R_1+R_2}$を代入すると$\frac{R_1+R_2}{R_2}I_0$〔A〕となり，より大きな電流が流れることがわかる．

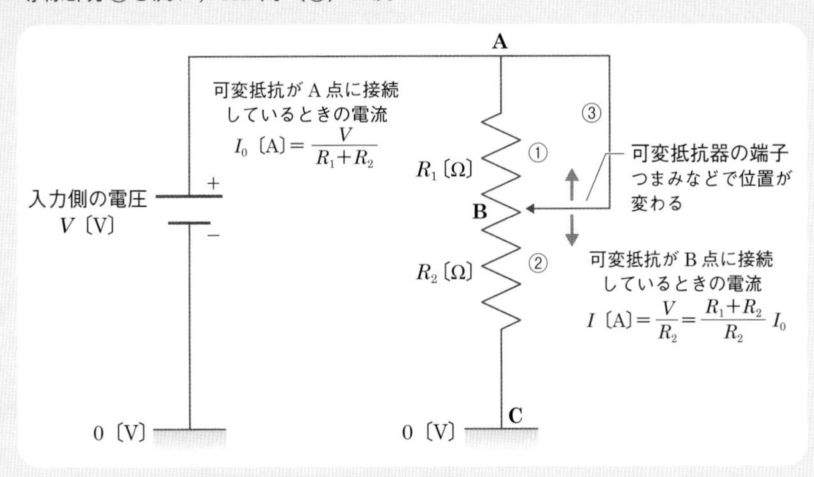

column図2　**可変抵抗器による電流の調整**

次の関係が成り立つ．

n 個の抵抗を並列に接続したときの合成抵抗

$$\frac{1}{R}=\frac{1}{R_1}+\frac{1}{R_2}+\cdots\cdots+\frac{1}{R_n}$$

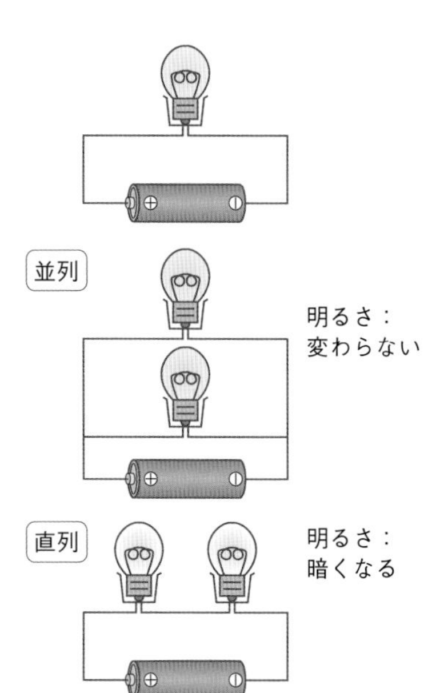

抵抗の並列接続では抵抗にかかる電圧は同じになり，それぞれの抵抗を流れる電流値も並列に接続する前と同じになるので，電灯を並列に接続しても明るさは変わらない．直列接続ではそれぞれの抵抗にかかる電圧が小さくなり，電流値も小さくなるので，電灯を直列につなぐと電灯が暗くなる．また，直列の接続では1つの電灯が断線を起こすと電流が流れなくなり，すべての電灯が消えてしまう．このようなことがないように，一般家庭の交流の配線は電気機器が並列に接続されるようになっている．多数の電気機器を並列に接続すると大きな電流が流れるので，ブレーカー（配線用遮断器）によって大量の電流が流れないようにしている．

例　題

図のように6.0 Vの乾電池に1.0 Ωの抵抗が1個（回路A），1.0 Ωの抵抗が直列に3個（回路B），1.0 Ωの抵抗が並列に3個接続されている回路（回路C）がある．それぞれの回路について，1個の抵抗の両端にかかる電圧と，1個の抵抗を流れる電流値を求めなさい．

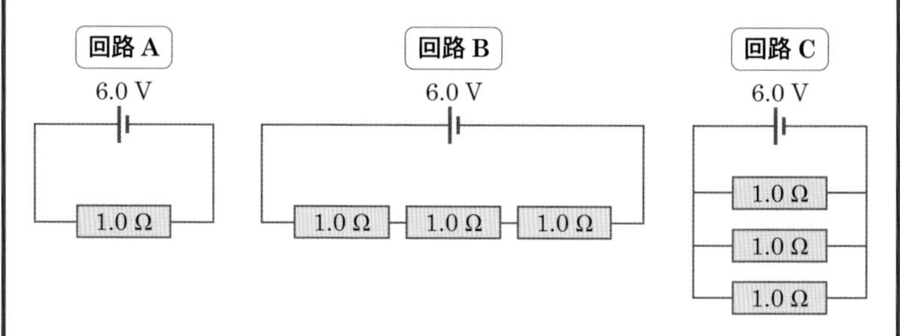

解答例　回路Aの抵抗の両端にかかる電圧は電池と同じ6.0 Vである．抵抗を流れる電流 I_A〔A〕は，

$$I_A=\frac{V}{R}=\frac{6.0\ \text{V}}{1.0\ \Omega}=6.0\ \text{A}$$

回路Bは，抵抗が直列に接続されているので，合成抵抗 R_B〔Ω〕は，

$$R_B=1.0+1.0+1.0=3.0\ \Omega$$

回路Bの抵抗に流れる電流は同じ大きさになるので，1個の抵抗を流れる電流値 I_B は，

$$I_B=\frac{V}{R_B}=\frac{6.0\ \text{V}}{3.0\ \Omega}=2.0\ \text{A}$$

1個の抵抗にかかる電圧 V_B は,

$$V_B = RI_B = 1.0 \times 2.0 = 2.0\ \mathrm{V}$$

回路Cの抵抗にかかる電圧は電池と同じ6.0 Vである．抵抗が並列に接続されているので，合成抵抗 R_C は,

$$\frac{1}{R_C} = \frac{1}{1.0} + \frac{1}{1.0} + \frac{1}{1.0} = 3.0$$

よって,

$$R_C = \frac{1}{3}\ \Omega$$

回路C全体を流れる電流 I_C は,

$$I_C = \frac{V}{R_C} = \frac{6.0\ \mathrm{V}}{\frac{1}{3}\ \Omega} = 18\ \mathrm{A}$$

並列に接続した3個の抵抗値は同じなので，1個の抵抗には，I_C の $\frac{1}{3}$ の電流が流れる．よって，1個の抵抗に流れる電流値は,

$$\frac{1}{3} I_C = \frac{1}{3} \times 18 = 6.0\ \mathrm{A}$$

答　(下表)

1個の抵抗にかかる電圧，抵抗を流れる電流値

	電圧	電流値	消費電力（参考）
回路A	6.0 V	6.0 A	36 W
回路B（抵抗を直列に接続）	2.0 V	2.0 A	4.0 W
回路C（抵抗を並列に接続）	6.0 V	6.0 A	36 W

電力 P〔W〕は電流 I〔A〕と電圧 V〔V〕の積になる●．同じ電圧の電源（電池）を用いた場合，直列に電機機器を接続すると1つの電気機器にかかる電圧が下がり，電流値も小さくなるので，1つの電気機器が消費する電力は小さくなり，電気機器の機能が低下する．電気機器を並列に接続したときは，1つの電気器気にかかる電圧と電流値が保たれるので1つの電気機器が消費する電力は保たれ，機能も保たれる．しかし，全体として大きな電力が必要になり，電池の寿命は短くなる．

● 電力→p.197 第8章 基礎編

3 コンデンサーのはたらき

コンデンサーに蓄えられる電気量

2枚の金属板を平行に配置したものを**平行板コンデンサー**という．基礎編で述べたように，コンデンサーには電荷を蓄えるはたらきがある●．平行板コンデンサーを構成している1組の金属を**極板**という．1枚の極板に $+Q$〔C〕の電荷が帯電すると，静電誘導によってもう一方

● p.187 第8章 基礎編 参照.

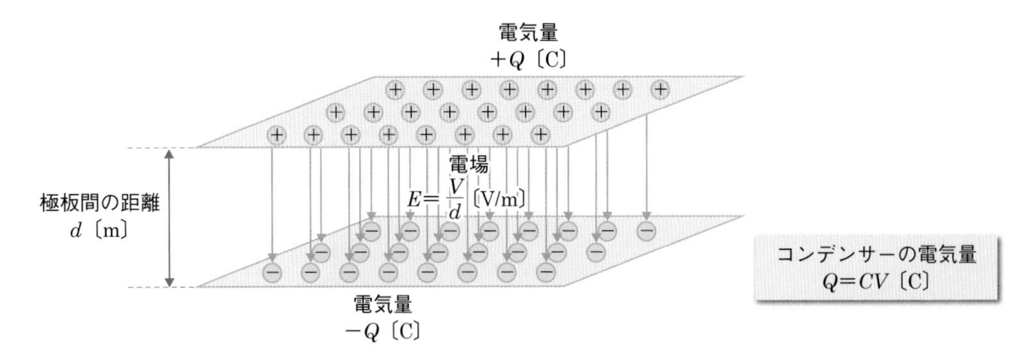

図21　平行板コンデンサーの静電容量と蓄えられる電気量

の極板に$-Q$〔C〕の電荷が現れる．その結果，2つの極板間には電位差V〔V〕と，電場E〔V/m〕が生じる（図21）．このとき，コンデンサーに帯電している電気量Q〔C〕，電圧V〔V〕には次の関係が成り立つ．

■ コンデンサーの電気量

$$Q = CV$$

電気量〔C〕＝電気容量〔F〕×電圧〔V〕

比例定数Cはコンデンサーが蓄えられる電気量を表す物理量で，**電気容量**とよぶ．電気容量の単位はクーロン毎ボルト〔C/V〕になるが，**ファラド**〔F〕が多く用いられる．1 Vの電圧で1 Cの電気を蓄えることができるコンデンサーの電気容量が1 Fである．平行板コンデンサーの中央部には一様なE〔V/m〕が生じており，極板間の距離がd〔m〕のとき，電圧V，電場E，極板間距離dの間には次の関係が成り立つ．

■ コンデンサー内の電場

$$E = \frac{V}{d}$$

電場〔V/m〕＝$\frac{\text{電圧〔V〕}}{\text{極板間距離〔m〕}}$

電気容量Cは極板の面積に比例し，極板間の距離に反比例する．コンデンサーの極板は正負に帯電しているので，コンデンサーには電気的なエネルギーが蓄えられている．コンデンサーに蓄えられているエネルギーを**静電エネルギー**とよび，極板間の電圧をV〔V〕，極板に帯電している電気量をQ〔C〕，コンデンサーの電気容量をC〔F〕とすると，コンデンサーに蓄えられる静電エネルギーU_E〔J〕は次のように表される．

コンデンサーの静電エネルギー

$$U_E = \frac{1}{2}QV = \frac{1}{2}CV^2$$

静電エネルギー〔J〕 ＝ $\frac{1}{2}$ × 電気量〔C〕 × 電圧〔V〕

＝ $\frac{1}{2}$ × 電気容量〔F〕 ×（電圧〔V〕）^{2}

平行板コンデンサーの極板間に不導体（誘電体）を挿入すると誘電分極が生じ，極板に蓄えられる電気量は変わらずに電圧が下がる．そのため，不導体を挿入する前と同じ電圧を極板間にかけると，極板には誘電分極による電荷分だけ大きな電気量を蓄えることができる．誘電分極の生じやすさを表すのが**誘電率**である．

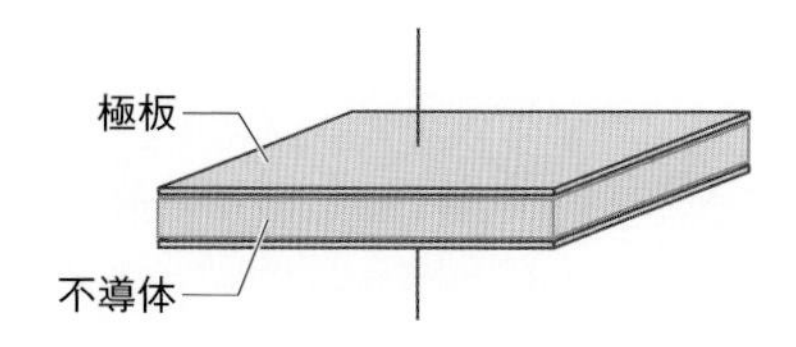

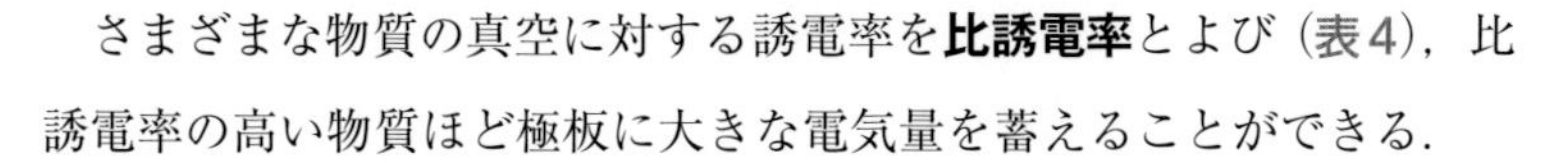

さまざまな物質の真空に対する誘電率を**比誘電率**とよび（表4），比誘電率の高い物質ほど極板に大きな電気量を蓄えることができる．

誘電率の高い物質は，コンデンサーの電気容量を増やすために用いられる．

表4　さまざまな物質の比誘電率

物質名	比誘電率
真空	1
空気	1.000586
紙	2.0〜2.5
ケイ素	3.5〜5.0
黒鉛	12.0〜13.0
酸化チタン磁器	30〜80
チタン酸バリウム	1200

例　題

電気容量 2.0×10^{-6} F（$2.0\ \mu$F），極板間の間隔が 2.0×10^{-3} m の平行板コンデンサーに 4.0×10^{-6} C の電荷が帯電している．このとき，コンデンサーの極板間の電圧と極板間に生じる電場の大きさを求めなさい．

解答例　コンデンサーの電気量を Q〔C〕，電気容量を C〔F〕，電圧を V〔V〕とすると，$Q=CV$ より，

$$V=\frac{Q}{C}=\frac{4.0\times10^{-6}\ \mathrm{C}}{2.0\times10^{-6}\ \mathrm{F}}=2.0\ \mathrm{V}$$

生じる電場 E〔V/m〕は，$E=\dfrac{V}{d}=\dfrac{2.0}{2.0\times10^{-3}}=1.0\times10^{3}\ \mathrm{V/m}$

答　極板間の電圧：2.0 V，極板間の電場：1.0×10^3 V/m

コンデンサーの充電と放電

図22のように，電池（電圧 V〔V〕），コンデンサー（電気容量 C〔F〕），抵抗（抵抗値 R〔Ω〕）を接続して，最初はスイッチA，スイッチBともオフにする．このときコンデンサーには電荷がなく（$Q=0$〔C〕），電流も流れていない（図22左）．次にスイッチAをオンにすると，一時的にコンデンサーと電池の回路を電流が流れる．この電流はコンデンサーに電荷がたまって，$Q=CV$〔C〕に達すると止まる．これはコンデンサーに電荷が蓄えられた状態で，電流も流れない（図22

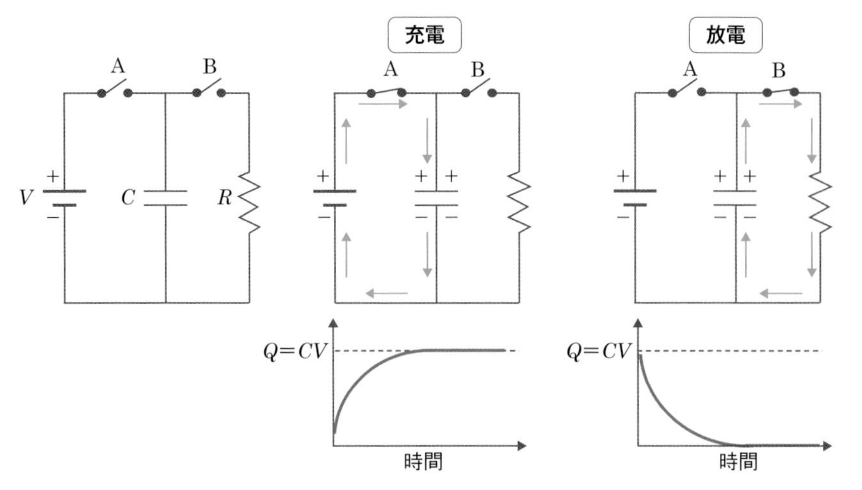

スイッチ A をオンにして電池とコンデンサーを接続すると，コンデンサーに電荷が蓄えられる．コンデンサーに電荷がたまるまでの短い時間，電流が流れる

コンデンサーに十分電荷が蓄えられた後，スイッチ A をオフにしてコンデンサーと抵抗を接続すると，コンデンサーから抵抗に電流が流れる

図22　コンデンサーの充電と放電

コンデンサーを電池に接続すると，コンデンサーに電荷が蓄えられる（充電）．充電はコンデンサーの電気容量と電圧で決まる電気量まで続く．電気量が最大の値に達すると電流は止まる．コンデンサーから電池を離し，コンデンサーと抵抗を接続すると，コンデンサーに蓄えられた電荷が抵抗を流れる（放電）．放電は，コンデンサーに蓄えられた電気量がゼロになるまで続く．

中央）．続いてスイッチAをオフにしてスイッチBをオンにすると，コンデンサーと抵抗が接続する回路に電流が流れる．そして，コンデンサーに蓄えられていた電荷がなくなり電圧が0 Vになると，電流が止まる．

コンデンサーは極板と極板が接していないので，定常状態では直流の電源と接続しても電流は流れない．しかしスイッチを入れたときは，極板に電荷がたまるまでは電荷がコンデンサーに流れ込むので，スイッチを入れてから短い時間は回路に電流が流れる．電源が交流のときは，電圧が交互に絶えず変化するため，電源の電位とコンデンサーの電位の差をなくすように回路に電流が流れる．そのためコンデンサーは直流を通さないが，交流は通す性質をもつ．また，電源の電位とコンデンサーの電位の差を小さくしようとするので，電源とコンデンサーを並列に接続すると電源の電圧の変化が小さくなる●．これらのことから，コンデンサーは電流の直流成分を通さなくするはたらき（交流成分を通すはたらき）と，電源の供給する電圧を安定化するはたらきをもつ．

● p.204 例題参照.

4 半導体のはたらき

P型半導体とN型半導体

半導体は不導体に近いが，少しは電流を通す物体である．電気回路に用いられる半導体は，ケイ素（シリコン：Si）やゲルマニウム（Ge）に3価または5価の元素の原子を微量含んだ物質でつくられている．ケイ素やゲルマニウムは4個の価電子をもつので，4個の価電子を隣の原子の価電子と共有してアルゴン（Ar）やクリプトン（Kr）のような貴ガス（希ガス）の電子配置になることで，結合力の強い共有結合で結びついて安定な結晶構造をつくっている．

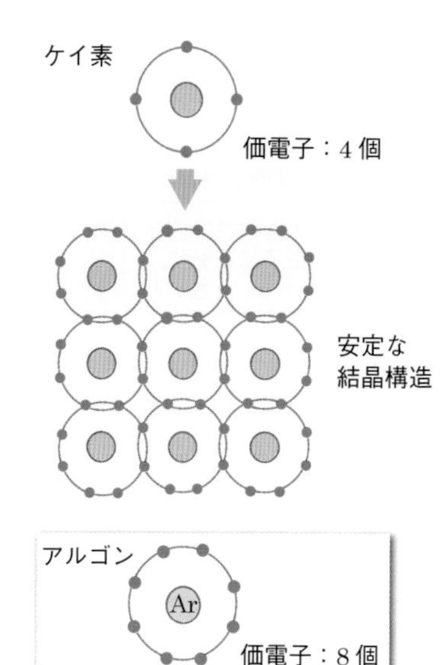

ケイ素やゲルマニウムにヒ素（As）などの5個の価電子をもつ元素の原子を加えて，ケイ素の原子とヒ素の原子が置き換わると価電子が1個余り，自由電子のようにふるまう．このような半導体を**N型半導体**という（図23左）．

次にシリコンやゲルマニウムにホウ素（B）などの3個の価電子をもつ元素の原子を加えて，ケイ素の原子とホウ素の原子が置き換わると価電子が1個不足し，正の電荷のようにふるまう**正孔**（または**ホール**）が生じる．このような半導体を**P型半導体**という（図23右）．

半導体ダイオードのはたらき

P型半導体とN型半導体を接合した電気素子を**ダイオード**という．P型側を正，N型側を負にして電圧をかけると，P型半導体の正孔は半導体の接合部に向かって移動し，N型半導体の自由電子も接合部に向かって移動する．接合部において，正孔と自由電子が出会い再結合し

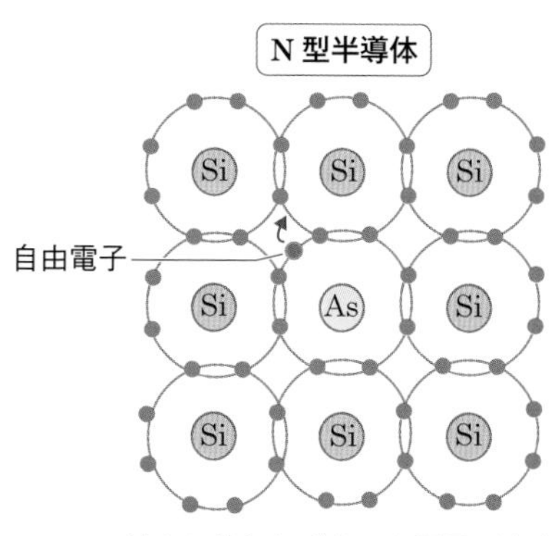

結合に使われず余った電子が自由電子となり，電流の担い手になる

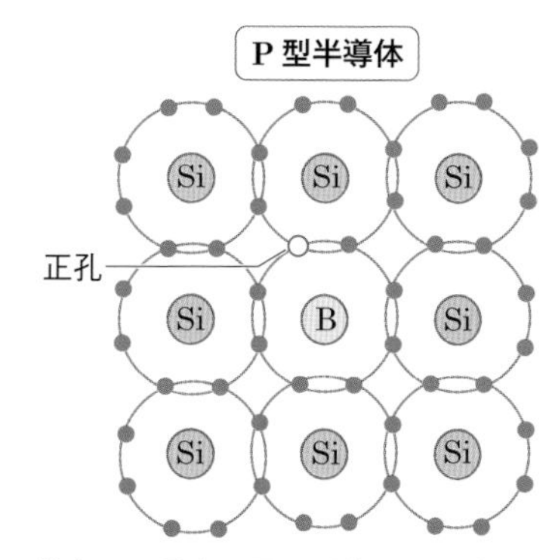

結合に不足する電子が抜けた正孔が，正の電荷をもつ粒子として電流の担い手になる

図23　**N型半導体とP型半導体**

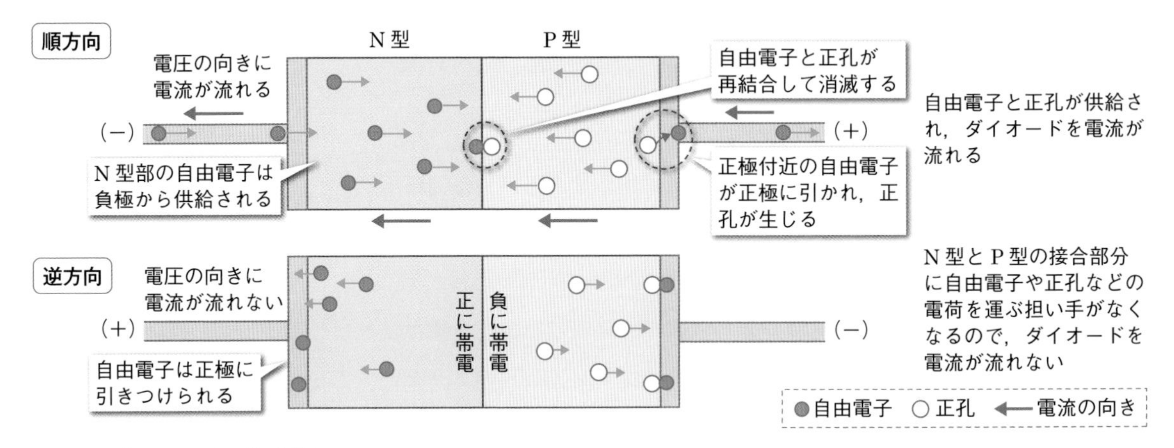

図24　**ダイオードの整流作用**

て消滅する．このとき，ダイオード内をP型側からN型側に向かって電流が流れる．この電圧の加え方を**順方向**という（図24上）．

反対に，P型側を負，N型側を正にして電圧をかけると，P型半導体の正孔は負に電圧がかかった向きに移動し，N型半導体の自由電子は正の電圧がかかった側に移動するので，電圧の向きには電流が流れない．この電圧の加え方を**逆方向**という（図24下）．つまり，ダイオードはP型側に正，N型側に負の電圧をかけたとき（順方向）だけ電流を通すので，電流を一方向に流すはたらきがある．この電流を一方向に流すはたらきを**整流**という．整流により，交流を直流に変えることができる．

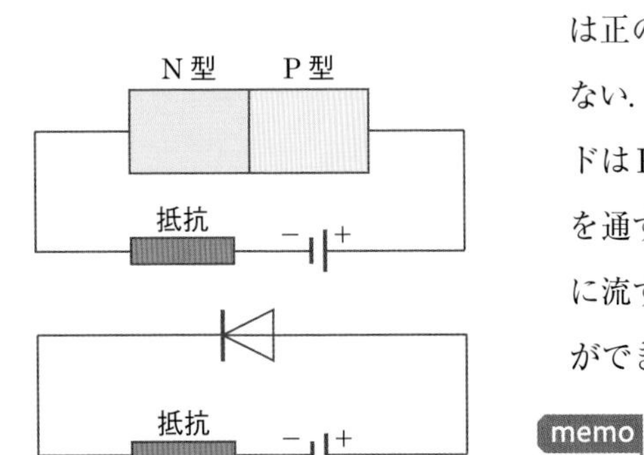

memo図2　**ダイオードの回路記号**

memo　**ダイオードの記号**

ダイオードの記号はmemo図2のように表す．三角形の向きが順方向であり，逆方向には電流がブロックされる．

★ 発展

交流を直流に変換する回路★

電気素子を組み合わせて配線することによって，電気回路にさまざまな機能をもたせることができる．ここでは，ダイオードとコンデンサーを用いた交流を直流に変換する回路を紹介する．

前述したようにダイオードには整流作用があり，電流を一方向に流すことができる．図25下のように，ダイオードをブリッジ状に接続してCD間に交流を入力する．C側に正の電圧がかかると，2個のAのダイオードだけに電流が流れる（→）．交流の向きが変わり，D側に正の電圧がかかると，2個のBのダイオードだけに電流が流れる（→）．その結果，2のような波型の正の出力だけが得られる．そこにコンデン

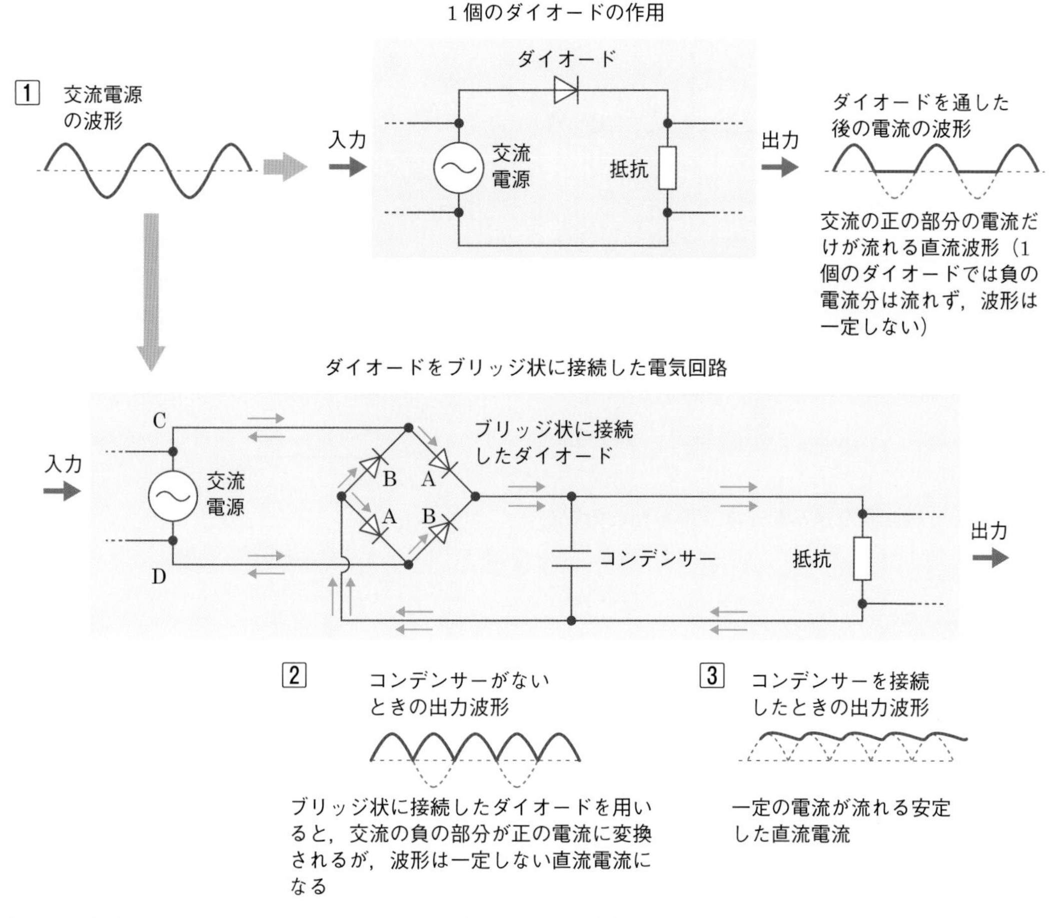

図25 ダイオードとコンデンサーを用いた交流を直流に変換する電気回路
（『PT・OTゼロからの物理学』（望月 久，棚橋信雄／編著，谷 浩明，古田常人／編集協力），羊土社，2015より引用）

サーを接続すると，コンデンサーは電圧や電流を安定化するはたらきがあるので3のような一定の値に近い出力の直流が得られる．

5 細胞膜の電気的活動

膜電位

細胞は細胞膜に囲まれて一つの細胞としての個別性を保っている．細胞膜はリン脂質の二重層（**脂質二重層**）で構成され，定常状態では細胞膜の外側に対して内側が負の**膜電位**を保っている．これを**静止膜電位**という．電気回路の電流の担い手は電子であったが，細胞膜の電気的現象の担い手は，ナトリウムイオン（Na^+）やカリウムイオン（K^+）などのイオンである．細胞膜の外側である細胞外液は海水と同じように，Na^+や塩素イオン（Cl^-）の濃度が細胞内に比べて高い．反

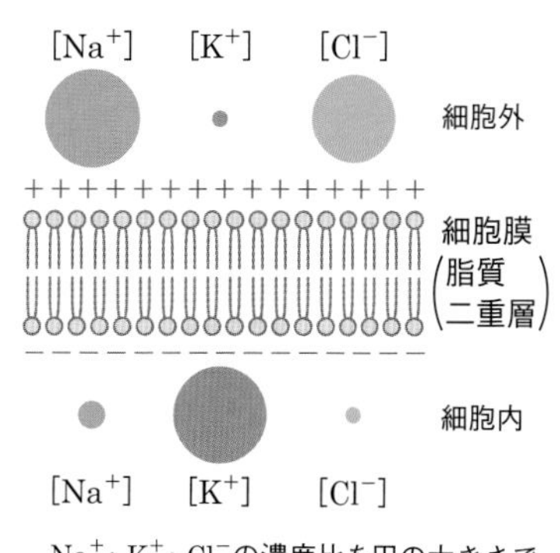

Na^+・K^+・Cl^-の濃度比を円の大きさで表す

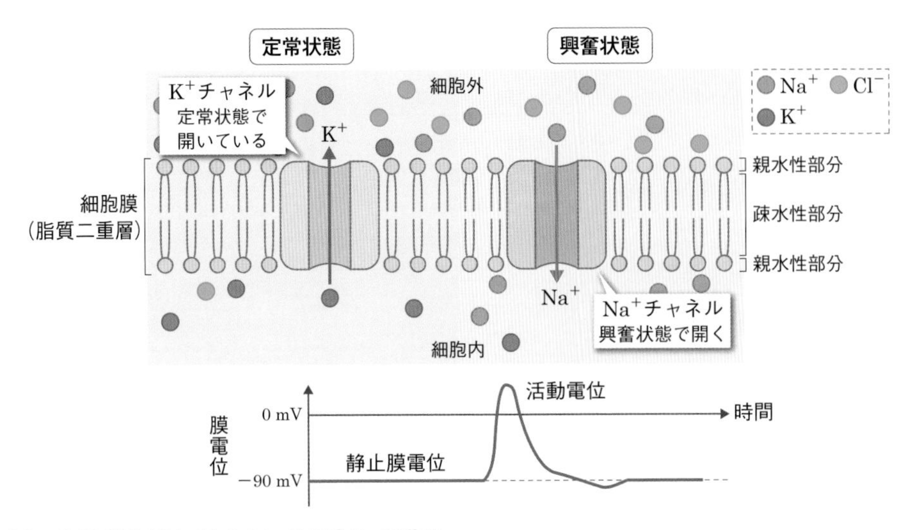

図26　細胞膜を挟んだイオンの分布との動き

定常状態では K^+ が細胞外に出ること，興奮状態では Na^+ が細胞内に入ることが，細胞膜の電位差に大きく関係している.

表5　細胞内液と細胞外液のイオン濃度

イオン	細胞内液のイオン濃度〔mmol/L〕	細胞外液のイオン濃度〔mmol/L〕
Na^+	12	145
K^+	140	4
Cl^-	4	116

● コンデンサーのはたらき→p.205 第8章 臨床編

対に細胞内は K^+ やタンパク質の陰イオンの濃度が高い（**表5**）.

イオンは濃度の高い側から低い側に広がろうとするので，細胞膜を通して移動しようとする．しかし，イオンは脂質二重層を通過できないので，タンパク質でできたイオンの通路である**イオンチャネル**を通って細胞膜の内と外を行き来する．定常状態では K^+ チャネルは開いており，K^+ チャネルを通して K^+ が細胞膜の外側に移動する．細胞膜の外側に正のイオンが増えるので，細胞膜の内側に外側に対して負の膜電差が生じる（図26左）．この電位差が静止膜電位で，細胞膜の外側に対して－90～－70 mVの大きさである.

このときのイオンの移動によるイオン濃度の変化は細胞膜にごく近い部分だけに生じており，細胞膜を挟んで正の電荷と負の電荷が並ぶような状態になるので，細胞膜はコンデンサー●のようなはたらきをもつ.

Na^+ チャネルは定常状態では閉じているが，神経細胞や筋細胞では神経終末から放出される神経伝達物質を受け細胞膜が興奮すると Na^+ チャネルが開く．Na^+ チャネルを通して Na^+ が細胞内に入るので，細胞膜の内側に正の電荷がたまり，膜電位が上昇して**活動電位**が発生する（図26右）．膜電位が0 mVを超すと Na^+ チャネルが閉じ，K^+ チャネルを通して K^+ が細胞内から細胞外へ移動して膜電位が下がり，静止膜電位に戻る.

神経細胞では，活動電位が軸索を伝わり，興奮が次の神経細胞や筋線維などの効果器に伝達される．物理療法で用いられる治療的電気刺激（therapeutic electrical stimulation）や機能的電気刺激（functional electrical stimulation）では，皮膚の表面から直下にある末梢神経や骨格筋に電気刺激を加えて活動電位を誘発し，活動電位によって生じた筋収縮を治療に適用している．

6 筋の電気的活動と筋電図

骨格筋は多くの筋線維から構成され，筋線維は多数の核をもつ一つの細胞でもある．運動時の骨格筋の活動状態を測定するために，**筋電図**が多く用いられる．骨格筋の収縮は，末梢神経の興奮が神経筋接合部を介して筋細胞膜に伝わり，筋細胞膜の興奮が横行小管を経て筋小胞体に伝わり，筋小胞体からカルシウムイオンが放出され，ミオシンフィラメントとアクチンフィラメントがスライディングすることで生じる（図27）．骨格筋収縮を引き起こす筋細胞膜の電気的興奮を皮膚の上から検出し，筋の活動状態を表す情報として用いるのが**表面筋電図**である．筋電図は筋細胞の収縮そのものではなく，筋細胞膜の電気的な変化を測定している．

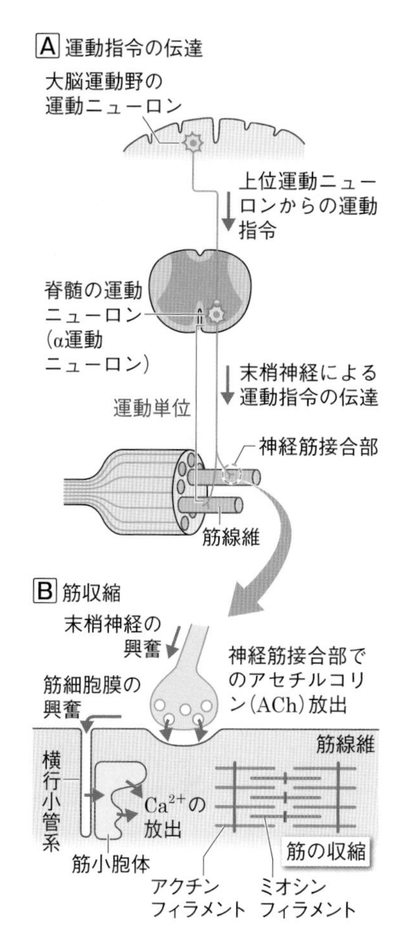

図27 運動指令の伝達と筋収縮
（『消っして忘れない運動学要点整理ノート』（福井 勉，山崎 敦/編），羊土社，2009より引用）

筋細胞膜の興奮である活動電位は，神経筋接合部から1本の筋線維を両方向に伝わる．安静時（神経の興奮がない定常状態）は，細胞膜の外側が内側に対して正に帯電している．筋細胞膜が興奮すると，興奮している部分は細胞膜の外側が安静時の細胞膜に比べて一時的に負に帯電する．そして細胞膜の興奮した部分が筋細胞の長軸（細長い方向）に沿って移動していく．

表面筋電図では，皮膚の上に貼付した2つの電極間の電位差を増幅することで筋電波形を得ている（図28）．図28は，1つの神経の興奮によって生じた1本の筋線維（筋細胞）の単収縮の活動電位と筋電図の時間変化を示している．実際の表面筋電図では，多くの筋線維の活動を検出するので，多数の波形が重なった干渉した波形が観察される．

表面筋電図を正しく測定するためには，筋細胞からの電気信号を感知する電極の貼付のしかたに注意する必要がある．電極を貼付する前に，筋細胞からの電気信号を低下させないようにアルコール綿や専用の研磨剤の入ったクリームで皮膚をこすり，皮膚表面の脂肪分や角質を除去して皮膚抵抗を小さくする．皮膚抵抗は5 kΩ以下になることが

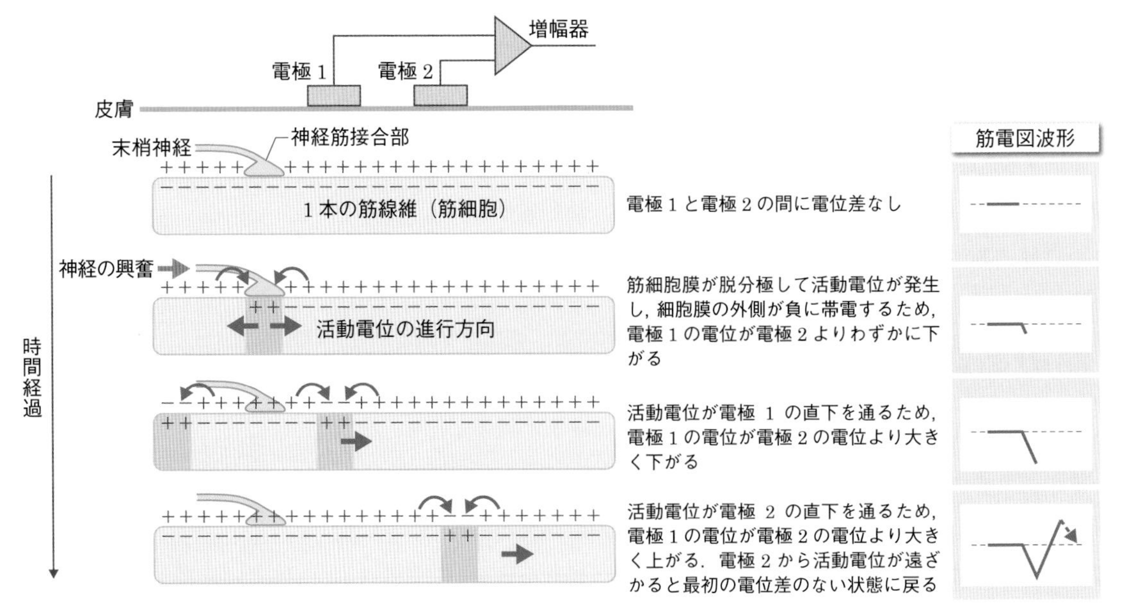

図28　表面筋電図の概念図

表面筋電図では，筋細胞膜の活動電位の伝わる様子を，皮膚の上に配置した2つの電極の小さな電位差として検出し，増幅回路を用いて電位差を増幅している．

望ましい．電極間の距離は1～2 cm程度で，筋線維の走行に沿って電極を貼付するのが基本である●．

● 次ページ column 参照.

column

筋電図電極の貼付位置

筋細胞は筋線維とよばれるように糸のような細長い形をしている．筋細胞膜の活動電位は筋細胞の長軸方向に伝わっていくので，筋電図の電極は筋線維の走行に沿って貼付する．また，神経筋接合部を挟んで電極を貼付すると，神経筋接合部から両方向に同じ速度で活動電位が移動していくので，電極間に電位差が生じにくくなる（column図3）．そのため，神経筋接合部が多く集まった神経支配帯を挟まないように電極を貼付する．

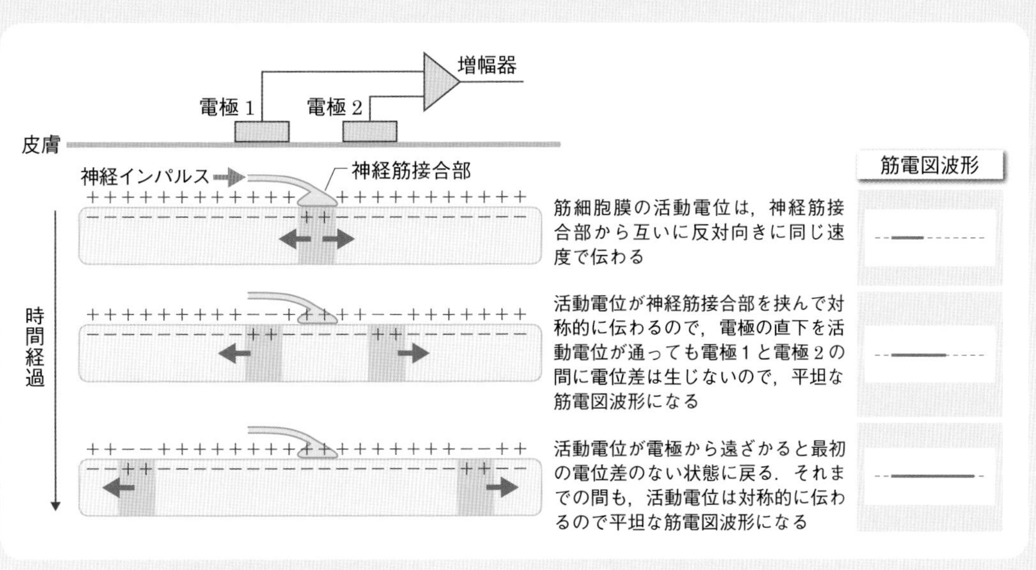

column図3　**筋電図電極の貼付位置**

第9章

磁気の性質と利用

電気と磁気の密接な関係

磁気は，磁石が砂鉄や鉄を引きつけたり，コンパスが南北を指したりする現象として知られている．19世紀になって，電流のまわりに磁気が生じたり，導体の近くで磁石を動かすと導体に電流が流れたりする現象が発見され，電気と磁気が密接に関連していることが明らかになった．現在では，電気と磁気は電磁気学として統合されている．

第9章の 基礎編 では，磁気と電気の相違点，電荷の運動である電流と磁気の関係，電磁波について学習する．

臨床編 では基礎編で学習したことをもとに，磁気，電磁波のリハビリテーション医療への適用について理解を深める．

第9章
磁気の性質と利用

基礎編

学習目標
- 磁気と電気の相違について説明できる
- 電流と磁気の関係について説明できる
- 電磁波の生じるしくみを説明できる

臨床編 は231ページ

1 磁気とは

棒磁石を砂鉄に近づけると，棒磁石の端のほうに砂鉄が多く引き寄せられる（図1）．また，棒磁石どうしを近づけると，両端の組み合わせで引力（引き合う力）や斥力（反発する力）がはたらく．磁石がもつこのような性質を**磁気**とよび，引力や斥力としてはたらく力を**磁気力**という．棒磁石の端は砂鉄が集中して引き寄せられ，2つの棒磁石を近づけたときも端どうしを近づけたほうが強い磁気力がはたらくので，**磁極**とよばれる．

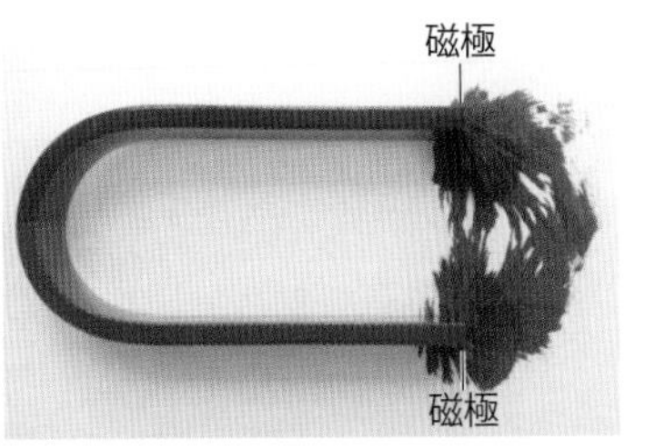

図1　棒磁石の磁極に引き寄せられた砂鉄
（画像：『PT・OT ゼロからの物理学』（望月 久，棚橋信雄／編著，谷 浩明，古田常人／編集協力），羊土社，2015より引用）

棒磁石の両端の組み合わせで引力や斥力がはたらく現象は，電気における正負の電荷がもつ性質と似ている．磁気では，磁極を**N極**と**S極**に区別する．コンパス（方位磁針）が南極（south pole）を指す側をS極，北極（north pole）を指す側をN極としている．磁極に電気における電荷に相当する**磁荷**があると仮定して，N極の磁荷を**正の磁荷**，S極の磁荷を**負の磁荷**とよぶ[※1]．磁荷や磁極のもつ**磁気量**の単位は**ウェーバ**〔Wb〕である．

磁気力の大きさはクーロンの法則●と同じ形式で表すことができ，これを**磁気に関するクーロンの法則**という．磁気力をF〔N〕，2つの磁極のもつ磁気量をそれぞれq_{m1}〔Wb〕とq_{m2}〔Wb〕，2つの磁極間の距離をr〔m〕とすると，磁気に関するクーロンの法則は次式で表される．

■ 磁気に関するクーロンの法則

$$F = k_m \frac{q_{m1} \times q_{m2}}{r^2}$$

磁気力〔N〕 ＝ 比例定数 × 磁気量〔Wb〕× 磁気量〔Wb〕／（距離〔m〕）^{2}

k_mは比例定数で，真空中では$k_m = 6.63 \times 10^4$ N·m^2/Wb^{2}である．

※1　磁荷の存在：磁気は電気と似ている性質をもつので，電気における電荷に相当するものとして磁荷の存在を考えることができる．磁荷は磁気の性質を説明するために用いられるが，これまで単独の正または負の磁荷の存在は確認されていない．本書でも磁荷という用語はあまり用いず，磁極や磁気量を用いて説明をしている．

● クーロンの法則→p.184 第8章 基礎編

例　題

AとBの2つの棒磁石が下の図のように置かれている．棒磁石間の距離は0.10 m，Aの磁極の磁気量は1.0 Wb，Bの磁極の磁気量は3.0 Wbである．このとき，2つの棒磁石のN極とN極の間にはたらく磁気力の種類と磁気力の大きさを求めなさい．ただし，磁気に関するクーロンの法則の比例定数は$k_m = 6.33 \times 10^4$ N·m²/Wb²とする．

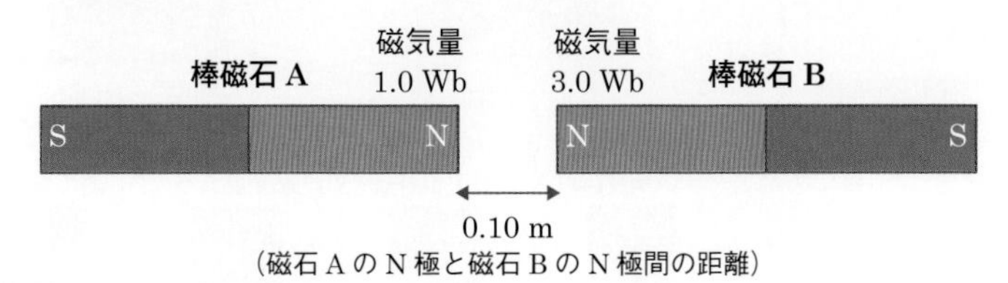

解答例　同じ符号の磁極なので，棒磁石AとBのN極間にはたらく磁気力は斥力である．磁気に関するクーロンの法則より磁気力F〔N〕を求めると，

$$F = k_m \frac{q_{mA} \times q_{mB}}{r^2} = 6.33 \times 10^4 \times \frac{1.0 \times 3.0}{0.10^2} = 18.99 \times 10^6 = 1.9 \times 10^7$$

答　磁気力の種類：斥力，磁気力の大きさ：1.9×10⁷ N

2 磁気と電気との相違

棒状の物体の片側に正の電荷，反対側に負の電荷が帯電しているとき，棒を半分に切断すると正の電荷が帯電した側は正の電荷が多くなるので半分の棒全体が正に帯電し，負の電荷が帯電した側は負の電荷が多くなるので半分の棒全体が負に帯電する（図2左）．

これに対して，棒磁石をN極とS極の中間で半分に切断すると，切断したそれぞれの棒磁石の端にN極とS極が現れる．棒磁石を半分に切断する作業をずっと繰り返しても，切断した棒磁石の両端には必ずN極とS極が現れる（図2右）．このことは，磁荷には電荷のような単独の正または負の磁荷があるのではなく，正と負の磁荷が対で現れることを示している．実際にこれまで，単独の磁荷をもつ粒子は発見されていない．これが電気と磁気の異なる性質の一つである．

棒磁石にこのような現象が生じるのは，棒磁石はN極とS極をもつ微小な磁石からできており，どこで切断しても棒磁石の端にはN極とS極が対になって現れるためと考えられている（図3）．

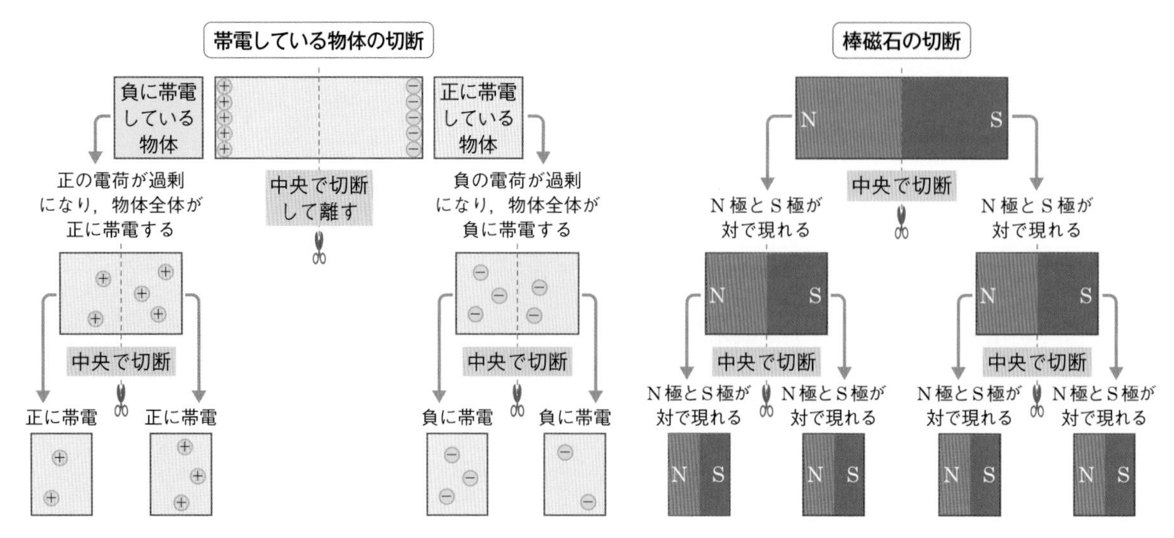

図2　中央で何回も切断したときの帯電した物体と棒磁石の違い

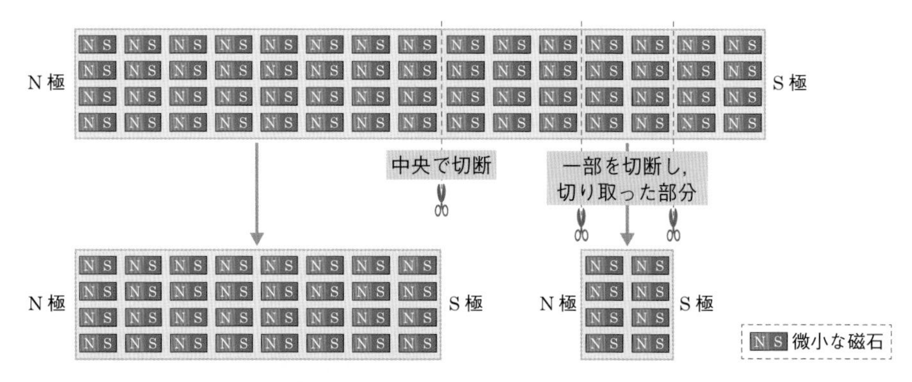

図3　棒磁石にN極とS極が対になって生じるしくみ
どのように切断しても，必ず両端にN極とS極が現れる．

3 磁場

● 電場→p.185 第8章 基礎編

磁極と磁極が近づくと力を及ぼしあうので，磁気についても電場●に相当する**磁場**を考えることができる．電荷と電場の関係のように，磁極によってまわりの空間が磁極に力を及ぼす特別な空間である磁場となり，磁場の中に別の磁極を置くと磁気力がはたらく．磁場も電場と同じように大きさと向きをもつベクトル量である．磁極がつくる磁場の様子は，**磁力線**によって表すことができる．空間内のある位置における磁力線の向きは，ある位置に小さなコンパスを置いたときにコンパスのN極が指す向きになるので，小さなコンパスを少しずつ移動させることによって磁力線を描くことができる．棒磁石がつくる磁力

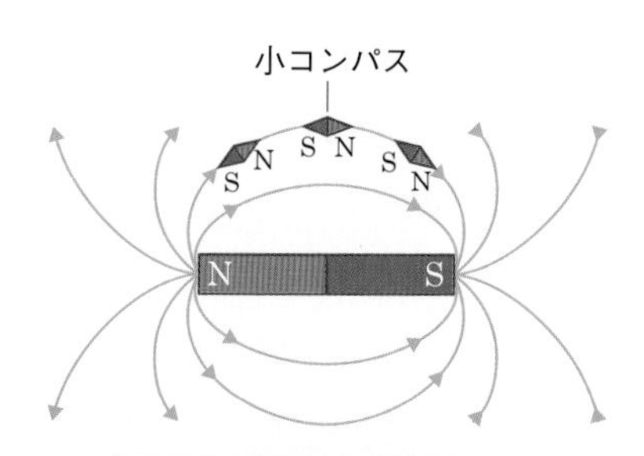

図4　棒磁石の周囲の磁力線

磁場内に小さなコンパスを置き，コンパスを少しずつ移動させながらコンパスのN極が指す向きを連ねることによって磁力線を描くことができる．

表1　磁力線の性質

①	磁力線はN極から出てS極に入る
②	磁力線は途切れたり急に始まったりしない
③	磁力線は交わったり枝分かれしたりしない
④	磁場の強さは，磁力線の密度によって表される
⑤	1本の磁力線は，磁力線の方向に縮まろうとする性質がある
⑥	磁力線どうしは反発しあう性質がある

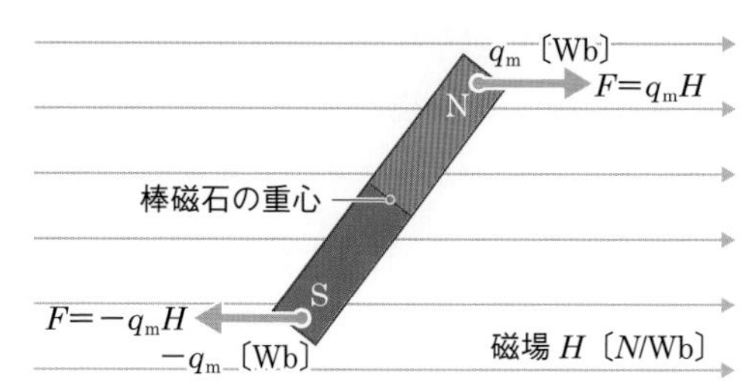

図5　磁場の中に置かれた棒磁石にはたらく磁気力

赤丸（●）の位置に磁極の磁気量が集中していると仮定している．磁場の中に棒磁石を置くと，N極の磁極には磁場の方向に，S極の磁極には磁場と逆向きの方向に磁気力がはたらく．

線は，図4のようにN極から出てS極に入る曲線になる．磁力線には表1のような性質がある．

磁場の中に置かれた磁極の磁気量をq_m〔Wb〕，磁気力をF〔N〕とすると，磁場Hの単位はニュートン毎ウェーバ〔N/Wb〕となり，次の関係が成り立つ（図5）．

■ 磁場内の磁気力

$$F=q_mH$$

磁気力〔N〕＝磁気量〔Wb〕×磁場〔N/Wb〕

4 磁場と磁束密度

磁場Hと同じように，空間における磁気の大きさと向きを表す物理量に**磁束密度**がある．磁束密度はBで表し，単位はウェーバ毎平方メートル〔Wb/m^2〕である．国際単位系では磁束密度の単位に**テスラ**〔T〕を用いる．単位からわかるように，磁束密度は単位面積あたりの磁気量を表しており，磁場Hと次の関係がある．

■ 磁束密度

$$B=\mu H$$

磁束密度〔T〕＝透磁率〔N/A^2〕×磁場〔N/Wb〕

上の式の比例定数μは**透磁率**とよばれる物理量である．真空中の透磁率μ_0は$4\pi \times 10^{-7} = 1.26 \times 10^{-6}$〔N/A^2〕である．透磁率は物質によって異なり，物質の透磁率をμ，真空中の透磁率をμ_0，比透磁率をμ_rとすると，次の関係がある（表2）．

$$\mu = \mu_r \mu_0$$

鉄などの透磁率（比透磁率）が大きい物質は磁場に強く反応して大きな磁気力を生じる．

表2　物質の比透磁率

物質名	比透磁率	磁性体の区分
真空	1.0000000	
空気	1.0000004	常磁性体
アルミニウム	1.00002	
水	0.999991	反磁性体
銅	0.999991	
ニッケル	600	強磁性体
鉄	～5000	

真空中の透磁率$\mu_0 = 4\pi \times 10^{-7} = 1.26 \times 10^{-6}$〔N/A^2〕

5 磁気誘導

鉄を磁石に近づけると強い力で磁石に引かれる．磁石のN極に近い鉄の端にはS極の磁極が生じて，強い引力が現れる．このような，磁極を近づけたとき物質に逆の符号の磁極が生じる現象を**磁気誘導**とよぶ．そして，鉄のように大きな磁気誘導を示す物質を**強磁性体**という．磁気誘導によって鉄の内部はS極からN極に向かう磁石のようになっており，これを**磁化**という（図6）．

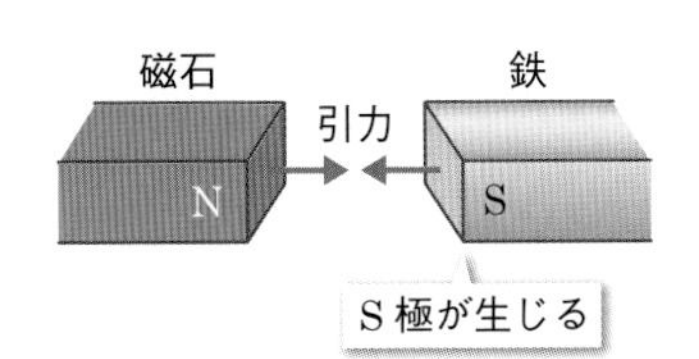

アルミニウムを磁石に近づけてもアルミニウムはほとんど動かない．アルミニウムでも磁石のN極に近い側にS極の磁極が生じるが，引力は非常に弱い．このような物質を**常磁性体**という．水や銅は，磁石のN極に近い側にN極の磁極が生じ，弱い斥力がはたらく．このような物質を**反磁性体**という．比透磁率は，強磁性体は1よりかなり大きく，弱誘電体は1よりわずかに大きく，反磁性体は1よりわずかに小さい（表2）．

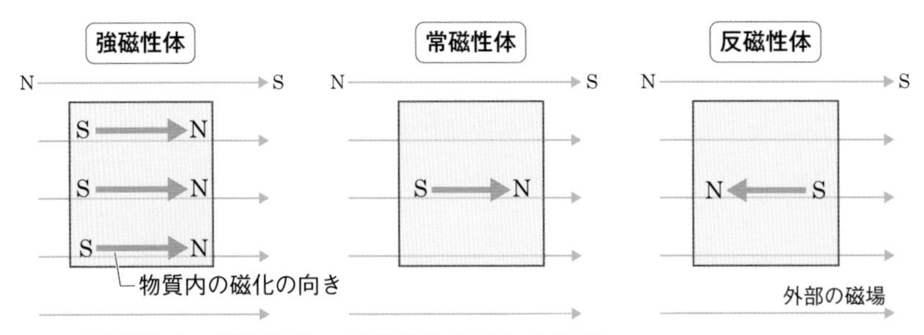

図6　強磁性体，常磁性体，反磁性体と磁化の様子

6 電流と磁場

18世紀になって，電流のまわりに磁場が生じることが発見された※1．代表的なものとして，直線電流，円形電流，ソレノイドを流れる電流がつくる磁場についてみていこう．

※1　1820年にエルステッドは，電流のまわりにコンパスを置くとコンパスの指す向きが変化する現象を発見した．これは，電流のまわりに磁場が生じていることを示している．

memo　電流と磁場に関する発見

18世紀に発見された電流と磁場に関する現象や法則には次のようなものがある．

①エルステッドによる電流から磁場が生じる現象（1820年）
②アンペールによる電流とその周囲にできる磁場との関係を表す法則（1820年）
③ファラデーによる電磁誘導の法則（1831年）
④レンツによる電磁誘導の誘導起電力の向きに関する法則（1834年）
⑤マクスウェルの電磁方程式（1864年）

直流電流

直線状の導線を流れる電流を**直線電流**という．直線電流が流れているとき，直線電流の向きと垂直な平面上に，直線電流を中心として同心円状の磁場が生じる（図7）．磁場の向きは右ねじの法則※2に従い，親指の向きが電流，磁場の向きが4本の指の向きになる．直線電流のまわりの磁力線は円を描くので，磁石のようなN極やS極はない．電流をI〔A〕，同心円の半径をr〔m〕，磁場の大きさをH〔A/m〕とすると，次の関係が成り立つ．

直線電流からr〔m〕の位置に生じる磁場の大きさ

$$H = \frac{I}{2\pi r}$$

$$磁場〔A/m〕 = \frac{電流〔A〕}{2\pi \times 距離〔m〕}$$

上の公式の磁場の単位はアンペア毎メートル〔A/m〕だが，ニュートン毎ウェーバ〔N/Wb〕も磁場の単位である．物理学では，現象を扱いやすくするために，同じ物理量でも異なる単位を用いることがある．

直線電流

図7　電流によって生じる磁場の様子：直流電流

※2　**右ねじの法則**：電気と磁気の関係を表すときに，右ねじの法則が用いられる．ドライバーでねじを締めるとき，右向きにねじを回すとねじは前に進み締まっていく．この関係を，右手の手指で表したのが右ねじの法則である．右手の親指を立て，他の4本の指を軽く握った（いいね！の形）とき，親指以外の4本の指を曲げる向きでねじを回す向き，親指の向きでねじが進む向きを示す．4本の指が曲がる向きや親指の向きが表す物理量は現象ごとに異なる．

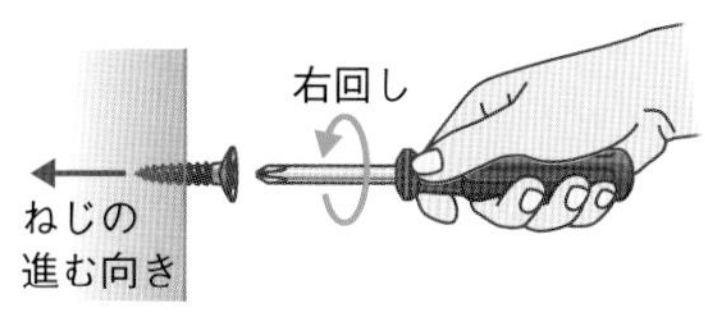

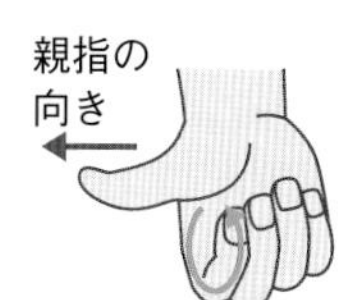

例　題

I_1〔A〕の直線電流が流れているとき，電流から垂直にr_1〔m〕離れている位置での磁場の大きさはH_1〔A/m〕であった．このとき，❶電流が2倍になったときと，❷直線電流からの垂直距離が3倍になったときの磁場の大きさを求めなさい．

解答例

❶直線電流によって生じる磁場の大きさは，$H=\frac{I}{2\pi r}$で計算される．よって，最初の磁場の大きさH_1には次の関係が成り立つ．

$$H_1=\frac{I_1}{2\pi r_1}$$

電流が2倍になったときに生じる磁場の大きさをH_2とすると，

$$H_2=\frac{2I_1}{2\pi r_1}=2H_1$$

となる．よって，電流が2倍になると磁場の大きさは2倍になる．

答 2倍になる

❷同様に，直線電流からの距離が3倍になったときの磁場の大きさをH_3とすると，

$$H_3=\frac{I_1}{2\pi\times 3r_1}=\frac{1}{3}H_1$$

となる．よって，距離が3倍になると磁場は$\frac{1}{3}$倍に小さくなる．

答 $\frac{1}{3}$倍になる

円形電流

円形の導線を流れる電流を**円形電流**という．円形電流が流れているとき，磁場は円形電流の中心では円形電流の面に垂直に，右ねじの法則に従う向きに生じる※3（図8）．電流をI〔A〕，円形電流の半径をr〔m〕，磁場の大きさをH〔A/m〕とすると，次の関係が成り立つ．

※3　直線電流と異なり，親指の向きが磁場，4本の指の向きが電流の向きになる．

■ 円形電流の中心における磁場の大きさ

$$H=\frac{I}{2r}$$

$$磁場〔A/m〕=\frac{電流〔A〕}{2\times 電流の半径〔m〕}$$

円形電流によって生じる磁場は，短い直線電流のまわりに生じる磁場を円形に沿って合わせたものである．また，円形電流によって生じる磁場は，薄い円盤状の磁石のような磁場になる．

円形電流

電流によって生じる磁場

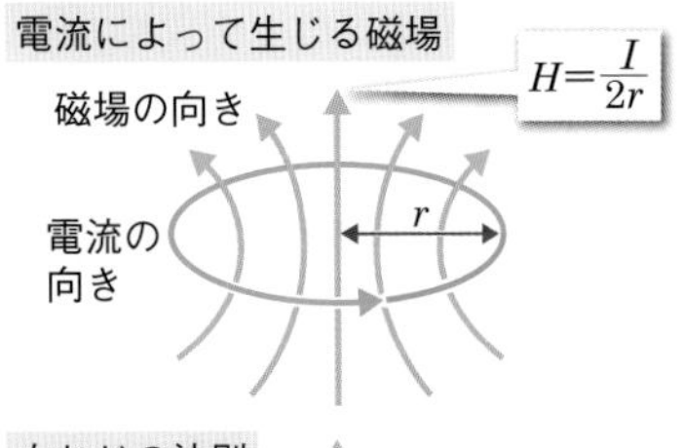

右ねじの法則

生じる磁場と対応する磁石

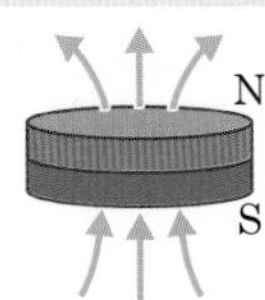

図8　電流によって生じる磁場の様子：円形電流

例　題

平面上にある半径0.10 mの円形電流の中央に，上向きに8.0 A/mの磁場が生じている．このときの円形電流の電流値を求めなさい．

解答例　半径r〔m〕の円形電流I〔A〕によって生じる磁場H〔A/m〕の大きさは，$H=\frac{I}{2r}$である．よって，電流値は

$I=2rH=2\times0.10\times8.0=1.6$ A

答 1.6 A

ソレノイドを流れる電流

導線を，間隔をつめてらせん状に巻いたものを**ソレノイド**という．ソレノイドを電流が流れるときに生じる磁場は，ソレノイド内ではソレノイド全体と同じ方向で，右手の法則では4本の指が電流の流れる向き，親指が磁場の向きになる（図9）．電流を I〔A〕，ソレノイドの1 mあたりの巻き数を n〔回/m〕，磁場の大きさを H〔A/m〕とすると，次の関係が成り立つ．

ソレノイド内の磁場の大きさ

$$H=nI$$

磁場〔A/m〕 = 巻き数〔回/m〕 × 電流〔A〕

ソレノイドを流れる電流によって生じる磁場は，円形電流による磁場を多数重ねたものになり，円柱形の磁石のような磁場になる．また，鉄心（てっしん）のまわりに導線を巻いたソレノイドに電流を流すと強い磁石となり，**電磁石**としてさまざまな用途に用いられている（図10）．

ソレノイド

電流によって生じる磁場

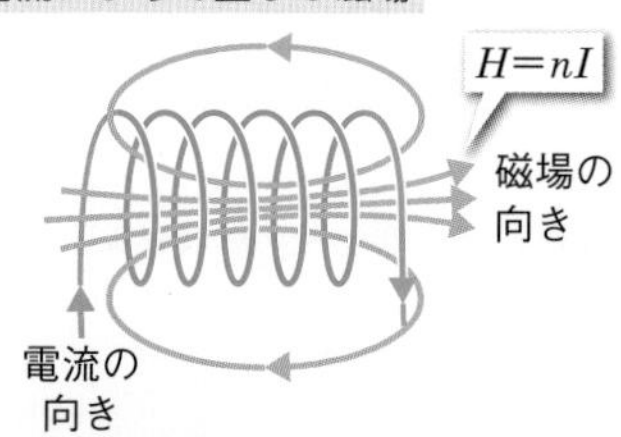

右ねじの法則

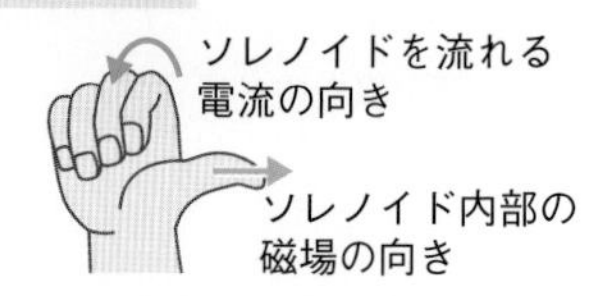

生じる磁場と対応する磁石

図9　電流によって生じる磁場の様子：ソレノイド

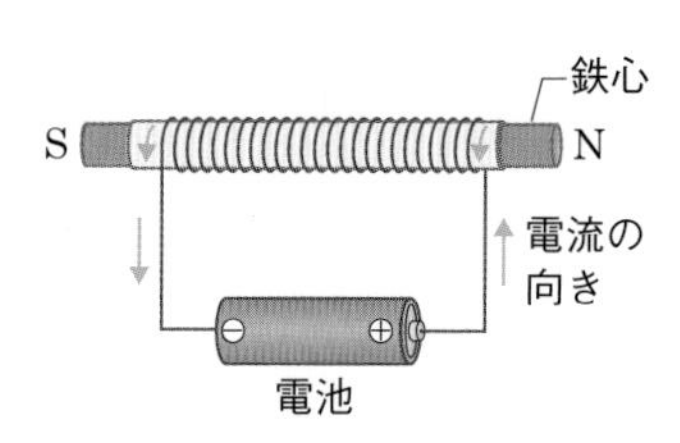

図10　鉄心に導線を巻いてソレノイドとした電磁石

7 運動している電荷が磁場から受ける力

電荷をもつ粒子（荷電粒子）が磁場内を通過すると，荷電粒子は磁場の方向と荷電粒子の速度の方向がつくる面に垂直な向きに力を受け，荷電粒子の運動方向が変化する．速度をもつ荷電粒子が磁場内を通過するときに，荷電粒子にはたらくこの力を**ローレンツ力**という（図11）．ローレンツ力のはたらく向きは，右ねじの法則を用いて荷電粒子の速度の向きから磁場の向きに4本の指を曲げていくとき，親指が

column

磁気の正体

本章のはじめの部分で，磁石を分割しても，分割したそれぞれの磁石に必ずN極とS極が現れるのは，磁石が微小な磁石でできているからと説明した．物質は原子から構成され，原子は原子核のまわりを電子が回っている構造をしている．また，電子はスピンとよばれる自転運動をしている．電子は負の電荷をもつので，電子が運動をすると電流になり，電流によって磁場が生じる．これが微小な磁石の生じる理由と考えられている．

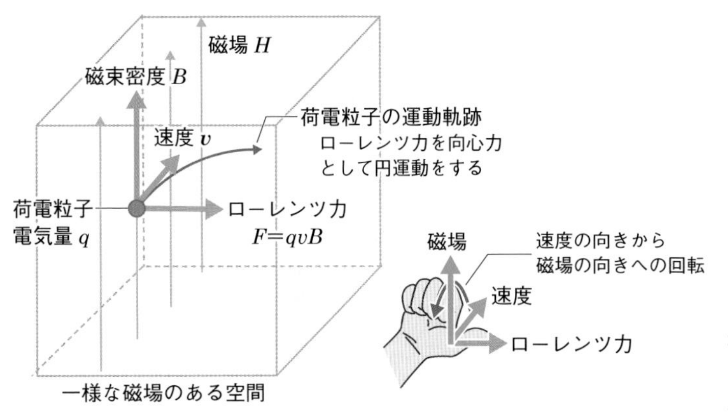

図11　ローレンツ力
磁場内で運動する荷電粒子には，磁場と速度がつくる平面に垂直な力がはたらく．この力をローレンツ力という．

指す向きになる．

荷電粒子の速度の向きと磁場の向きが垂直なとき，荷電粒子のもつ電気量を q〔C〕，荷電粒子の速度を v〔m/s〕，磁束密度を B〔T〕とすると，ローレンツ力の大きさ F〔N〕は次の式で表される．ローレンツ力は，磁場 H〔A/m〕と透磁率 μ〔N/A^2〕を用いて表すこともできる．

※1　$B=\mu H$（p.221）より．

ローレンツ力

$$F=qvB=\mu qvH$$ ※1

ローレンツ力〔N〕＝電気量〔C〕×速度〔m/s〕×磁束密度〔T〕
＝透磁率〔N/A^2〕×電気量〔C〕×速度〔m/s〕×磁場〔A/m〕

ローレンツ力 F〔N〕は荷電粒子の運動方向に対して垂直にはたらくので，一様な磁場の中に磁場に垂直な速度をもつ荷電粒子が入ると，ローレンツ力が求心力となり荷電粒子は円運動をする．

導線内を電荷が移動すると電流になるので，磁場があると導線を流れる電流にも力がはたらく．磁場 H〔A/m〕に対して垂直に置かれている導線に電流 I〔A〕が流れているとき，導線の長さ L〔m〕について導線が磁場から受ける力 F〔N〕は，次の式で表される．

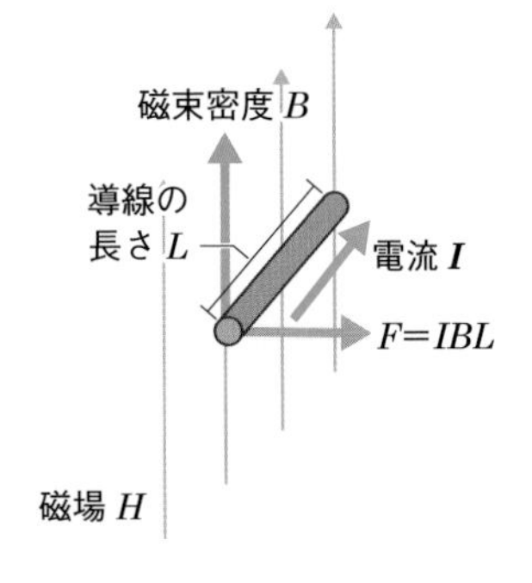

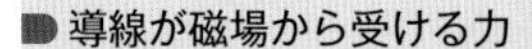

導線が磁場から受ける力

$$F=IBL=\mu IHL$$

導線が受ける力〔N〕＝電流〔A〕×磁束密度〔T〕×導線の長さ〔m〕
＝透磁率〔N/A^2〕×電流〔A〕×磁場〔A/m〕×導線の長さ〔m〕

8 電磁誘導と電磁波

1831年にファラデーは，導線を円形に巻いたコイルに棒磁石を出し

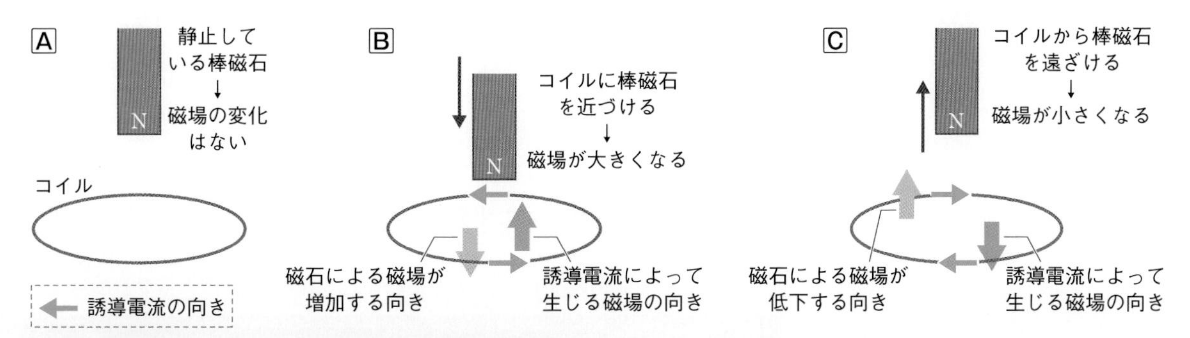

図12　電磁誘導における磁場の変化と誘導電流の向き

A 磁場に変化がないときは，コイルに誘導電流は流れない．
B 誘導電流によって生じる磁場が，棒磁石が近づくことによって大きくなる磁場と逆向きになる向きに誘導電流が流れる．
C 誘導電流によって生じる磁場が，棒磁石が遠ざかることによって小さくなる磁場と逆向きになる向きに誘導電流が流れる．

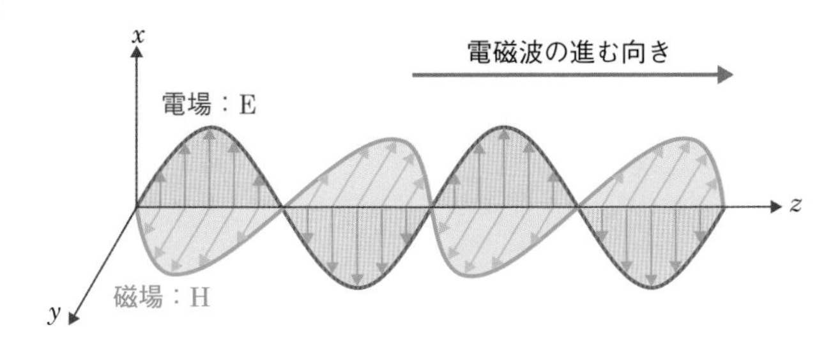

図13　電磁波の伝わり方

光も電磁波であり，電磁波の真空中の速度はすべて光と同じ 3.0×10^8 m/s である．

入れすると導線に電流が流れることを発見した．棒磁石のまわりには磁場があるので，棒磁石をコイルに出し入れすると磁場の大きさが変化する．また，電流が流れるためには電場によって電荷に力がはたらくことが必要なので，この現象は磁場の大きさの変化によって電場が生じていることを示している．この現象を**電磁誘導**とよび，磁場の変化によって生じる電流を**誘導電流**という．電場が生じることは電位差が生じていることになり，これを**誘導起電力**とよぶ．そして1834年にレンツは，磁場の変化によって生じた電流（誘導電流）は，もとの磁場の変化を打ち消す向き（逆向き）に生じることを発見した（図12）．

●マイケル・ファラデー

電流は電場によって電荷が移動して生じるので，電磁誘導は磁場が変化すると電場が生じ，生じた電場の向きは磁場と垂直になることを表している．そして，電場が変化すると磁場が生じ，電場の向きと生じる磁場の向きは互いに垂直になる．磁場が変化すると電場が生じ，電場が変化すると磁場が生じるので，これが繰り返して引き起こされると電場と磁場が交互に生じて波のように空間を広がっていく．このようにして生じる電場と磁場の波を**電磁波**という（図13）．

電磁波は波の進行方向と電場や磁場の方向が垂直なので横波である．

電磁波には，波長の長い電波（波長10^{-4}〜10^{5} m）から波長の短いγ線（波長＜10^{-11} m）まで，さまざまな波長が含まれる．光（可視光の波長4×10^{-7}〜8×10^{-7} m）も電磁波であり，電磁波の真空中の速度はすべて光と同じ3.0×10^{8} m/sである．電磁波はエネルギーや情報を伝える媒体として，私たちの生命活動や社会生活にとって不可欠なものになっている．

例　題

緑色の光の波長を500 nmとするとき，緑色の光の振動数を求めなさい．ただし，光の速度は3.0×10^{8} m/sとする．

解答例　光は波なので，波長をλ〔m〕，振動数をf〔Hz〕，速度をc〔m/s〕とすると，次の関係が成り立つ．

$$c=f\lambda$$●

● 波の速度→p.156 第7章 基礎編

よって，

$$f=\frac{c}{\lambda}=\frac{3.0\times10^{8}}{500\times10^{-9}}=6.0\times10^{14}$$

答　6.0×10^{14} Hz

column

右ねじの法則とベクトルの外積 発展

右ねじの法則は電流によって生じる磁気の向きだでなく，ローレンツ力や力のモーメントなど，ベクトルの外積の形で表される物理法則を理解するときに役立つ．ローレンツ力をベクトルの外積を用いて表すと次の式になる．

$$\vec{F}=q\vec{v}\times\vec{B}$$

この式の$\vec{v}\times\vec{B}$の部分がベクトルの外積で，$\vec{v}$の向きから$\vec{B}$の向きに右ねじを回して，$\vec{v}$と$\vec{B}$で決まる平面に垂直で右ねじが進む向きにローレンツ力$\vec{F}$がはたらくことを示している．$\vec{v}\times\vec{B}$の大きさは，$\vec{v}$と$\vec{B}$を2辺とする平行四辺形の面積（$vB\sin\theta$）になる（column図1）．$\vec{v}\times\vec{B}$は向きと大きさがあるのでベクトル量である．また，$\vec{B}\times\vec{v}$は，$\vec{v}\times\vec{B}$と逆向きのベクトルになるので，外積では式を表すときの順序も大切である．ベクトルの外積は2つのベクトルの垂直方向の成分に意味があるベクトル量を扱うときに用いられる．外積が含まれる物理法則の意味を理解するときに右ねじの法則が役に立つ．

物体の変位$\vec{r}$と移動した向きにはたらく力$\vec{F}$の成分の積である仕事Wのように，2つのベクトルの同じ方向の成分に意味があるときは，ベクトルの内積（$W=\vec{r}\cdot\vec{F}$）を用いる．内積はスカラー量で大きさは$rF\cos\theta$（$=Fr\cos\theta$）になる．ベクトルの内積は式の順序を変えても値は変わらない．

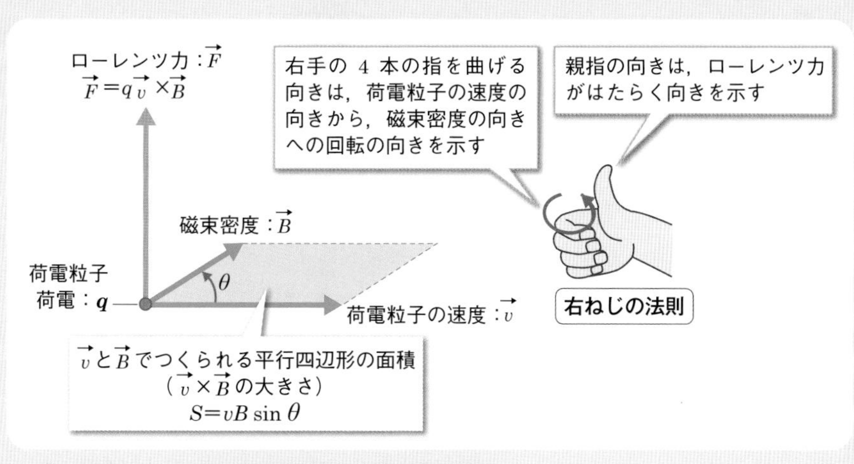

column図1　**ベクトルの外積と右ねじの法則**

column

マクスウェル（Maxwell）の方程式 発展

1864年にマクスウェルは，電磁気に関するそれまでの法則を4つの方程式にまとめた（column表1）．これをマクスウェルの方程式という．この4つの式と⑤の式（column表2）により，すべての電気と磁気に関する現象を表すことができる．div（発散）やrot（回転）などの，ベクトルの計算をするときに用いられる記号が出てくるが，表の説明とcolumn図2から方程式が表すおおよその内容をイメージしてほしい．

column表1　マクスウェルの方程式

方程式	方程式の表すおおよその内容
① $\mathrm{div}\ \vec{E}=\frac{\rho}{\varepsilon}$	電荷があると放射状に電場が生じる（湧き出る）
② $\mathrm{div}\ \vec{B}=0$	電荷に相当する単独の磁荷は存在しない（磁場の湧き出しはない）
③ $\mathrm{rot}\ \vec{E}=-\frac{\partial \vec{B}}{\partial t}$	磁場が変化するとまわりに回転する電場が生じる
④ $\mathrm{rot}\ \vec{B}=\mu\vec{J}+\mu\varepsilon\frac{\partial \vec{E}}{\partial t}$	電流や電場の変化があると，まわりに回転する磁場が生じる

［記号の意味］$\vec{E}$：電場，$\vec{B}$：磁束密度，ρ：電荷密度，$\vec{J}$：電流密度，ε：誘電率，μ：透磁率，$\frac{\partial \vec{B}}{\partial t}$：磁束密度の時間による変化（磁束密度の変化率），$\frac{\partial \vec{E}}{\partial t}$：電場の時間による変化（電場の変化率）

column表2　電場$\vec{E}$と磁束密度$\vec{B}$があるときに，速度$\vec{v}$で運動する電荷qにはたらく力の方程式

方程式	方程式の表すおおよその内容
⑤ $\vec{F}=q(\vec{E}+\vec{v}\times\vec{B})$	電場や磁場があると，運動する電荷には力がはたらく

注）電荷が運動していないとき（$\vec{v}=0$）は，磁場による力ははたらかない．

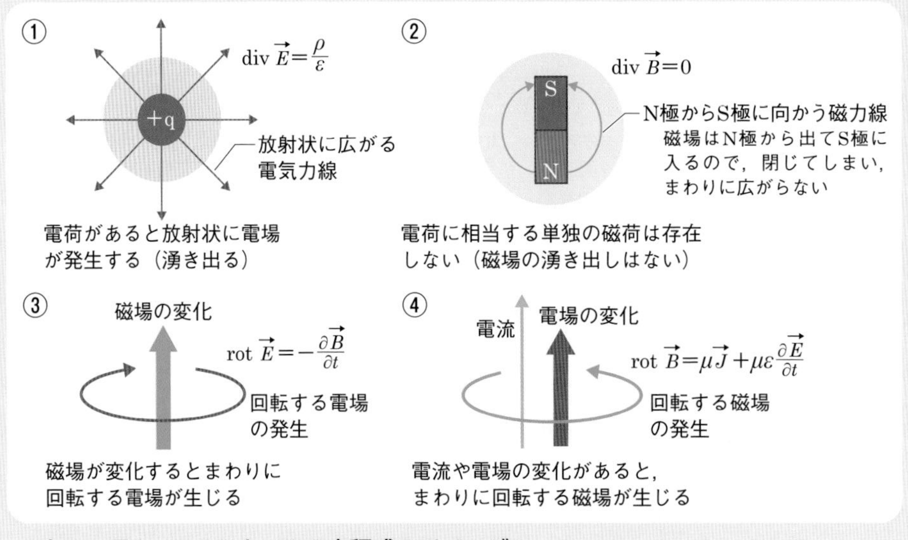

column図2　マクスウェルの方程式のイメージ

第9章 磁気の性質と利用

臨床編

学習内容

- 自己誘導と相互誘導
- コンデンサーとコイルの作用とその利用
- 電磁波のリハビリテーション医療への応用

基礎編 は218ページ

1 コイルに生じる電磁誘導

第8章で，抵抗，コンデンサー，ダイオードなど，電気回路を構成する基本的な素子のはたらきについて学習した●．ここでは，電磁誘導が関連するコイルのはたらきについてみていこう．

● 第8章 臨床編参照.

自己誘導

導線をらせん状に巻いた回路素子を**コイル**という．コイルに電流を流すと，ソレノイド●と同じようにコイル内に磁場が生じる．電流の流れ始めは電流が増加していくので，コイル内に生じる磁場も時間とともに大きくなる．この時間によって変化する磁場が電磁誘導を引き起こし，コイル自体に誘導電流が流れる．誘導電流の向きは最初にコイルを流れた電流と逆向きになる．これを**自己誘導**とよび，自己誘導によって生じる誘導起電力V〔V〕とコイルに流れる電流I〔A〕との関係は次の式で表される．

● ソレノイド→p.225 第9章 基礎編（ソレイドはコイルの一種）

$$V = -L\frac{\Delta I}{\Delta t}$$

$\frac{\Delta I}{\Delta t}$は時間による電流の変化率を表し，ソレノイドに流れる電流と磁場の関係（$H = nI$）●からコイルに生じる磁場の変化を反映している．Lは**自己インダクタンス**とよばれる物理量で，自己インダクタンスが大きいほど誘導起電力が大きくなる．自己インダクタンスの単位は**ヘンリー**〔H〕である．

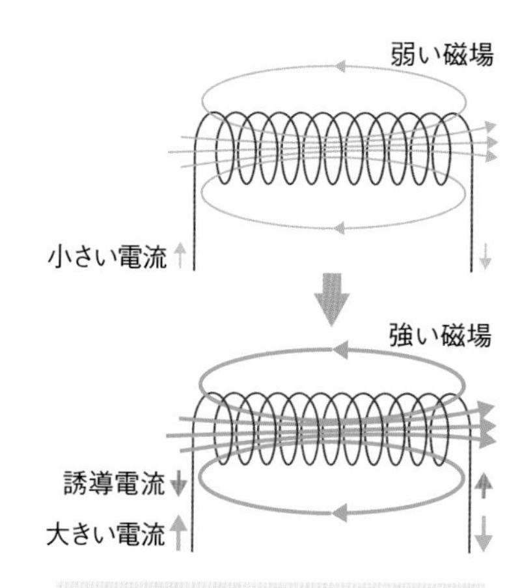

小さい電流から大きい電流に変わると，逆向きに誘導電流が生じる．

● ソレノイド内の磁場の大きさ→p.225 第9章 基礎編

コイルに電流が流れると，コイルに逆向きの電圧（誘導起電力）が生じて電流を逆向きに流そうとするので，変化する電流に対してコイルは抵抗のようにはたらく．直流がコイルを流れているときは一定の磁場が生じるが，誘導起電力は生じないので逆向きの電流は流れない．しかし，交流がコイルを流れるときは電流の大きさが時間によって変化するので，逆向きに電圧が生じて抵抗としてはたらく．この抵抗は交流の振動数（周波数）fが高いほど大きくなり，次の式で表される．

$$コイルにはたらく抵抗 = 2\pi fL〔\Omega〕$$

コイルにはたらく抵抗は振動数に比例するので，交流の振動数が大きくなると抵抗が大きくなって電流が流れにくくなる．また，コイルは一定の電流が流れているときに電源をオフにすると，磁場が変化して誘導電流が流れるのでエネルギーをもっていることがわかる．これは，運動する物体がもつ運動エネルギーに似ている．コイルの自己インダクタンスをL〔H〕，コイルを流れる電流をI〔A〕，コイルに蓄えられるエネルギー量をU〔J〕とすると，次の式が成り立つ．

$$U = \frac{1}{2}LI^2$$

相互誘導

コイルAの近くにコイルBを置き，コイルAに電流I〔A〕を流すとコイルAに磁場が発生する．このとき磁場が急に大きくなるので，コイルBには電磁誘導によって誘導起電力Vが生じ，誘導電流が流れる（図14）．この現象を**相互誘導**という．相互誘導によって生じる誘導起電力とコイルAに流れる電流との関係は次の式で表される．

$$V = -L_{\mathrm{m}}\frac{\Delta I}{\Delta t}$$

L_{m}は**相互インダクタンス**とよばれる物理量で，相互インダクタンスが大きいほど誘導起電力が大きくなる．相互インダクタンスの単位も自己インダクタンスと同じ**ヘンリー**〔H〕である．相互誘導を利用したものに，交流の電圧の調整に用いられる変圧器がある．

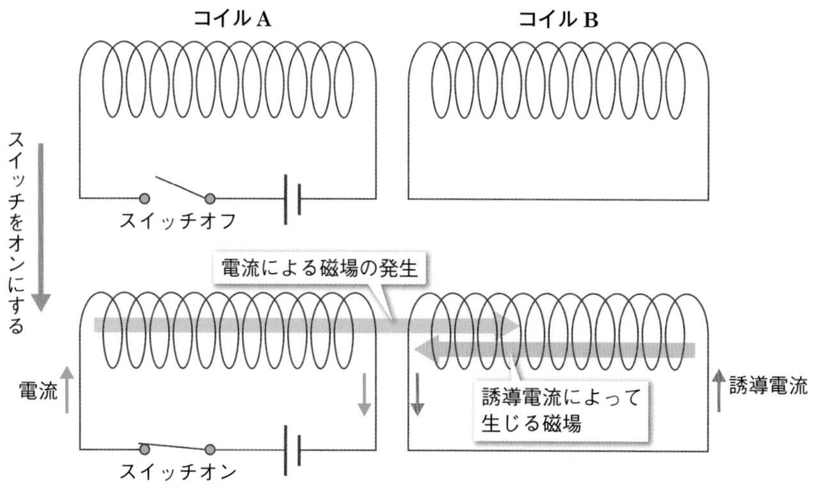

図14　コイルの相互誘導
2つのコイルを近くに置いたとき，コイルAに電流を流すと電流によって磁場が発生する．その磁場が近くにあるコイルBにも作用し，コイルBには電磁誘導によって誘導起電力が生じ，コイルAの電流とは逆向きの誘導電流が流れる．この現象をコイルの相互誘導という．誘導電流はスイッチをオンにしたときと，スイッチをオフしたときに流れる．スイッチをオフしたときは磁場が減少していくので，誘導電流の向きはスイッチをオンにしたときと逆向きになる．

2 コンデンサーとコイルの関係

第8章で学習したコンデンサー●は，電荷を蓄えている状態で両極板間を導線でつなぐと電流が流れるので，電気的なエネルギーをもつ．また，コンデンサーは電流の交流成分は通すが直流は通さない．コイルは一定の電流が流れているときに電源をオフにすると，磁場が変化して誘導電流が流れるので，電荷を蓄えることはできないが電流が流れているときに電気的なエネルギーをもつ．また，コイルは直流を通すが，交流の振動数が大きくなると抵抗が大きくなり電流を通しにくくなる．これらのコンデンサーとコイルの性質をまとめると表3のよ

● コンデンサーのはたらき
→p.205 第8章 臨床編

表3 コンデンサーとコイルの性質の相違

項目	コンデンサー	コイル
電圧と電流の関係	電圧の時間による変化率が大きいほど大きな電流が流れる	電流の時間による変化率が大きいほど大きな電圧が生じる
直流電流	通さない	通す
交流電流	振動数が大きいほど通しやすい．抵抗値（容量リアクタンス）：$\frac{1}{2\pi fC}$〔Ω〕	振動数が大きいほど通しにくい．抵抗値（誘導リアクタンス）：$2\pi fL$〔Ω〕

column

変圧器

変圧器は，鉄心に一次コイルと二次コイルを巻きつけた構造をもつ電気機器である．一次コイルに交流を流すと鉄心に磁場が生じ，二次コイルに相互誘導によって電流が生じる．このとき，コイルに生じる電圧はコイルの巻き数に比例するので，コイルの巻き数を調整することで電圧を調整することができる．一次コイルの巻き数をn_1，電圧をV_1〔V〕，二次コイルの巻き数をn_2，電圧をV_2とすると，次の関係が成り立つ．

$$V_1 : V_2 = n_1 : n_2$$

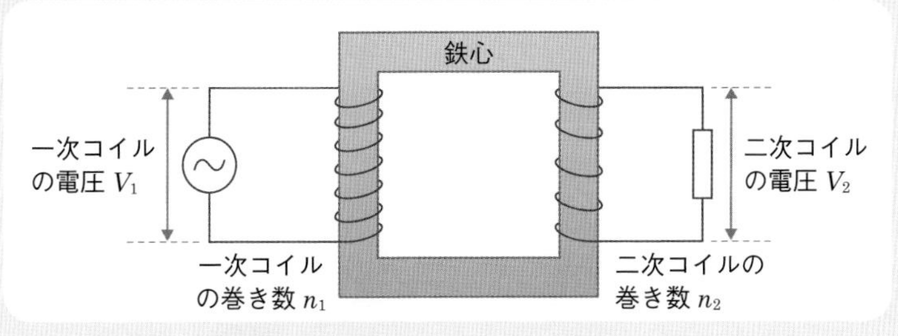

column図3 変圧器
（『PT・OTゼロからの物理学』（望月 久，棚橋信雄／編著，谷 浩明，古田常人／編集協力），羊土社，2015より引用）

うになる．コンデンサーとコイルは，このような性質を利用してさまざまな電気回路で用いられている．

3 コンデンサーとコイルのフィルター作用

筋電図や脳波などの生体からの電気信号は，さまざまな振動数の電気信号を含んでいる．測定したい生体信号の種類によって含まれる振動数の範囲が定まり，その範囲以外の振動数をもつ信号は生体の現象に関係がないノイズ（雑音）であることが多い．ノイズの影響を少なくするために，必要な範囲の振動数の電気信号を通しやすくする電気回路を**フィルター**という．

コンデンサーは振動数が大きくなると抵抗が小さくなるので（p.233表3参照），コンデンサーを直列に接続すると，振動数の大きな信号を通しやすいフィルター（**高域通過フィルター**，**ハイパスフィルター**，

column

容量リアクタンス，誘電リアクタンス，インピーダンス

電気素子の抵抗器に交流を流しても，振動数によって抵抗値は変化しない．交流をコンデンサーやコイルに流すと，交流の振動数によって変化する抵抗が生じる．また，そのときの電圧と電流の時間関係（位相）がずれる．コンデンサーに交流を流したきに生じる抵抗を**容量リアクタンス**，コイルに交流を流したときに生じる抵抗を**誘電リアクタンス**とよぶ．容量リアクタンスと誘電リアクタンスを合わせて**リアクタンス**とよぶ．抵抗，コンデンサー，コイルから構成される回路に直流成分と交流成分を含む電流を流したときは，これらの電気素子すべての抵抗を考える必要があり，それを**インピーダンス**という．容量リアクタンス，誘電リアクタンス，インピーダンスとも単位にはオーム〔Ω〕を用いる．

インピーダンスは電気機器の説明書などにもよく出てくるので，交流のような変化する電流を流したときの抵抗と考えるとよい．筋電図や脳波は，変化する微弱な生体の電気信号を皮膚に電極を貼って測定する．生体の組織は抵抗器やコンデンサーのようにはたらくので，測定の際は皮膚の油分や角質をこすりとったり，皮膚と電極を密着させたりして，インピーダンスを小さくしている．

column表3　抵抗・リアクタンス・インピーダンスのまとめ

項目	説明
抵抗	• 交流を流しても値は変化しない • 電圧と電流の位相の変化はない
リアクタンス	• 交流を流したとき，振動数によって値が変化する • 容量リアクタンスでは，電流の位相が電圧に対して90°（$\frac{\pi}{2}$）進む • 誘導リアクタンスでは，電圧の位相が電流に対して90°（$\frac{\pi}{2}$）進む
インピーダンス	• 抵抗とリアクタンスを含めたもの

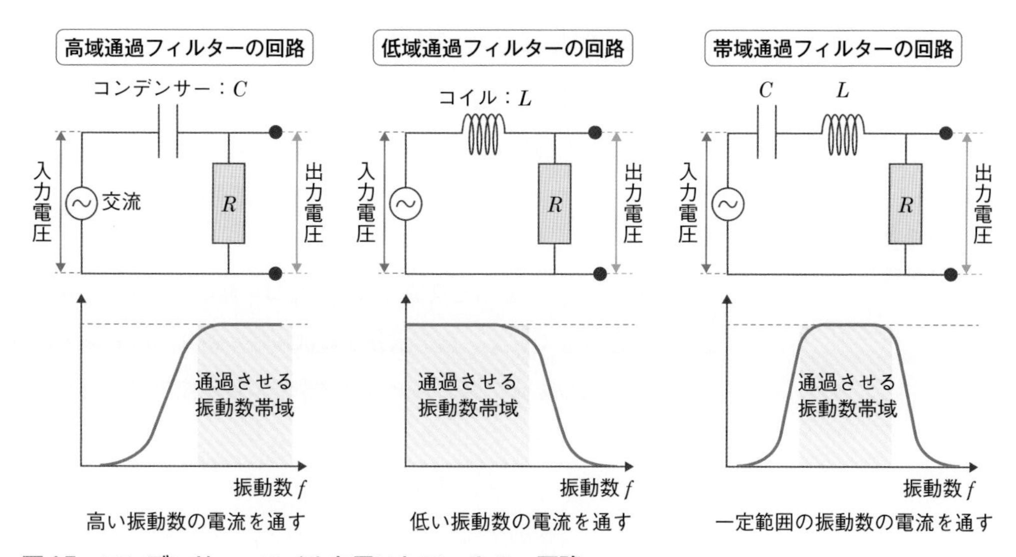

図15　コンデンサー，コイルを用いたフィルター回路

表4　主な生体信号の振動数と一般的な帯域通過フィルターの振動数

生体信号	振動数	一般的な帯域通過フィルターの振動数の範囲
表面筋電図	2～2 kHz	5～500 Hz
心電図	0.1～200 Hz	0.3～30 Hz
脳波計	0.5～100 Hz	0.5～60 Hz

ローカットフィルター）として作用する（図15左）．反対にコイルは，振動数が大きくなると抵抗が大きくなるので（p.233表3参照），コイルを直列に接続すると，振動数が小さい信号を通しやすくするフィルター（**低域通過フィルター**，**ローパスフィルター**，**ハイカットフィルター**）として作用する（図15中央）．コンデンサーとコイルを直列に接続すると，特定の範囲の振動数の信号が通りやすくなる．これを**帯域通過フィルター**（**バンドパスフィルター**）という（図15右，表4）※1．

※1　家庭用の交流電源から生じる50 Hzまたは60 Hzの周波数成分を除くためのフィルターをハムフィルターという．

4 物理療法で用いられる電磁波

物理療法ではさまざまな電磁波を治療に用いている．電磁波は生体に電気的な現象を起こすため，または生体にエネルギーを伝えるために用いられる．ここでは，マイクロ波と経頭蓋磁気刺激（けいとうがいじきしげき）について理解を深めよう．

極超短波による温熱作用

極超短波は**マイクロ波**ともよばれ，波長が10^{-4}～1 m程度の電磁波である．振動数では，0.3 GHz～3 THzになる．物理療法において極超短波は，体表から深部にある筋や軟部組織の加温を目的に利用される●．

● 主な温熱療法・寒冷療法の種類と主な熱の伝わり方→p.147 第6章 臨床編 表2

生体の60～70％を構成する水分子は，酸素原子1個と水素原子2個が結合してできている．水分子には極性があり，酸素原子は負，水素原子は正の電荷に偏っている．水分子に電磁波を照射すると，交互に変化する電場によって水分子に静電気力がはたらき，振動したり，回転したりする．電磁波の振動数が小さいときは，水分子は電場の振動に合わせて振動や回転の運動をするので，熱運動としての乱雑な運動はあまり生じない．電磁波の振動数を大きくしていくと，電磁波の振動に水分子の振動や回転の運動が追いつけなくなって乱れ始める．そのために，水分子が互いに衝突しあって乱雑な運動（熱運動）が激しくなり，温度が上がる（図16）．さらに電磁波の振動数を上げていくと，水分子の運動は電磁波の振動数に合わなくなり，電磁波のエネルギーを吸収できず温度の上昇率が下がる．

この熱の発生が最も大きくなる電磁波の振動数が2.45 GHz（波長は12.5 cm）付近なので，極超短波には2.45 GHz付近の振動数の電磁波が用いられる．家庭で用いられる電子レンジも，加温を目的としているので同じ振動数の電磁波である．

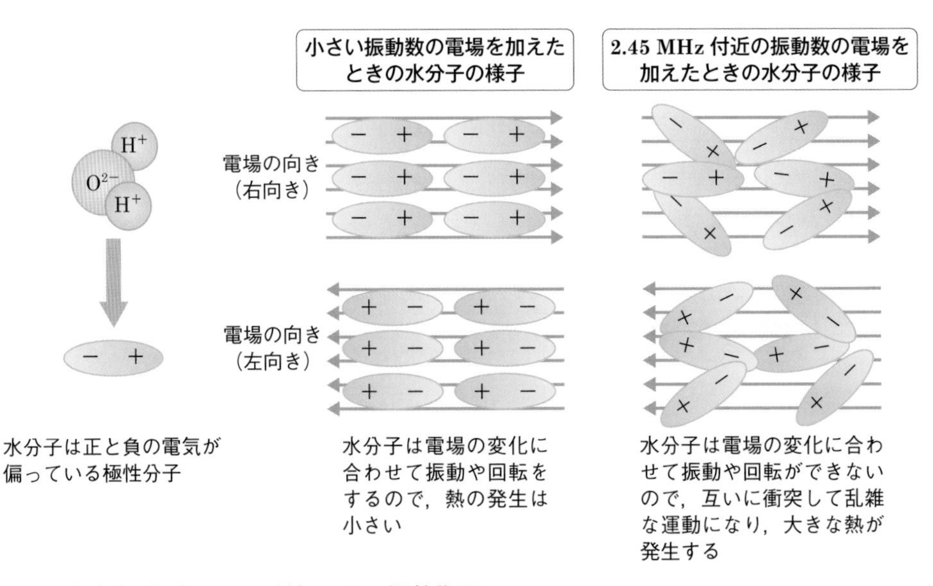

図16　極超短波（マイクロ波）による温熱作用

経頭蓋磁気刺激の神経作用

経頭蓋磁気刺激（transcranial magnetic stimulation：**TMS**）は，リハビリテーション医療において脳活動の活性化や抑制を目的に用いられる．経頭蓋磁気刺激はコイル状の交流電流によって頭部付近に磁場を発生させ，その磁場によって脳の表面の近い部分に**渦電流**（うずでんりゅう）※1を生じさせる．渦電流によって神経細胞，特に電気的に興奮しやすい軸索小丘や軸索部分の細胞膜が興奮することで，ニューロンの活動に影響を及ぼす．渦電流は磁場に垂直な平面に発生するので，脳表面に対して平行に走行する介在ニューロンが渦電流に強く反応する．

磁場を発生させるコイルには，円形のものと8の字型のものがある．8の字型のコイルは，8の字をつくる2つの円形の導体に流れる電流が逆向きになっている．逆向きの電流によって生じる磁場は逆向きに渦電流を発生させて，2つの渦電流が重なる部分で大きな渦電流が流れ，焦点を絞った刺激を脳に加えることができる（図17）．経頭蓋磁気刺激は「磁気刺激」という名称だが，直接，神経細胞を刺激しているのは電気刺激である．

経頭蓋磁気刺激の刺激頻度が5 Hz以上のときは神経細胞に興奮作用，1 Hz未満のときは抑制作用を及ぼす．脳卒中後の機能改善には，周波数の低い経頭蓋磁気刺激によって過活動になりやすい非病巣側の脳活動を抑制し，周波数の高い経頭蓋磁気刺激によって病巣側の脳活動を促通する．そして，機能練習を並行して実施することが機能改善に重要とされる．

※1　**渦電流**：円形の導体に棒磁石を近づけたり遠ざけたりすると，変化する磁場によって円形の導体に誘導電流が流れる（電磁誘導 →p.226 第9章 基礎編）．導体の板に変化する磁場を作用させると，電磁誘導で磁場が変化する中心のまわりに同心円状の電流が流れる．これを渦電流という．家庭用の電磁調理器（HI調理器）も金属製の鍋に振動する磁場を加え，鍋に渦電流を発生させて金属の抵抗によって熱を発生させている．

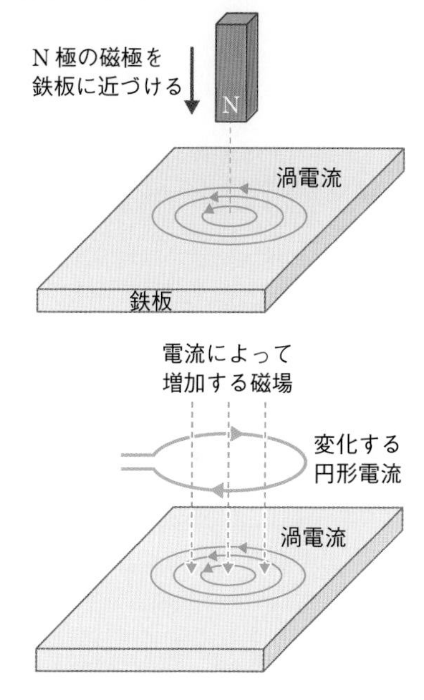

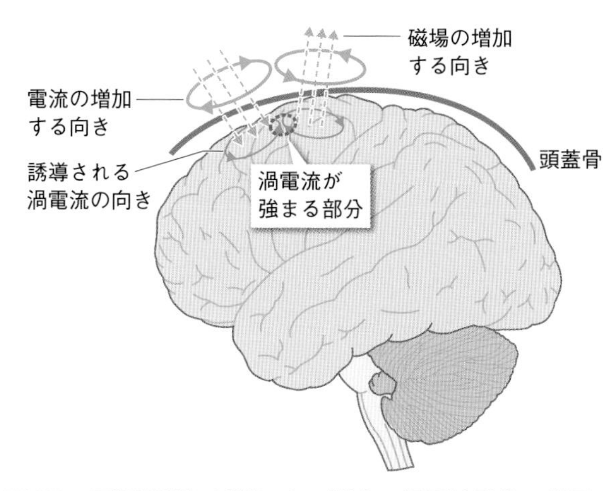

図17　経頭蓋磁気刺激による脳内の渦電流発生の様子

第10章

原子の世界

物理学が描く世界とは？

私たちは，物質は原子から構成され，私たち自身も原子でできていると理解している．「物質は小さな粒子から構成されている」という原子論は，紀元前の時代からデモクリトスらによって考えられてきたが，原子が実在することが実証されたのは20世紀になってからである．現代では，原子にも構造があり，素粒子とよばれる非常に小さい粒子から構成されていると考えられている．

第10章の 基礎編 では，原子の構造や，原子が分裂したり融合したりする現象である核反応について学習する．

臨床編 では，放射線の人体への影響について学習し，放射線の医療への応用について紹介する．

Arek Sochaによる Pixabayからの画像

第10章
原子の世界

基礎編

学習目標

- 原子の構造と核分裂, 核融合, 半減期について説明できる
- 素粒子の世界を知る
- 自然界を支配する4つの力を知る
- 宇宙の歴史と生命との関係を知る
- 現代の物理学について知る

臨床編 は250ページ

1 物質を構成する微粒子

19世紀初頭, ドルトンは「物質はそれ以上分けることができない小さな粒子からできている」という原子論を発表した. 現在, 110種類以上の元素の原子が確認されており, メンデレーエフが19世紀の後半に考案した周期表※1をもとに整理されている. しかし19世紀末から

※1 元素を原子番号順に並べ, 性質のよく似た元素が縦に並ぶように配置した表.

表1 素粒子発見の歴史

西暦	できごと
1897年	電子の発見
1899年	α線の発見
1918年	陽子の発見
1932年	中性子の発見
1932年	陽電子の発見
1937年	ミューオンの発見
1947年	パイ中間子の発見
1947年	K中間子の発見
1952年	K中間子, Λ粒子, Σ粒子の発見
1955年	反陽子の発見
1956年	ニュートリノの発見
1969年	アップクォーク, ダウンクォーク, ストレンジクォークの発見
1974年	チャームクォークの確認
1975年	タウ粒子の発見
1977年	ボトムクォークの発見
1979年	グルーオンの確認
1983年	Wボソン, Zボソンの発見
1995年	トップクォークの発見
2000年	タウニュートリノの発見
2012年	ヒッグス粒子の発見

20世紀になって，電子や陽子などの原子を構成する粒子が発見され，原子も構造をもつことが明らかになった．そして20世紀にはさらに小さい粒子が多数発見された．これらの物質を構成する粒子は**素粒子**とよばれ，素粒子を統一的に理解しようとする研究が進んでいる（表1）．

2 原子の構造

原子は，**陽子**と**中性子**からなる原子核と，原子核のまわりに存在する**電子**から構成される．陽子や中性子は1つの粒子ではなく，**クォーク**とよばれる素粒子3個から構成されている（図1）．

陽子の質量と中性子の質量はほぼ等しく，大きさは10^{-14} m程度である．陽子と中性子の質量は電子の質量の2000倍近くもあるので，原子の質量の大部分は原子核が占めている．電子は負の電荷をもち，大きさは10^{-18} mより小さい．陽子は正の電荷をもち，中性子は電荷をもたない（表2）．

陽子や中性子を構成する素粒子であるクォークの大きさは，10^{-18} m未満とされる．電子のもつ電気量である電子素量をe〔C〕とすると，**アップクォーク**のもつ電気量は$+\frac{2}{3}$e〔C〕，**ダウンクォーク**のもつ電気量は$-\frac{1}{3}$e〔C〕である．クォークのもつ電気量は電気素量eの分数になるが，クォークの組み合わせと数から計算すると，陽子のもつ電気量は+e〔C〕，中性子のもつ電気量は0 Cとなる．原子は電気的に中性で，正の電荷をもつ陽子の数と負の電荷をもつ電子の数は等しい．陽子の数と中性子の数を合わせたものを**質量数**という．

原子を記号で表すときは，元素記号の左上に質量数，左下に陽子の数を記載する（図2）．$^{12}_{6}$C，$^{13}_{6}$Cのように，陽子の数が同じで質量数が異なる原子（陽子の数が同じで中性子の数が異なる原子）を互いに**同位体**（アイソトープ）という．同位体は，質量数は異なるが，化学的な性質はほとんど同じである．

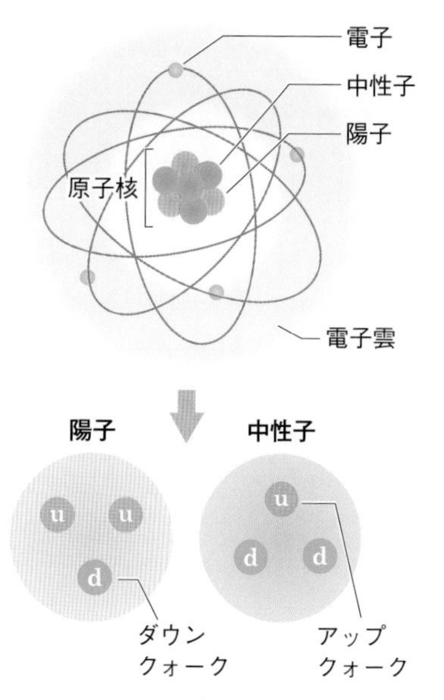

図1　原子の構造
原子は陽子と中性子から構成される原子核と，その周囲に存在する電子から構成されている．電子は存在する位置を特定できないので，電子が存在するところを雲のように表すことがある．それを電子雲とよぶ．陽子と中性子は，クォークとよばれる素粒子3個から構成されている．

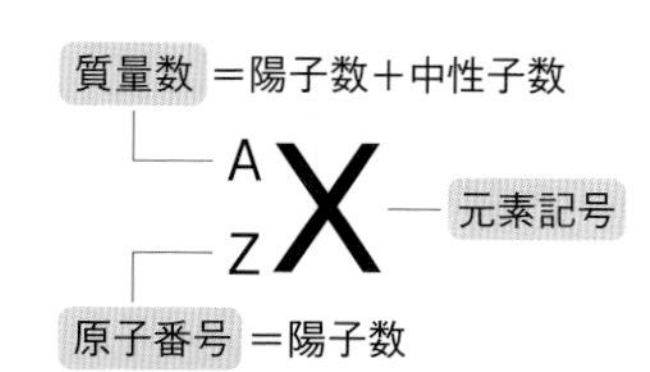

	質量数	陽子数	中性子数	（電子数）
$^{12}_{6}$C	12	6	6	(6)
$^{13}_{6}$C	13	6	7	(6)

図2　原子や原子核の表し方
原子や原子核は，アルファベットで記載された元素記号の左側上に質量数，左側下に原子番号を記して表す．原子番号は陽子数に等しく，質量数は陽子の数と中性子の数の和に等しい．中性の原子では陽子の数と電子の数は等しい．

表2　電子，陽子，中性子の質量と電気量

名称	質量〔kg〕	電気量〔C〕	粒子の構成要素
電子	9.109×10^{-31}	-1.6×10^{-19}	電子自体が1つの素粒子
陽子	1.673×10^{-27}	$+1.6\times10^{-19}$	アップクォーク2個とダウンクォーク1個
中性子	1.765×10^{-27}	0	アップクォーク1個とダウンクォーク2個

例　題

酸素 $^{17}_{8}O$，ウラン $^{234}_{92}U$ の質量数と陽子数を述べ，中性子数を求めなさい．

解答例　左上の数字が質量数，左下の数字が陽子数を表すので，酸素 $^{17}_{8}O$ の質量数は 17，陽子数は 8，ウラン $^{234}_{92}U$ の質量数は 234，陽子数は 92 である．

中性子数は，質量数から陽子数を引いたものなので，酸素 $^{17}_{8}O$ の中性子数は 17－8＝9，ウラン $^{234}_{92}U$ は 234－92＝142 になる．

答 酸素 $^{17}_{8}O$：質量数＝17，陽子数＝8，中性子数＝9
ウラン $^{234}_{92}U$：質量数＝234，陽子数＝92，中性子数＝142

3 原子核の分裂と融合

原子核のなかには，1つの原子核が自然に別の原子核に分裂したり，大きなエネルギーをもつ粒子が衝突すると分裂したり，2つの原子核が合わさって別の原子核になったりするものがある．原子核が分裂することを**核分裂**とよび，原子核が合わさることを**核融合**という（図3）．核分裂によって分裂する前より小さい質量数をもつ原子核が生じ，核融合によって合わさる前より大きい質量数をもつ原子核が生じる．

核分裂は鉄より質量数が大きい原子核，核融合は鉄より小さい質量

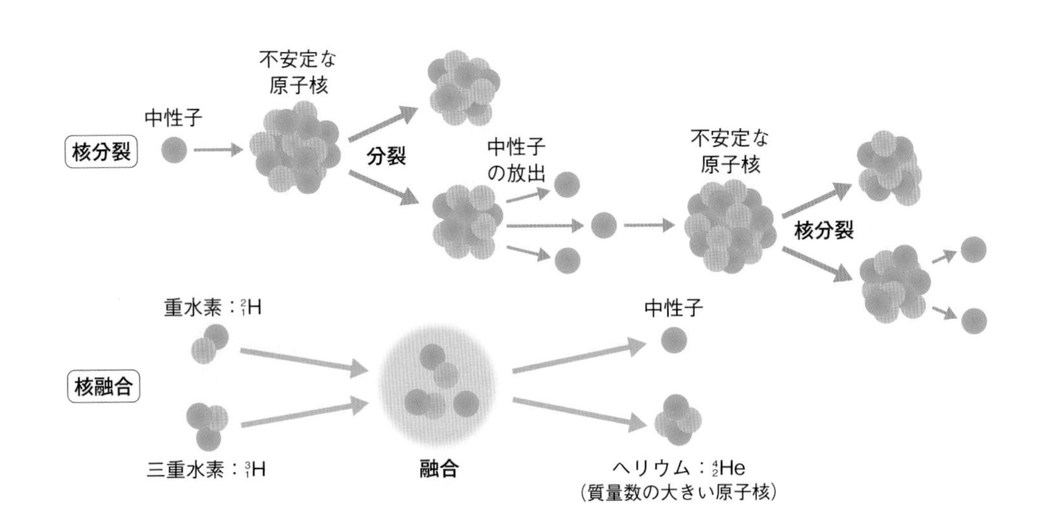

図3　核分裂と核融合
核分裂では原子核の分裂によって質量数の小さい原子核が現れ，核融合では原子核の融合によって質量数の大きい原子核が現れる．

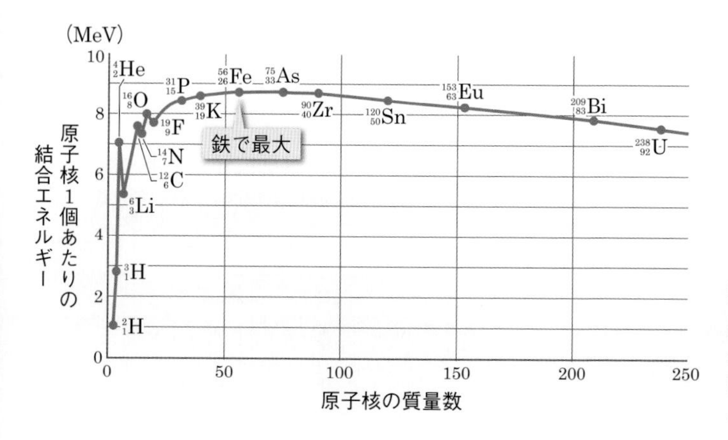

図4 原子核1個あたりの結合エネルギー
原子核1個あたりの結合エネルギーは，質量数56の鉄の原子核で最大となる．結合エネルギーが大きいことは原子核内で陽子と中性子が強く結びついて安定なことを表している．

数の原子核で起こりやすい．原子核の安定性を表す原子核1個のもつ**結合エネルギー**※1を，原子核の質量数の小さいものから順に並べると，鉄の結合エネルギーが最も大きくなる（図4）．つまり，鉄の原子核が最も安定しており，鉄より質量数が大きい原子核は質量数が小さい原子核に分裂することによって，質量数が小さい原子核は質量数が大きい原子核に融合することによって，結合エネルギーを大きくして安定しようとする．

※1 **結合エネルギー**：結合エネルギーは，原子核を，原子核を構成する陽子や中性子に分けるために必要なエネルギーなので，結合エネルギーが大きいほど原子核は分解しにくく，安定性が高い．

核分裂や核融合に伴って大きなエネルギーが放出される．太陽から放射される光のエネルギーは，核融合によって水素からヘリウムがつくられるとき生じるエネルギーが源になっている．原子爆弾も，核分裂や核融合によって生じる莫大なエネルギーが大きな破壊力の源になっている．原子力発電では，核分裂によって生じるエネルギーを制御して，蒸気を発生させて発電に用いている．

4 半減期

放射性崩壊は自然にランダムに生じるので，1つの原子核がいつ崩壊するかを知ることはできない．しかし多数の原子核を観察すると，1秒間に崩壊する原子核の数は崩壊しないで残っている原子核数に比例する．最初にあった放射性元素の原子核数の半分が崩壊するのにかかる時間を**半減期**という．放射性元素の原子核の数は，$\frac{1}{2}$，$\frac{1}{2}\times\frac{1}{2}=\frac{1}{4}$，$\frac{1}{2}\times\frac{1}{2}\times\frac{1}{2}=\frac{1}{8}$のように半減期ごとに半分の割合で減少する（図5）．最初の放射性元素の原子核数をN_0，t〔s〕後に崩壊しないで残っている原子核数をN，半減期をT〔s〕とすると，次の関係が成り立つ．

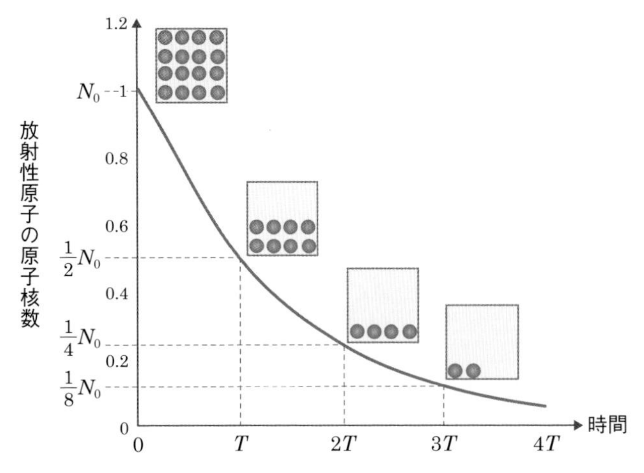

図5　半減期

最初の原子核数をN_0とすると，崩壊しないで残っている原子核の数は半減期Tごとに$\frac{1}{2}$倍になっていく．

表3　放射性同位元素の半減期

放射性同位元素	半減期
$^{3}_{1}H$	12.3年
$^{11}_{6}C$	20.4分
$^{14}_{6}C$	5.70×10^3年
$^{13}_{7}N$	9.97分
$^{132}_{53}I$	2.30時間
$^{140}_{56}Ba$	12.8日
$^{235}_{92}U$	7.04×10^8年
$^{238}_{94}Pu$	87.7年

■ 残存する原子核数

$$N = N_0\left(\frac{1}{2}\right)^{\frac{t}{T}}$$

原子核数 ＝ 最初の原子核数 × $\left(\frac{1}{2}\right)^{\frac{\text{時間〔s〕}}{\text{半減期〔s〕}}}$

半減期は放射性元素ごとに異なり，半減期が長いほど放射線の影響が長く続く（**表3**）．

例　題

古代人が使ったとみられる木製の食器が校庭から見つかった．この食器の質量数14の炭素原子の存在比は，現在の大気中の質量数14の炭素原子の12.5％だった．この古代人が生活していたのは，今から何年前と推測されるか．ただし，質量数14の炭素原子の半減期は6.0×10^3年とする．

解答例　木製の食器は木でつくられているので，炭素の放射性同位体による植物の年代測定から，古代人が生活していた時期が推測できる．

12.5％は，$\frac{1}{8}=\left(\frac{1}{2}\right)^3$なので，最初の原子核数を$N_0$とすると，$N=N_0\left(\frac{1}{2}\right)^{\frac{t}{T}}$より，

$$\left(\frac{1}{2}\right)^3 N_0 = N_0\left(\frac{1}{2}\right)^{\frac{t}{6.0\times10^3}}$$

となる．よって，質量数14の炭素原子が12.5％になるのに要する時間tは，

$$3 = \frac{t}{6.0\times10^3}$$

$t=6.0\times10^3\times3=1.8\times10^4$

答 1.8×10^4年

5 質量がもつエネルギー

アインシュタイン※1によれば質量とエネルギーは互いに変換でき，核分裂や核融合の前後の質量の差がエネルギーとなって放出される．アインシュタインによる質量とエネルギーの関係は，質量を m〔kg〕，光の速度を c〔m/s〕，エネルギーを E〔J〕とすると，次の式で表される．

■ 質量とエネルギーの関係式

$$E=mc^2$$

エネルギー〔J〕＝ 質量〔kg〕×（光の速度〔m/s〕）^{2}

光の速度はとても大きな値なので，質量のもつエネルギーはとても大きな値になる．電子に1 Vの電圧がかかったときに電子がもつエネルギーの単位を**電子ボルト（エレクトロンボルト）**※2〔eV〕とよび，素粒子のエネルギーを表すときは〔eV〕を用いて表すことが多い．電子の質量を 9.1×10^{-31} kg，光の速度を 3.0×10^8 m/s とすると，静止している電子1個のもつエネルギー E_e は次の値になる．

$$E_e=9.1\times10^{-31}\times(3.0\times10^8)^2=8.19\times10^{-14}\ \mathrm{J}$$

$1\ \mathrm{eV}=1.6\times10^{-19}$ なので，静止している電子1個のもつエネルギー E_e は次の値になる．

$$E_e=\frac{8.19\times10^{-14}}{1.6\times10^{-19}}=5.1\times10^5\ \mathrm{eV}=0.51\ \mathrm{MeV}$$

炭素が酸素と結合する燃焼のときに生じる，炭素原子1個あたりのエネルギーを電子ボルトの単位で計算すると，次の値になる．

化学反応式：$C+O_2=CO_2+394$ kJ

※1 **アインシュタイン**：アルベルト・アインシュタイン（1879～1955）は，1921年に「光電効果の理論」でノーベル賞を受賞した物理学者．「特殊相対性理論」，「一般相対性理論」などを提唱したことで知られる．

※2 **電子ボルト**：1個の電子に1 Vの電圧をかけたときに電子がもつエネルギーを1電子ボルト〔eV〕とよび，素粒子のもつエネルギーを表す単位として用いられる．電子のもつ電気量は 1.6×10^{-19} Cなので，1電子ボルト（1 eV）は 1.6×10^{-19} Jになる．

column

炭素を用いた年代測定

半減期の性質を利用して，古い年代の動物や植物の化石の年代を推測することができる．炭素の同位体 $^{14}_{6}C$ は，半減期が 5.7×10^3 年の放射性同位元素である．大気中の二酸化炭素にも $^{14}_{6}C$ の炭素をもつ二酸化炭素が含まれているので，植物は光合成で大気から二酸化炭素を取り込むときに，$^{14}_{6}C$ も体内に取り込む．動物も植物を食べるので，動物の体内にも $^{14}_{6}C$ が取り込まれる．植物や動物が死ぬと新たに $^{14}_{6}C$ が取り込まれなくなるため，動物の骨や植物の繊維などに取り込まれた $^{14}_{6}C$ は半減期ごとに半分の割合で減少していく．この性質を利用すると，現在まで残された化石に含まれる $^{14}_{6}C$ の量を測定することによって，動物や植物の生きていた年代を推測することができる．

※3 1 molあたりのエネルギー〔J〕÷{1 molの個数（アボガドロ数）×電子1個のエネルギー〔eV〕} で求まる.

炭素1個あたりの燃焼によって発生するエネルギー※3：

$$\frac{394\times10^{3}}{6.0\times10^{23}\times1.6\times10^{-19}}=4.1\ \mathrm{eV}$$

核分裂や核融合のときに発生するエネルギーは100 MeV（1 MeV＝10^{6} eV）を超えるものもあるので，化学反応に伴うエネルギーより格段に大きいことがわかる.

6 素粒子の世界★

★ 発展

※1 陽子や中性子はクォークから構成されているので本来は素粒子ではないが，素粒子に含めることもある.

内部に構造をもたず，それ以上分割できないと考えられる粒子を素粒子という※1．素粒子には物質を構成するクォーク，レプトン，クォークとレプトンの反粒子，そして素粒子間にはたらく力を伝えるゲージ粒子とヒッグス粒子がある．これらの素粒子は，実験によって発見されたり，原子の世界で現れるさまざまな現象を矛盾なく説明しようとして考案されたりしたものが，実験によって実際に確認されたものである．物理学の方法論である理論と実験の共同作業に基づいて素粒子の研究（素粒子論）も発展してきた．現在の素粒子の標準理論では，図6のように素粒子を分類している.

クォーク

クォークは陽子と中性子の構成要素となる素粒子である．クォークにはアップクォーク（u），ダウンクォーク（d），**チャームクォーク**（c），**ストレンジクォーク**（d），**トップクォーク**（t），**ボトムクォーク**（d）の6種類がある．クォークは電気素量e〔C〕の分数（$+\frac{2}{3}$e，または$-\frac{1}{3}$e）の電荷をもち，それぞれのクォークに反対符号の電荷を

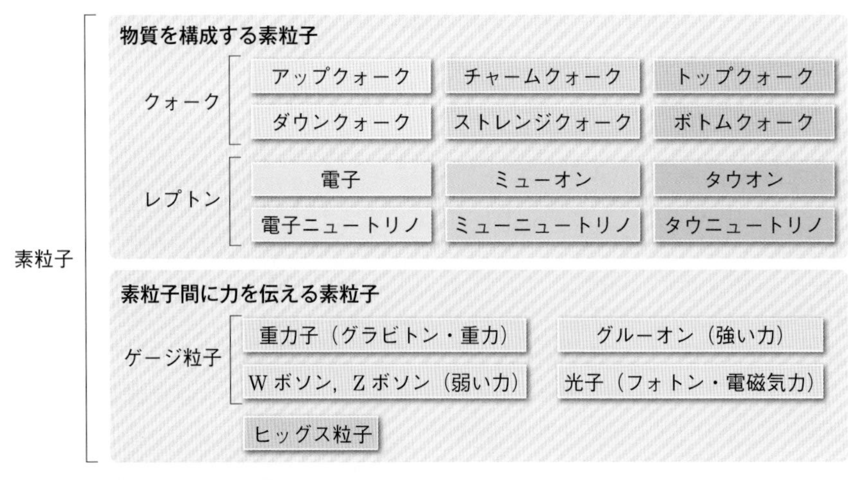

図6 標準理論による素粒子のまとめ

もつ反クォークがある．

クォークは単独では存在できず，陽子，中性子などのように3個のクォークで構成される粒子である**バリオン**（**重粒子**），クォークと反クォークの2個のクォークで構成される**メソン**（**中間子**）として存在する．メソンにはπ中間子とK中間子がある．バリオンとメソンを合わせて**ハドロン**という．

ハドロンの構成

ハドロン
- バリオン（重粒子）
  3個のクォークで構成
  例 陽子，中性子
- メソン（中間子）
  2個のクォークで構成
  例 π中間子，K中間子

レプトン

バリオンやメソンに比べて質量の小さい電子や**ニュートリノ**を**レプトン**という．レプトンには**強い力**がはたらかない．電子，ミューオン，タウオンは負の電荷（$-e$）をもち，重力や電磁気力がはたらく．電子ニュートリノ，ミューニュートリノ，タウニュートリノは電荷をもたず，質量が小さいので，主に**弱い力**だけがはたらく．

反粒子と対消滅・対生成

負の電荷をもつ電子に対して正の電荷をもつ反電子（陽電子），正の電荷をもつ陽子に対して負の電荷をもつ反陽子のように，粒子のもつ性質は同じだが，符号が逆の電荷をもつ粒子を**反粒子**とよぶ．粒子と反粒子が衝突すると粒子が消滅し，高エネルギーの電磁波が発生する．このような現象を**対消滅**（つい）という．反対に，高エネルギーの電磁波から粒子と反粒子が発生する．これを**対生成**という．対消滅と対生成は，質量とエネルギーは交換可能なことを示している．

7 自然界を支配する4つの力★

★ 発展

この世界には，第9章までに学習した重力と電磁気力（静電気力と磁気力）以外に，**強い力**と**弱い力**とよばれる2つの力があり，全部で4つの力があると考えられている．強い力は，陽子と中性子を原子核に閉じ込めている力で非常に大きく，きわめて近い範囲ではたらく．弱い力は強い力より小さな力で，非常に近い距離においてクォークや電子のようなレプトン間にはたらく力である（**表4**）．

重力や電磁気力は，物体どうしが直接的に接しなくてもはたらく遠隔力である．遠隔力がはたらくためには，力の作用を伝達する粒子が必要と考えられている．重力は**重力子**（**グラビトン**※1），電磁気力は**光子**（**フォトン**），強い力は**グルーオン**，弱い力は**Wボゾン**や**Zボゾン**※2が力を伝えている．これらの力は宇宙の歴史とともに生じ，宇宙

※1 2021年現在で未発見．

※2 ボゾンはボソンともよばれる．

表4　4つの力の比較

名称	力の大きさ（重力を1としたときの比較）	力がはたらく対象	力を伝える粒子（ゲージ粒子）	力の伝わる範囲
重力	1	質量	重力子（グラビトン）	無限大
強い力	10^{40}	カラー荷（色荷）*1	グルーオン	10^{-15} m
弱い力	10^{15}	ウィーク荷（弱荷）*2	ボソン	10^{-18} m
電磁気力	10^{38}	電荷	光子（フォトン）	無限大

＊1　カラー荷（色荷）：クォークがもつ性質を決める要因で，カラー荷があることで強い力がはたらく．
＊2　ウィーク荷（弱荷）：クォークとレプトンがもつ性質を決める要因で，ウィーク荷があることで弱い力がはたらく．

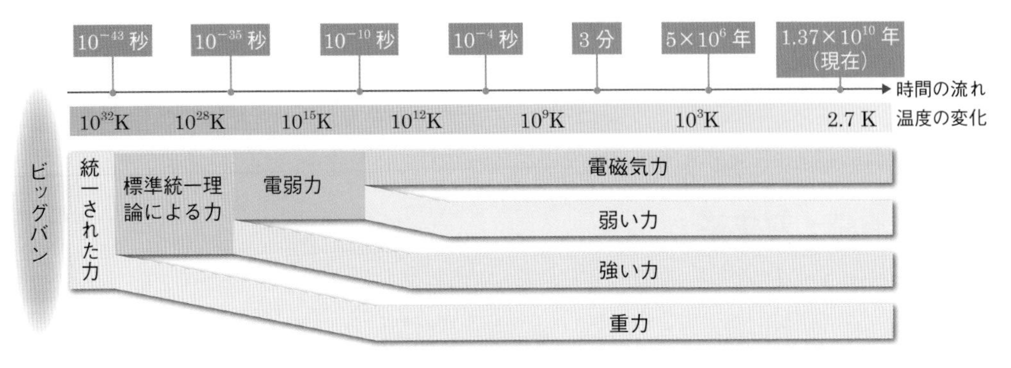

図7　標準宇宙モデルによる4つの力の分岐の様子

全体が小さく高温でエネルギーが大きいときは力として区別できないが，温度が下がるにつれて重力，強い力，弱い力，電磁気力の順で現れ始めたと考えられている（図7）．この4つの力を統一して理解することが現代の物理学の課題になっている．

8　宇宙の歴史と生命★

★ 発展

138億年前，宇宙はビッグバンを契機としてきわめて高温・高圧の状態から誕生したと考えられている．その状態では，大きなエネルギーをもった素粒子がバラバラに飛び交い，宇宙は膨張していった．膨張が始まると宇宙の温度が低下していき，4つの力が生じてきた．これに伴って素粒子が集まり，水素やヘリウムなど質量数の小さい原子核が形成され，核融合によって質量数の大きい原子核が形成された．原子が集まって星々が生まれ，さまざまな必然と偶然が重なって，46億年前に地球が誕生した．そして，38億年前に生命が誕生し，400万年前頃に原始的な人類が誕生した．知的能力の高いホモサピエンスの誕生は20万年前頃である．

生命が誕生するためには，生命体を構成する物質が生成され，生命活動が維持できる温度，圧力，大気などの環境条件が必要になる．物質の生成には星の誕生と消滅がかかわっており，環境条件には地球とエネルギーを供給する太陽との位置関係や地球自体の大きさなどが影響する．このような条件が整って地球上に生命が誕生し，人類が進化して現在ある社会を築いてきた．物理学が対象とする宇宙の時間・空間・物質の歴史は，生命の歴史や人類の歴史とも結びついている．

9 現代の物理学

物理学は現在も発展しており，20世紀には相対性理論と量子理論という物理学の大きな転換があった．また，物理学が関連する領域も物質の世界にとどまらず，生命科学，医学，工学，情報科学，社会科学などにも広がっている．物理学では自然界の現象を統一して理解しようとする．そのために現代の物理学者は，私たちが見て，感じている世界からみると抽象的な概念や複雑な数式を用いて理論を考えたり，実験装置が数kmにもなる壮大な規模の設備を必要とする実験を行ったりしている．物理学の知識は，順を追って理解していくと，私たちが見て，感じている世界に結びついて，より深く自然を理解することができたり，ときには私たちの考え方に大きな変革をもたらしたりする．

column

相対性理論

相対性理論は時間と空間に関する理論で，どんなに速く動いている人から見ても光の速度は不変であること（光速度不変の原理）を軸として，物体の速度によって時間や空間が相対的に変化することや，重力は質量のまわりの空間のひずみによって生じることなどを明らかにした．重力波（2016年観測成功）やブラックホール（2019年に撮影成功）も相対性理論によって予測された．速度が小さいときはニュートンの力学が近似的に成り立つが，速度が大きくなると，相対性理論を用いないと物体の正確な運動を表すことができない．

量子論

光は波，電子は小さな粒子と考えられていたが，20世紀になって光にも粒子としての性質があり，反対に電子にも波の性質があることが発見された．また，エネルギーは連続的に変化できず，プランク定数とよばれる最小の単位を基本にしたとびとびの値（これを量子という）をもつことも理論的に導き出された．原子や素粒子のような世界の運動はニュートンの力学では説明できないことが明らかとなり，より深い理論である量子論が考案された．量子論では，物体の位置や速度などは本来的に決めることはできないとする（これを不確定性原理という）．量子論では，粒子の位置や速度は「行列力学」や「波動力学」などの形式で表され，1つの値として決定できず期待値（確率の分布）として計算される．

第10章
原子の世界

臨床編

基礎編 は240ページ

学習内容
- 放射線と放射能
- 放射線の単位と人体への影響
- 放射線の医療への応用

1 放射線と放射能

核分裂や核融合が起こるとき，**放射線**とよばれるエネルギーの大きな粒子や電磁波が放射される．放射線を放出する性質を**放射能**，放射線を放射して分裂することを**放射性崩壊**という．放射性崩壊を起こす同位体を，**放射性同位体**（**ラジオアイソトープ**）という．

放射線には **α（アルファ）線**，**β（ベータ）線**，**γ（ガンマ）線**があり，X線，中性子線，陽子線などを含める場合もある．α線はヘリウムの原子核の流れで，正の電荷をもつ．β線は高速の電子の流れで負の電荷をもつ．γ線は高エネルギーをもつ電磁波である．α線とβ線は電荷をもっているので，α線やβ線が電場を通ると静電気力，磁場を通るとローレンツ力がはたらき，進行する向きが変化する（図8）．

α線はヘリウム（$^{4}_{2}He$）の原子核の流れであり，陽子2個と中性子2個から構成される．原子核がα線を放出することを**α崩壊**という．α崩壊すると，崩壊した原子核の原子番号は2つ小さくなる[※1]．α線は放射線のなかでは最も大きいので，他の原子と衝突してエネルギーを失いやすく**透過作用**[※2]は小さい．しかし，2価の陽イオンなので他の原子や分子に**電離作用**[※3]を及ぼし，電子を放出してイオン化させる．

※1　原子番号92のU（ウラン）がα崩壊すると原子番号90のTh（トリウム）になる．

※2　**透過作用**：放射線が物質を通り抜ける作用を透過作用という．例えば画像診断で用いられるX線画像は，原子量が大きい原子で構成される物質ほどX線を透過しにくいことを利用している．X線画像では，カルシウム（原子量40.1）の多い骨は白く映し出される．

※3　**電離作用**：放射線が原子に衝突し，電子が原子から飛び出して原子をイオンにする作用を電離作用という．電離作用は大きなエネルギーをもつ電子やイオンを発生させ，DNAや細胞にとって重要なはたらきをもつ生体分子に影響を与える．

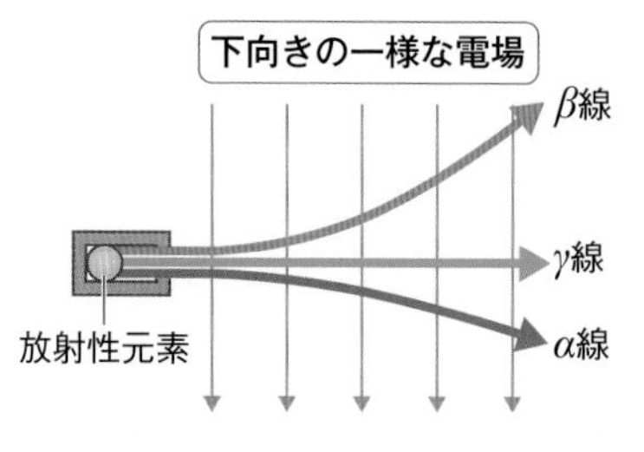

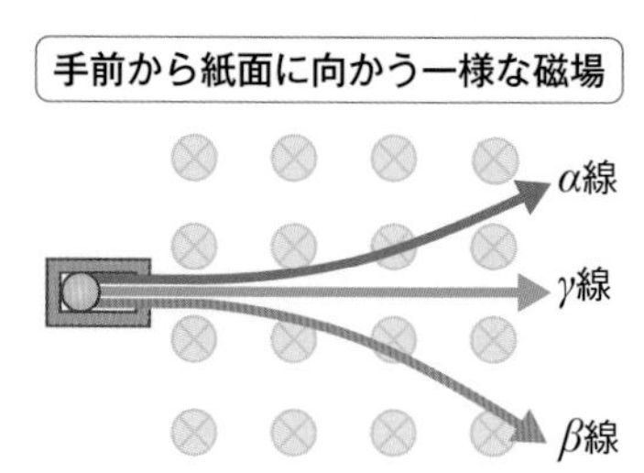

図8　放射線の電場，磁場による影響
放射線が電場や磁場内に入ると，静電気力やローレンツ力がはたらき進行方向が変化する．

表5 α線，β線，γ線の比較

名称	実体	電荷	電離作用	透過作用
α線	ヘリウムの原子核	+2e	大	小（紙で止めることができる）
β線	高速の電子	−1e	中	中（アルミニウムなどの薄い金属板で止めることができる）
γ線	エネルギーの高い電磁波	なし	小	大（鉛や鉄の厚い板で止めることができる）

eは電気素量

β線は高速の電子の流れである．β線を放出することを**β崩壊**という．β崩壊によって崩壊した原子核の原子番号は1つ増える（ただし，陽電子※4を放出したときは1つ減る）．質量はα線より小さく，電荷もα線の半分なので，透過作用はα線より大きく，電離作用はα線より小さい．

γ線は波長が10^{-10}〜10^{-14} mの電磁波で，電荷はもたない．そのため，透過作用は最も大きく，電離作用は最も小さい（表5）．X線画像の撮影に用いられるX線も高エネルギーの電磁波なので，撮影するときは鉛製のエプロンを装着してX線の生体への影響を防いでいる．

※4 陽電子：電子と同じ質量や性質をもつが，正の電荷をもつものを陽電子という．素粒子では，同じ性質をもち，電荷の符号が逆の素粒子を反粒子とよぶ（→p.247 第10章 基礎編）．陽電子は電子の反粒子である．

2 放射能の単位と人体への影響

放射能や放射線が人体に及ぼす影響は，ベクレル〔Bq〕，グレイ〔Gy〕，シーベルト〔Sv〕などの単位で表される（表6）．ベクレルは物質の放射能の強さを表す．グレイは物質が吸収する放射線の量，シーベルトは生体組織の放射線に対する感受性を考慮した放射線の吸収量を表し，放射線を受ける側の影響の強さを表す単位である．放射線の電離作用は生体にとって有害なため，放射線の被曝には注意が必要である（表7）．

表6 放射能や放射線の影響を表す単位

単位の名称	記号	単位が表す内容	定義
ベクレル	Bq	放射能を表す単位	放射性同位元素が1秒間に壊変する数（1 Bq=1 /s）
グレイ	Gy	放射線が物質に及ぼす影響の強さを表す単位（吸収線量）	放射線の照射により，物質1 kgあたり吸収されるエネルギー量（1 Gy=1 J/kg）
シーベルト	Sv	放射線が生物に及ぼす影響の強さを表す単位（線量当量，等価線量）	放射線の種類や組織の放射線に対する影響を考慮して計算した吸収線量

表7　放射線が人体に及ぼす影響

放射線量	身体への影響・具体的な事例
10 Sv以上	即死
7 Sv	60日以内に100％死亡
3〜5 Sv	60日以内に50％以上死亡
3 Sv	発熱，感染，出血，脱毛，子宮不妊
2 Sv	倦怠・疲労感，白血球数低下，精巣不妊
1 Sv＝1000 mSv	吐き気など（死亡率は低い）
100〜200 mSv	これ以下の放射線量では放射線障害はないとされる
50 mSv	原子力施設で働く人の基準値（年間）
2.4 mSv	自然状態で1年間に受ける放射線量
2.0 mSv	胃のバリウム検査
0.5〜1.5 mSv	頭部CT検査
0.05 mSv	胸部X線検査

3 放射線の医療への応用

放射線は電離作用や透過作用をもち，波としての性質ももっている．このような性質を利用して放射線は，X線による単純画像やコンピュータ断層撮影（computed tomography：CT），陽電子やγ線を利用する陽電子照射断層撮影（positron emission tomography：PET），電子線，陽子線，α線，β線，γ線によるがんの放射線療法などに用いられている．

PETは，放射性同位体から発生した陽電子が電子と衝突すると，陽電子と電子が消滅してγ線が発生する現象である対消滅を応用した医

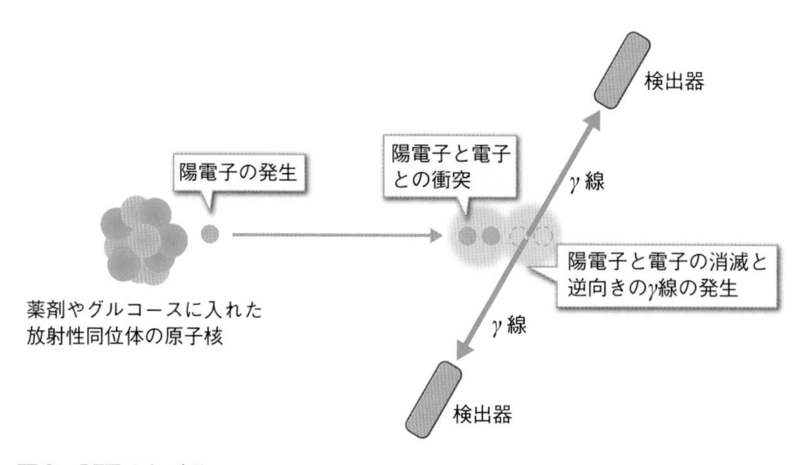

図9　PETのしくみ

療機器である．PETでは，陽電子を放出する放射性同位体を含む薬剤やグルコース（ブドウ糖）などを体内に注入する．薬剤には調べたい受容体に結合するものなどが用いられる．グルコースはがん組織などのエネルギー代謝のさかんな部位に集まる．これを利用して，放射線の発生する部位から受容体の分布状態やがんのある組織などを特定することができる．

放射性同位体の原子核から放出された正の電荷をもつ陽電子は，周囲にある電子と衝突すると，電子とともに消滅する．そのとき，互いに逆向きに陽電子と電子の質量分のエネルギーをもった2つのγ線を放射する．このγ線を検出することによって陽電子と電子が衝突した位置（受容体やがんのある位置）を特定することができる（図9）．

付　録

■ギリシャ文字の表記と読み方

大文字	小文字	読み方	よく用いられる物理量や使われ方
A	α	アルファ	α線
B	β	ベータ	β線
Γ	γ	ガンマ	γ線
Δ	δ	デルタ	変化量
E	ε	イプシロン	誘電率
Z	ζ	ツェータ	
H	η	イータ	粘性率
Θ	θ	シータ	角度の大きさ
I	ι	イオタ	
K	κ	カッパ	導電率，熱伝導率
Λ	λ	ラムダ	波長
M	μ	ミュー	摩擦係数，透磁率
N	ν	ニュー	周波数，振動数
Ξ	ξ	グザイ，クシー，クサイ	
O	o	オミクロン	
Π	π	パイ	円周率
P	ρ	ロー	密度
Σ	σ	シグマ	電荷密度
T	τ	タウ	時定数
Y	υ	ウプシロン	
Φ	φ	ファイ	電位
X	χ	カイ	磁化率
Ψ	ψ	プサイ，プシー	電束
Ω	ω	オメガ	角周波数，角振動数

■10の累乗を示す記号と読み方

数値	記号	読み方	数値	記号	読み方
10^{15}	P	ペタ	10^{-1}	d	デシ
10^{12}	T	テラ	10^{-2}	c	センチ
10^{9}	G	ギガ	10^{-3}	m	ミリ
10^{6}	M	メガ	10^{-6}	μ	マイクロ
10^{3}	k	キロ	10^{-9}	n	ナノ
10^{2}	h	ヘクト	10^{-12}	p	ピコ
10^{1}	da	デカ	10^{-15}	f	フェムト

■国際単位系の基本単位

量	名称	記号	定義
長さ	メートル	m	真空中で，1秒間の299792458分の1の時間に光が真空中を伝わる行程の長さ（距離）
質量	キログラム	kg	プランク定数を$6.62607015 \times 10^{-34}$ J·sと定めることによって定義される質量
時間	秒	s	セシウム133原子の摂動を受けない基底状態の超微細構造順位遷移周期の9192631770倍に等しい時間
電流	アンペア	A	電気素量eの数値を$1.602176634 \times 10^{-19}$ Cと定めることで定義される電流量
熱力学的温度	ケルビン	K	ボルツマン定数kの数値を1.380649×10^{-23} J/Kと定めることによって定義される温度
物質量	モル	mol	$6.02214076 \times 10^{23}$個（アボガドロ定数）の要素粒子が含まれる系の物質量
光度	カンデラ	cd	周波数540×10^{12} Hzの単色放射の放出において，所定の方向の放射強度が1/683 W（ワット）/sr（ステラジアン）である光源の光度

■物理定数表

	物理量	記号	値	備考
力学	標準重力加速度	g	9.80665 m/s^2	緯度45°の海面上での自由落下に基づく値
	万有引力定数	G	6.67428×10^{-11} N・m^2/kg^2	
温度・熱	絶対零度		−273.15℃	
	気体定数	R	8.314472 J/(mol・K)	
	熱の仕事当量	J	4.18605 J/cal	
	アボガドロ定数	N_A	$6.02214179 \times 10^{23}$ /mol	
	ボルツマン定数	k	$1.3806504 \times 10^{-23}$ J/K	
	理想気体の体積		2.2413996×10^{-2} m^3/mol	
波	乾燥空気中の音の速度		331.45 m/s	0℃
	真空中の光の速度	c	2.99792458×10^{8} m/s	
電磁気	クーロンの法則の定数	k_0	8.9875518×10^{9} N・m^2/C^2	真空中
	電気素量	e	$1.602176487 \times 10^{-19}$ C	
	真空の誘電率	ε_0	$8.854187817 \times 10^{-12}$ F/m	
	真空の透磁率	μ_0	$1.2566370614 \times 10^{-6}$ N/A^2	$1.2566370614 \times 10^{-6} = 4\pi \times 10^{-7}$
原子	電子の質量	m	$9.10938215 \times 10^{-31}$ kg	
	陽子の質量	p	$1.67262178 \times 10^{-27}$ kg	
	中性子の質量	n	$1.67492735 \times 10^{-27}$ kg	
	プランク定数	h	$6.62606896 \times 10^{-34}$ J・s	

公式一覧

基本的なもののみ示す.

第1章 運動の表し方

● 直線上の運動の変位 …… 16

$$\varDelta x = x_2 - x_1$$

● 平均の速度 …… 16

$$\bar{v} = \frac{\varDelta x}{\varDelta t} = \frac{x_2 - x_1}{t_2 - t_1}$$

● 平均の加速度 …… 17

$$\bar{a} = \frac{\varDelta v}{\varDelta t} = \frac{v_2 - v_1}{t_2 - t_1}$$

● 等速直線運動 …… 18

$$v = v_0 = 一定$$

$$x = x_0 + v_0 t$$

● 等加速度直線運動 …… 20

$$a = a_0 = 一定$$

$$v = v_0 + a_0 t$$

$$x = x_0 + v_0 t + \frac{1}{2} a_0 t^2$$

第2章 身体運動と力

● 力 …… 39

$F = ma$ または $ma = F$

● 重力 …… 42

$$W = mg$$

● 最大静止摩擦力 …… 45

$$F = \mu N$$

● 弾性力 …… 48

$$F = kx$$

● 圧力 …… 51

$$P = \frac{F}{S}$$

● 水圧 …… 53

$$P = \rho g h$$

● 浮力 …… 53

$$F = \rho V g$$

● 遠心力 …… 55

$$F = m\frac{v^2}{r}$$

第3章 力のつりあいと回転運動

● 力のモーメント …… 72

$$M = Fr \sin \theta$$

● 力がモーメントアームに対して垂直にはたらくとき …… 72

$$M = Fr$$

● 物体が回転しない条件 …… 74

$$F_1 \times r_1 = F_2 \times r_2$$

または

$$F_1 \times r_1 - F_2 \times r_2 = 0$$

● 複数の部分からなる物体の重心 …… 79

$$x_G = \frac{m_1 x_1 + m_2 x_2 + \cdots\cdots + m_n x_n}{m_1 + m_2 + \cdots\cdots + m_n}$$

第5章 エネルギーと運動

● 運動量 …… 112

$$p = mv$$

● 力積 …… 112

$$力積 = F\varDelta t$$

● 運動量の変化と力積 …… 113

$$mv_2 - mv_1 = F\varDelta t$$

● 仕事 …… 115

$$W = Fx \cos \theta$$

● 仕事：変位と力の向きが平行なとき …… 115

$$W = Fx$$

● 仕事率 …… 115

$$P=\frac{W}{t}$$

● 運動エネルギー …… 117

$$K=\frac{1}{2}mv^2$$

● 重力による位置エネルギー …… 118

$$U=mgh$$

第6章 熱の性質と利用

● 絶対温度 …… 134

$$T=t+273$$

● 熱量 …… 136

$$Q=C\Delta T=mc\Delta T$$

● ボイルの法則 …… 138

$PV=$ 一定（温度 T は一定）

● シャルルの法則 …… 138

$\frac{V}{T}=$ 一定（圧力 P は一定）

● ボイル・シャルルの法則 …… 138

$\frac{PV}{T}=$ 一定

● 内部エネルギーの増加 …… 142

$$\Delta U=Q+W$$

第7章 波の性質と利用

● 振動数と周期 …… 156

$f=\frac{1}{T}$ または $T=\frac{1}{f}$

● 波の速度 …… 156

$$v=f\lambda$$

● 屈折の法則 …… 162

$$\frac{\sin\alpha}{\sin\beta}=\frac{v_A}{v_B}=\frac{\lambda_A}{\lambda_B}=n_{AB}$$

● 音速 …… 165

$$V=331.5+0.6t$$

● ドップラー効果による静止している観測者に聞こえる音の振動数 …… 168

音源が速度 v で観測者に近づくとき

$$f=\frac{V}{V-v}f_0$$

音源が速度 v で観測者から遠ざかるとき

$$f=\frac{V}{V+v}f_0$$

第8章 電気の性質と利用

● クーロンの法則 …… 184

$$F=k\frac{q_1\times q_2}{r^2}$$

● 電場内の静電気力 …… 186

$$F=qE$$

● 電圧 …… 189

$$V=\frac{U_E}{q}=Ed$$

● オームの法則 …… 194

$$V=RI$$

● ジュールの法則 …… 196

$$Q=IVt=I^2Rt=\frac{V^2}{R}t$$

● 電力量 …… 197

$$W=IVt=Pt$$

● 電力 …… 197

$$P=IV$$

第9章 磁気の性質と利用

● 磁気に関するクーロンの法則 …… 218

$$F=k_m\frac{q_{m1}\times q_{m2}}{r^2}$$

●磁場内の磁気力 221

$$F = q_{\mathrm{m}}H$$

●磁束密度 221

$$B = \mu H$$

●直線電流から r〔m〕の位置に生じる磁場の大きさ 223

$$H = \frac{I}{2\pi r}$$

●円形電流の中心における磁場の大きさ 224

$$H = \frac{I}{2r}$$

●ソレノイド内の磁場の大きさ 225

$$H = nI$$

●ローレンツ力 226

$$F = qvB = \mu qvH$$

第10章 原子の世界

●残存する原子核数 244

$$N = N_0\left(\frac{1}{2}\right)^{\frac{t}{T}}$$

●質量とエネルギーの関係式 245

$$E = mc^2$$

索 引

数 字

欧 文

和 文

あ

か

さ

た

ら

著者プロフィール

望月　久（もちづき ひさし）

文京学院大学

1975年 日本大学文理学部応用物理学科卒業，1982年 東京都立府中リハビリテーション専門学校卒業，1992年 東京都立大学理学部生物学科卒業，2002年 日本大学大学院理工学研究科医療福祉工学専攻修士課程修了，2009年 首都大学東京人間健康科学研究科博士後期課程修了．1982～2007年 東京都立病院リハビリテーション科勤務，2007～2022年 文京学院大学保健医療技術学部理学療法学科教授．2022年より文京学院大学名誉教授．

棚橋信雄（たなはし のぶお）

文京学院大学

1978年 東京理科大学理工学部物理学科卒業，1982年より文京学院大学女子高等学校に着任，理科教諭として物理を担当．2012年よりSSH（スーパーサイエンスハイスクール）に文部科学省より採択され，科学教育カリキュラムやプログラムを開発，科学技術振興のデジタル教材作成やサイエンスニュース番組の監修などに携わる．2015年より文京学院大学特任准教授．

PT・OT　臨床につながる物理学

2022年 8月 1日　第1刷発行

著　者	望月　久，棚橋信雄
発行人	一戸敦子
発行所	株式会社　羊　土　社
	〒101-0052
	東京都千代田区神田小川町2-5-1
	TEL　03（5282）1211
	FAX　03（5282）1212
	E-mail　eigyo@yodosha.co.jp
	URL　www.yodosha.co.jp/
イラスト	株式会社 アート工房
表紙写真	［右下］Mills / PIXTA（ピクスタ）
装　幀	相京厚史（next door design）
印刷所	株式会社 加藤文明社印刷所

ISBN978-4-7581-0260-5